네트워크 기반
임베디드 시스템의
기초 및 실습

본 교재는 2011년도 공학교육혁신 센터지원사업에 의하여 수행된 결과임

네트워크 기반
임베디드 시스템의
기초 및 실습

김동성 편저

EMBEDED SYSTEM BASED ON NETWORK

한국학술정보(주)

머 리 말

　현대 사회는 정보의 사회이며 정보통신은 모든 경제사회 활동의 기반이 된다. 따라서 적절한 정보를 필요한 때에 얻을 수 있어야 하는 것이 현대 사회생활에서 필수 불가결하게 되었다. 생활에서 필요한 정보는 언제 어디서든지 얻을 수 있는 기기들이 등장을 하기 시작하였고 휴대폰, 정보 가전 및 산업용 무선기기 등의 네트워크 기반 임베디드 시스템의 개발이 가속화되었다.

　네트워크 기반의 임베디드 시스템이란 디지털 가전기기, 산업용 기기, 컴퓨터 간의 디지털 통신 기술을 연결 매체로 특정 목적을 위한 통신 기능이 탑재된 임베디드 시스템을 말한다.

　통신 기능이 포함된 마이크로 컨트롤러가 탑재된 내장형 시스템이나 컴퓨터 같은 높은 지능을 가지는 기기가 내부망에 하나씩 설치되면서 내장형 시스템 또는 컴퓨터를 이용하여 내부망의 산업용 기기 또는 가전기기를 제어하거나 컴퓨터가 가지는 정보를 공유하고자 하는 수요가 산업 전반에서 발생하고 있다.

　특히 데이터의 압축을 위한 MPEG 기법의 발달, 고화질 모니터와 고화질 디지털 카메라의 개발, 신호 처리 기술의 발달, 고속 데이터 통신 가격의 하락 등은 컴퓨터가 가지는 많은 데이터를 정보기기들이 공유하고자 하는 주변 여건을 조성하여 합리적인 가격으로 데이터의 공유가 가능하도록 지원해 준다. 따라서 다양한 멀티미디어 서비스의 등장과 네트워크 기능을 가지는 정보기기의 발달에 힘입어 각 단위별 네트워크 기반 장치의 수요가 증가하고 있다.

　산업 환경에서 보면 다양한 기계장치들이 마이크로프로세서를 기반으로 한 네트워크 기능이 추가된 임베디드 시스템으로 이루어진 것을 살펴볼 수 있다. 비행기, 군함, 자동차 그리고 작은 규모의 입출력 장치까지도 이러한 네트워크 기반의 소형 임베디드 시스템에 의해서 전체가 구성된다.

우리가 흔히 만날 수 있는 네트워크 기반 임베디드 시스템으로는 휴대전화기, PDA, 다양한 네트워크장비, 정보 가전기기, 산업용 또는 군사용 이동 장치 등을 들 수 있다. 네트워크 기반의 임베디드 시스템의 활용 범위는 갈수록 확대되는 데 반하여, 이를 효과적으로 설계하고, 활용할 수 있는 H/W와 S/W를 동시에 고려한 시스템 설계 전문 인력은 턱없이 부족한 실정이다.

본 교재는 이러한 요구에 맞추어 유무선 네트워크 기반의 임베디드 시스템을 설계하기 위한 관련 이론과 이를 위한 내장형 프로그램의 개발 및 장치 활용을 교육하는 것을 목적으로 구성되었다.

끝으로, 이 책을 만드는 과정에서 테스트 장치 설치 및 실습에 많은 도움을 준 NSL 연구원들에게 고마움을 전한다. 또한 이 책의 출간을 흔쾌히 맡아 주신 한국학술정보(주)의 모든 분께 감사드리며, 이 책을 통해 많은 학생들을 비롯하여 현장 엔지니어들이 네트워크 기반 임베디드 시스템 설계 및 기초 기술에 쉽게 재미를 느끼면서 익히고 이를 활용함으로써 이 분야를 발전시키는 미래의 주역으로 성장하게 되기를 바란다.

2012년 3월

김동성

/CONTENTS/

CHAPTER 04
네트워크 기반 임베디드 시스템의 설계 및 실습

CHAPTER 01

네트워크 기반 임베디드 시스템의 기초

CHAPTER 01 | 네트워크 기반 임베디드 시스템의 기초

일반적으로 임베디드 시스템은 이를 구성하는 하드웨어와 소프트웨어 모듈 등으로 구성되어 있으며, 개발자가 의도한 대로 다양한 기능을 수행할 수 있도록 만들어진 시스템이다. 네트워크 기반의 임베디드 시스템(내장형 시스템)은 네트워크 기능을 내장한 특정한 용도로만 사용되는 것을 목적으로 설계된 특수한 소형 컴퓨터를 일반적으로 말한다. 이를 위해서는 장치를 소형 및 경량화 시키고 저전력을 사용하도록 설계해야 한다. 또한 신뢰성, 실시간 및 안정성과 같은 산업용 장치의 특성도 동시에 만족해야 한다.

본 장에서는 네트워크 기반 임베디드 시스템의 기초가 되는 통신 프로토콜의 기초 및 H/W, S/W의 응용 예시 그리고 통신 인터페이스에 대한 기초에 대해 소개한다. 이를 바탕으로 한 유무선 네트워크 기반 임베디드 시스템에 대한 실습 및 응용 예제들은 4장에서 다양하게 다루었다.

1.1 임베디드 시스템 디자인을 위한 통신 프로토콜의 기초

1.1.1 통신 프로토콜

프로토콜은 서로 다른 시스템의 엔티티(entity) 간의 통신을 위해 사용된다. 엔티티와 시스템이란 용어는 일반적인 의미로 사용한다. 엔티티의 예로는 사용자 응용 프로그램, 파일 전송 패키지, 데이터베이스 관리 시스템, 터미널 등이다. 시스템의 예는 컴퓨터, 터미널, 원격 센서 등이다. 일반적으로 엔티티는 정보를 송수신할 수 있는 어떤 것을 가리키며, 시스템은 하나 또는 복수의 엔티티를 포함하는, 물리적으로 독립된 대상을 일컫는다. 두 개의 엔티티가 성공적으로 교신하기 위해서는 같은 언어로서 이야기해야 한다. 즉, 무엇을 교신하며, 어떻게 교신하며, 언제 교신할 것인가 하는 엔티티 사이에서 상호 간 수용 가능한 규약을 정하여 그에 따름으로써 가능하다. 이러한 규약을 프로토콜이라 하며, 이러한 데이터교환을 관리하는 일련의 규약의 집합이다. 프로토콜의 주요 요소는 신택스(syntax), 시멘틱(semantic), 타이밍(timing)의 세 가지가 있는데, 신택스는 데이터 형식이나 신호레벨과 같은 것을 포함하며, 시멘틱은 전송의 조정, 에러관리를 위한 제어정보를 포함한다. 타이밍은 속도 조절과 순서조정을 포함한다. 예를 들자면, 특정한 형식의 프레임으로 보내져야 하는 것이 신택스이고, 모드를 고정하고 연결을 설정하는 등의 제어필드가 시멘틱이며, 흐름제어 등이 타이밍의 예이다.

프로토콜의 기능은 다음과 같이 여러 카테고리로 나누어질 수 있다.

- 분할과 재조립
- 캡슐화
- 연결제어
- 순서적인 전달
- 흐름제어
- 에러제어
- 주소지정
- 동기화
- 전송서비스

가. 분할과 재조립

응용 엔티티가 메시지(응용레벨에서의 데이터전송 논리적 단위)나 데이터를 보내면 낮은 레벨 프로토콜은 이 데이터를 같은 크기의 작은 블록으로 나누어야 할 필요가 있으며, 이를 분할(segmentation)이라고 한다. 두 개의 엔티티 사이에 교환되는 데이터 블록을 프로토콜 데이터 유닛(Protocol Data Unit: PDU)이라고 한다. 분할의 반대는 재조립이다. 결국 분할된 데이터는 응용레벨에 적합한 메시지로 재조립되어야 하는데, 이때 도착하는 블록의 순서가 틀리면 문제가 복잡하게 된다.

나. 캡슐화

각 PDU는 데이터와 제어정보를 모두 가지고 있지만, 제어정보에만 사용되는 PDU도 있다. 제어정보는 다음과 같은 세 가지 카테고리로 나눌 수 있다.

- 주소: 소스, 목적지의 주소가 명시된다.
- 에러검출코드: 프레임을 감시하는 시퀀스의 몇몇 종류는 때때로 에러검출을 위해 포함된다.

● 프로토콜 제어: 프로토콜 기능을 구현하기 위해 필요한 각종 제어

데이터에 제어정보를 덧붙이는 것을 캡슐화(encapsulation)라고 한다. 데이터는 엔티티에 의해 만들어지며, 여기에 제어정보를 붙여 PDU를 형성한다.

다. 연결 제어

한 엔티티는 다른 엔티티에 각 PDU가 모든 PDU를 독립적으로 취급하는 방법으로 데이터를 전송한다. 이 과정을 비연결형 데이터 전송이라고 한다. 이것의 예는 데이터그램의 사용이 있다. 또 하나 중요한 기술은 연결형 데이터 전송이 있다. 가상회선이 그 대표적 예이다.

라. 순서적인 전달

두 통신 엔티티가 네트워크에 의해 연결된 다른 호스트에 있다면, 그들이 네트워크를 통해 다른 경로로 전달되므로, PDU가 그들이 보낸 순서대로 도착하지 않을 수 있다. 연결형 전송 프로토콜에서는 PDU 순서가 유지되는 것이 요구된다. 따라서, 각 PDU에 번호가 붙여지고, 숫자가 순서대로 할당되면, 그 번호를 이용하여 수신엔티티가 받은 PDU를 재배열할 수 있다.

마. 흐름 제어(flow control)

흐름 제어는 엔티티가 보내는 그 데이터량이나 전송률을 제한하기 위해 수신 엔티티에 의해 수행되는 기능이다. 단순한 흐름제어는 정지-대기 절차로 매번 전송한 것에 대한 확인응답이 있어야만 다음 전송을 하는 것이다. 어떤 프로토콜에서는 보낼 수 있는 데이터량을 정해 주는데, 이 기법의 예로는 '슬라이딩 윈도우 기법'이 있다. 흐름 제어는 여러 계층에서 구현되어야 한다. 흐름 제어에 의해 다른 계층 사이의 상호 영향이 발생하기 때문이다.

바. 에러 제어(error control)

데이터나 제어정보의 파손에 대비하는 기법을 에러 제어라고 하는데, 대부분의 경우 프레임의 순서를 검사하여 에러를 찾고 PDU를 재전송한다. 전송을 보낸 엔티티가 보낸

PDU에 대한 확인응답을 특정시간 동안 받지 못하면 타이머가 재전송하도록 활성화시킨다. 흐름 제어와 마찬가지로 에러 제어도 프로토콜의 여러 층에서 수행되어야 한다.

사. 주소 지정(addressing)

주소 지정의 개념은 주소 지정 레벨, 주소지정범위, 연결식별자(identifier), 주소모드 등으로 이루어진다. 주소 지정 레벨은 통신 구조에서 엔티티의 이름이 붙여지는 레벨을 말한다. 전형적으로 유일한 주소는 각 종단 시스템과 중간 시스템(라우터 등)에 관계되어 있다. IP 주소나 인터넷 주소 등이 이에 해당한다. 네트워크 레벨 주소는 PDU를 네트워크를 통해서 전달할 때 이용된다. 연결 식별자(identifier: ID)는 비연결형 데이터 전송보다는 연결형 데이터 전송을 이용할 때 필요한 개념이다. 비연결 데이터 전송의 경우에는 각 데이터를 전송할 때 연결 식별자가 이용된다. 이것은 연결에 대해 숫자로 주어지는 각각의 이름을 배정하는 것을 말한다. 주소 모드는 브로드캐스트, 멀티캐스트 등의 여러 개의 엔티티를 동시에 가리키는 모드를 일컫는다.

아. 전송 서비스

프로토콜은 엔티티가 이용할 수 있도록 다양한 추가 서비스를 제공할 수 있다. 일반적인 예를 들자면, 다음과 같은 서비스들이 있다.

- 서비스 등급: 어떤 종류의 데이터는 최소의 처리율이나 최대 지연시간의 제약을 요구할 수 있다.
- 우선순위: 특정한 메시지가 빨리 목적지 엔티티에 도착해야 하는 경우가 있다. 예를 들어, 연결해제 요청을 들 수 있다. 따라서, 우선순위는 메시지마다 할당될 수 있다.
- 보안: 액세스를 제한하는 보안 서비스도 필요할 수 있다.

1.1.2 OSI 참조 모델

여러 회사 제품들 사이의 호환성과 시장성을 위해서 표준이 필요하다. 통신의 복잡성으로 인해, 하나의 표준으로는 모든 요구조건을 만족시키기 어렵다. 그러므로 기능들을 잘 다룰 수 있는 부분들로 나누어서, 통신 구조를 구성해야 한다. 이것이 표준화의 기본 골격이다. 이러한 이유로 ISO는 1977년에 이와 같은 구조를 개발하기 위해서 소위원회를 만들었으며, OSI(Open Systems Interconnection) 참조모델을 만들었다.

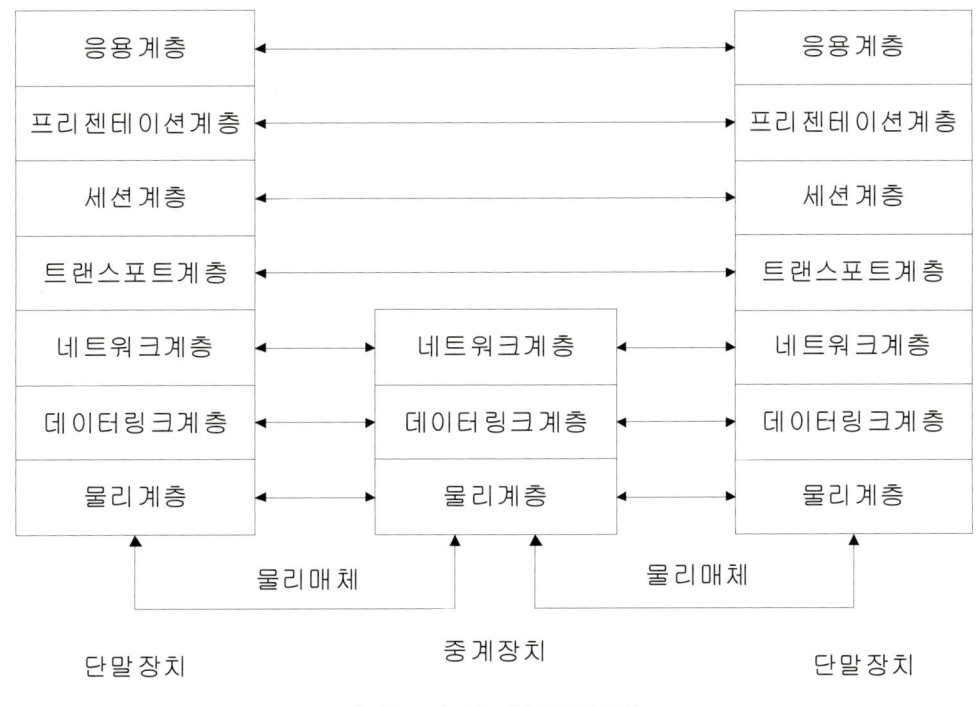

〈그림 1-1〉 OSI 계층구조와 통신

OSI 개념에 따라 설계되어 제안된 OSI 참조 모델(reference model)은 <그림 1-1>과 같이 7계층의 구조를 제안한다. 층 구조를 사용하여 통신기능들을 계층으로 나누고, 각 층은 다른 시스템과 통신하는 데 필요한 기능의 일부분을 수행한다. 이러한 기능들은 그 상위 층에 대해서 서비스를 제공하는데, 그 구체적인 구현은 상위층에 대하여 숨겨진다. OSI 모델은 일곱 개의 층으로 구성되어 있다.

OSI 모델을 만든 주요 동기는 표준화 작업에 대한 틀을 제공하기 위한 것이다. 따라서 모델 내에서 각 층에 대한 여러 개의 프로토콜 표준이 만들어질 수 있는 것이다. 모델은 각 층에서 수행되어야 하는 기능을 정의하고 있으며, 표준화 과정을 도와주고 있다. 각 층의 기능이 잘 정의되어 독립적으로 동시에 표준화작업이 이루어진다. 한 층의 변화가 다른 층에 영향을 미치지 않아 쉽게 표준이 만들어질 수 있는 계기를 제공한다.

가. 물리계층(physical layer) 또는 인터페이스

OSI 기준 모델에서 제일 아래쪽에 위치한 계층으로서 인터페이스(interface)라고 불리기도 한다. 실제 전송 매체이며 전기적 신호를 전송하고 받는다. 이는 시스템과 시스템 간의 물리적인 접속을 위해 필요한 기능을 제공하는 것으로 데이터 단말 장치(DTE: Data Terminal Equipment)와 데이터 통신 장치(DCE: Data Communication Equipment) 간의 물리적 회선을 작동시키고 유지하며 또한 작동을 중지시키는 기능을 수행한다. 물리 계층에 관련된 표준으로는 CCITT 권고안인 X.21, V.24와 EIA-232-D 등이 있다.

나. 데이터 링크 계층(data link layer)

데이터 링크 계층은 하위 계층으로부터 제공되는 물리적인 특성을 이용하여 통신하려는 두 스테이션(station) 간의 데이터 송수신에 대한 기능을 수행한다. 이를 자세히 살펴보면 물리 계층에서 전송되는 비트들을 구별하기 위한 데이터 동기 및 비트들을 식별하는 기능을 제공한다. 또한 수신하는 스테이션에 데이터가 안전하게 도착하는 것을 보장한다. 한 스테이션이 다량의 데이터에 의해서 과부하가 걸리지 않도록 흐름 제어(flow control) 기능도 제공한다.

데이터 링크 계층에서 수행하는 기능 중 가장 중요한 것 가운데 하나는 전송 시 오류를 검출하고, 분실되거나 중복된 데이터 또는 오류가 있는 데이터를 복구하는 것이다. 이 계층에 관련된 표준으로는 CCITT의 권고안인 X.25에 포함되어 있는 연결 접근 절차 평형(LAPB: Link Access Procedure Balanced)과 고수준 데이터 링크 제어 절차(HDLC: High-level Data Link Control procedure), ISO 8802-3, ISO 8802-4, ISO 8802-5 등의 데이터 링크 계층 규약이 있다.

다. 망 계층(network layer)

망 계층은 통신에 관계된 응용 프로세스가 존재하는 시스템 간의 데이터 교환 기능을 수행한다. 이는 여러 개의 통신망을 경유하여 통신하는 경우 종단 시스템 간에 있어서 상위 계층에 대하여 같은 품질의 통신로를 제공함을 말한다. 구체적으로 이 계층은 통신망 경로 지정(routing)과 통신망 간의 통신에 관한 사항을 기술하고 있다. 이 계층에 관련된 표준으로는 CCITT 권고안인 X.25 등이 있다.

라. 전송 계층(transport layer)

전송 계층은 상위 3계층에 대하여 종단 시스템 간에 데이터를 일관성 있게 전송하는 것을 목적으로 하는 계층이다. 이 목적을 수행하기 위해 전송 접속이라는 논리적인 통신 로의 설정 및 종단 시스템 간의 데이터 전송에 있어서의 오류 검출, 오류 회복, 흐름 제어 및 접속 다중화 등의 기능을 제공한다. 이에는 0에서 4까지의 등급이 있어 필요에 따라 통신망의 질적 수준을 사용자가 선택할 수 있도록 해 준다. 이 계층은 통신망의 물리적, 기능적 사항으로부터 사용자를 분리시키기 위해서 설계된 것으로 종단/종단 간(end-to-end) 통신을 책임진다. 이 계층에 관련된 표준으로는 ISO 8073과 ISO 8602 등이 있다.

마. 세션 계층(session layer)

세션 계층은 표현 실체가 특성에 맞게 데이터를 교환할 수 있는 통신 방법을 제공하는 것을 목적으로 한다. 이 계층은 사용자 간의 데이터 교환을 조직화시키는 수단을 제공하며, 사용자들은 이 계층에서 요구되는 다음과 같은 동기 및 제어의 형식을 선택할 수 있다.

- 반양방향(half-duplex) 대화 또는 양방향(full-duplex) 대화
- 파일 전송에 대한 중간 점검 및 복구를 위한 동기점
- 강제 종료 및 재개
- 일반 데이터 및 빠른 데이터 전송

이 계층에 관련된 표준으로는 ISO 8327, CCITT 권고안인 X.225 등이 있다.

바. 표현 계층(presentation layer)

표현 계층은 해당 모델에서 사용되는 데이터의 구문, 데이터의 표현을 제공한다. 즉, 상위의 응용 계층으로부터 받은 정보를 공통으로 이해할 수 있는 데이터의 표현 형식으로 변환하는 기능을 수행한다. 예를 들어 응용 계층으로부터 데이터를 받아서 자신과 대등한 위치에 있는 계층과 표현 형식 등에 관해서 협상을 한다. 표현 계층의 주요한 서비스는 응용 계층의 시스템 규약에 대하여 단말 조작, 파일 조작, 작업 전송 조작 등에 관한 데이터의 형식 처리를 하는 것이다. 이에 관한 표준으로는 ISO 8823 등이 있다.

사. 응용 계층(application layer)

응용 계층은 OSI 모델에서 존재하는 최상위 계층으로 사용자 응용 프로세스를 지원하며, 응용 프로세스 간의 정보 교환 기능을 담당한다. 응용 규약으로는 실체의 활성화 및 비활성화, 감시 등의 시스템 제어 및 관리를 행하는 시스템 관리 규약, 응용 프로세스의 제어 및 관리를 행하는 응용 관리 규약, 정보 처리에서 요구되는 파일 전송 접근 관리, 가상 터미널, 가상 파일 시스템, 작업 전송 조작 등과 같은 전송에 대응한 시스템 규약이 존재한다. 이에 관련된 표준으로는 X.400, 파일 전송·접근 및 관리(FTAM: File Transfer Access and Management), ISO 9506 등이 있다.

1.1.3 네트워크 임베디드 시스템 설계를 위한 통신망 기초

이 절에서는 새로운 네트워크 기반 임베디드 시스템을 설계 및 구현하는 경우에 참고 자료가 될 수 있도록 통신망 설계의 기초에 대해 소개한다.

통신망을 도입하여 임베디드 시스템을 구축하거나 정보와 자원을 공유하려 할 때, 평소에 친숙하게 사용하던 통신망 혹은 성능이 좋다고 알려진 통신망을 도입하는 경우가 있는데, 이는 종종 시스템 전체의 성능 저하를 가져오는 요인이 된다. 이는 통신망의 체계적인 설계 과정을 거치지 않았기 때문에 발생한다고 볼 수 있다. 통신망을 도입하는 목적을 명확히 하고 선택의 대상이 되는 통신망들을 서로 비교 분석하는 과정을 거치게 되면 충분히 시행착오를 줄일 수 있을 것이다. 이러한 과정들은 다양한 검증 과정을 통해 단계적으로 수행한다.

<그림 1-2>는 임베디드 시스템 기반의 통신망 설계 단계의 한 예이다. 먼저 통신망을 도입하는 목적, 즉 통신망에 대한 요구 사항들을 분석해야 한다. 그 후 여러 대상들을 비교 분석하는 과정을 거치게 된다. 이 과정이 끝난 뒤에 선정된 통신망을 구축한다. 물론 통신망을 선정할 때는, 통신망을 구축해서 사용을 할 때의 운영 및 유지 보수를 반드시 고려해야 한다.

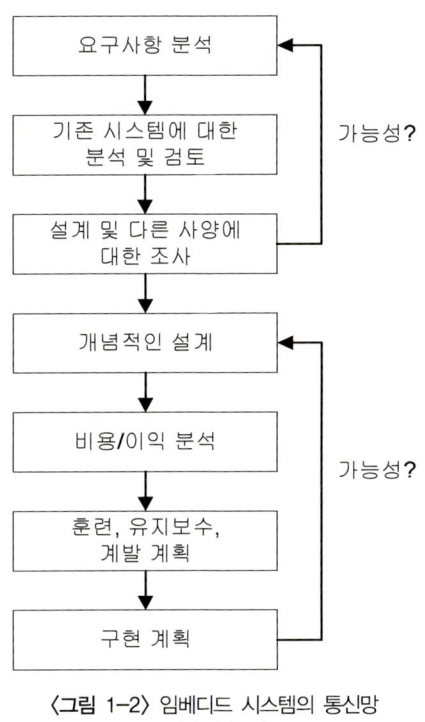

〈그림 1-2〉 임베디드 시스템의 통신망
설계단계 예

이 장에서는 위와 같은 과정에 따라 통신망을 설계 및 구축하는 경우에 수행하는 과정 중에 필요한 사항들을 소개한다. 그리고 통신망 설계 시 고려 대상으로 삼을 수 있는 통신 매체, 망의 형태, 통신 규약, OSI 표준 통신망과 비 OSI 통신망 등에 대하여 장점과 단점을 설명함으로써 원하는 목적을 얻을 수 있는 통신망을 설계하는 데 도움이 되도록 하였다.

1. 임베디드 시스템의 통신망 설계 시 고려할 사항

통신망을 도입할 때 무엇보다도 먼저 명확히 해야 하는 것은 바로 "왜 통신망을 도입하려고 하는가?"라는 질문에 대해 대답을 하는 것이다. 통신망 도입의 목적이 분명하고 통신망에 대한 요구사항이 상세히 분석된 경우에만 도입하고자 하는 통신망에 어떤 기능이 포함되어야 하는가를 결정할 수 있기 때문이다. 공장 혹은 작업장에 통신망을 도입하여 자동화 시스템을 구축하려 하거나 혹은 자원과 정보를 공유하려 할 경우 설계할 때부터 여러 가지들을 신중하게 고려해야 한다. 우선적으로 확인해야 하는 것이 통신망을 도입함으로써 얻으려는 것이 무엇인지를 분명히 하는 과정이다. 이를 바탕으로 도입하려는 통신망이 갖추어야 할 요구 사항들을 확실히 한다. 그리고 여러 가지 통신망들의 구성 요소들의 장점과 단점, 용도와 성능을 비교 분석한다. 이러한 과정 속에는 기술적인 측면뿐만 아니라 관리적인 요소도 포함되어야 한다.

통신망을 도입하여 자동화 시스템을 구축함으로써 얻고자 하는 것은 무엇이고, 얻을 수 있는 이익은 무엇인지를 반드시 확인해야 한다. 막연한 기대 심리를 가지고 통신망을 도입하는 것은 곤란하다. 또한 자원과 정보를 공유하는 것이 간단하게 통신망을 설치함으로써 덤으로 얻을 수 있는 이익이라는 생각도 위험하다. 자원과 정보에는 여러 종류가 있어 공유하는 것이 좋은 자원과 정보도 있지만 대외적으로 보안을 유지해야 할 자원과 정보도 있기 때문이다. 그리고 통신망을 도입하게 되면 설치한 통신망에 대한 유지와 보수 등의 관리가 필요하기 때문에 추가 비용이 필요하게 된다. 결국 통신망은 분명한 목적을 가지고 분석된 요구 사항에 준하여 도입하여 효율적으로 사용해야 하며 만약 그렇지 않으면 통신망은 도움이 되는 것이 아니고 오히려 부담으로 작용할 수 있다. 일반적으로는 통신망을 구축함으로써 생산성을 비롯한 각종 성능의 향상, 시스템의 응답 시간의 단축, 데이터의 효율적 접속, 다양한 장치들의 설치 및 제거의 편의성, 값비싼 기기의 공유 등의 성과를 기대할 수 있다. 반면에 통신망을 구축할 때 우려되는 사항들은 시스템 응답 시간의 증가, 데이터 보안의 문제점, 데이터 정확성의 저하, 통신망 고장 시 전체 시스템 완전 동작 중지, 작업들의 불필요한 독립성 및 복잡성, 운영비용의 증가 등이 있다. 따라서 명확한 목적 및 상세한 분석 없이 단순한 기대 심리로 통신망을 도입하는 것은 바람직하지 못하다는 것을 알 수 있다.

1) 통신망에 대한 일반적 요구 사항

통신망 설계는 통신망을 설치하려는 대상 시스템의 작업 내용과 요구 사항을 분석하여 수행하여야 한다. 대상 시스템을 최적으로 운영할 수 있도록 하기 위해 통신망 설계자는 어떤 기기를 사용할 것인가와 그 기기를 어디에 놓을 것인가를 결정해야 하며 각 작업 그룹을 어떻게 통신망의 노드와 연계시킬 것인가를 결정한다. 그리고 통신망에 대한 요구 사항을 분석해야 한다. 이것이 바로 통신망을 이용한 자동화 시스템에 있어서 통신망 설계 과정의 핵심이다. 다음은 대부분의 통신망에 기본적으로 적용되는 요구 사항들이다.

가. 신뢰성

신뢰성은 말 그대로 통신망의 동작이 얼마나 사용자에 신뢰를 주는가를 나타낸다.

따라서 신뢰성은 시스템이 목표로 했던 작업을 성공적으로 수행하는 정도를 나타내게 되며 높은 신뢰성은 특별히 생산성 및 사용자의 만족도와 깊은 관계가 있다. 이와 같은 신뢰성은 다음과 같은 두 가지 지수의 복합적인 결과로 보아야 하는데, 첫째는 데이터 전송에 있어서의 오류 발생률이고 둘째는 하드웨어와 소프트웨어의 고장률이다. 위의 두 가지 중 하나라도 높아지면 통신망의 신뢰성은 낮아지게 된다.

나. 고성능

통신망 성능은 매우 중요하다. 통신망의 성능과 관련된 중요한 요소로 통신망의 속도와 통신망에 걸리는 부하(load)를 들 수 있다. 통신망의 속도는 성능에 영향을 주는 아주 기본적인 요소이다. 그러나 보다 중요한 것은 통신망에 걸리는 부하이다. 통신망의 부하는 통신망이 일정 시간 내에 전송해야 할 데이터의 양이 얼마나 되는가와 밀접한 관련이 있다. 따라서 이는 통신망에 연결된 각종 기기에서 동작하는 응용 프로그램이 어떤 것인가와 직결된다. 그러므로 통신망 설계자는 통신망 설계 전에 다음과 같은 질문에 대한 답을 생각하여야 한다.

- 동작하는 응용 프로그램은 어떤 것인가?
- 생성되는 데이터의 종류와 크기는?
- 어떤 종류의 자원을 사용할 것인가?

첫 번째 질문에서는 동작하는 응용 프로그램의 수행 시간 및 수행 빈도 등을 조사해야 한다. 두 번째 질문에서는 응용 프로그램이 동작하면서 생성되어 통신망을 통하여 전송되는 데이터의 종류와 그들의 크기를 결정해야 한다. 데이터의 종류로서 일정한 주기로 계속 전송되는 주기 데이터, 비주기적이면서 실시간으로 전송되어야 하는 비주기적 실시간 데이터, 그리고 비주기적이고 실시간성이 필요 없는 비주기적 비실시간 데이터가 있다. 세 번째 질문은 다음과 같이 풀어서 쓸 수 있다. 만약 통신망에서 전송되는 대부분의 데이터가 한 노드로 집중된다면 그 노드는 데이터 처리 능력이 매우 우수해야 한다. 만일 처리 능력이 떨어지면 데이터가 빨리 도착하더라도 그 노드의 데이터 처리 능력이 떨어지므로 응답 시간이 길어지게 된다. 이렇게 되면 통신망의 속도가 빨라도 전체 시스템의 성능이 높아지지 않는다. 따라서 이러한 사항을 잘 조사해야 한다. 통신망 설계자는 설계 전에 위와 같은 질문에 대한 답을 충분히 작성해야 한다.

다. 빠른 응답 시간

응답 시간은 사용자가 요구한 후부터 응답을 받을 때까지 걸린 시간을 말한다. 통신망을 사용할 때 응답 시간의 10~30%만이 통신망에서 걸리는 시간이며 나머지 70~90%는 통신망에서 걸린 시간이 아니고 응답을 위해 동작하는 응용 프로그램의 수행 시간이다. 이때 통신망 사용 시간은 실제 통신 매체에서의 전송 시간과 통신망의 각 계층에서 소비된 시간 등을 합한 시간이다. 이러한 응답 시간 중 통신망에서 소요되는 부분을 줄이기 위해서는 데이터 전송률이 높은 통신망을 사용하거나 통신망을 분할하여 사용하는 것도 한 방법이다. 예를 들어 어떤 두 개의 기기 그룹이 있고 이 두 개의 그룹에서 나오는 데이터들이 동일하다고 가정하자. 그러면 이 두 개의 그룹을 하나의 통신망으로 연결하는 것보다 그룹별로 통신망을 분할하는 것이 훨씬 효율적이며 응답 시간을 줄일 수 있게 된다.

라. 데이터의 일치성(consistency)

데이터의 일치성에는 시간(time) 일치성과 공간(space) 일치성이 있다. 일반적으로 어떤 생산 공정에서는 센서 등의 하위 기기에서 어떤 한 시각에 표본 추출된 표본 값이 상위의 제어기기 등에서 사용된다. 시간 일치성은 이러한 상위 제어기기들에서 사용된 데이터가 같은 표본 추출 시각에서의 하위 기기들의 표본 값들과 일치한다는 것을 의미한다. 공간 일치성은 한 시각에 서로 다른 상위 기기에 전송된 표본 값들이 같은 표본 추출 시각에 추출된 값이라는 것을 의미한다.

마. 유효 시간

주어진 시간 내에 목적지에 도착하지 못한 데이터는 주어진 시간 이후에 사용될 수도 있지만 응용 프로그램이 어떤 것이냐에 따라서 그렇지 못한 경우도 있다. 이렇게 데이터의 사용 여부를 결정하는 기준이 되는 시간을 유효 시간(valid time)이라 한다. 유효 시간은 어떤 데이터가 만들어진 시점부터 그 데이터의 사용자에게 의미가 있을 때까지의 시간으로 정의된다. 유효 시간은 데이터가 어떤 것이냐에 따라 다르지만 같은 데이터라도 그 데이터의 사용자 또는 응용 프로그램이 어떤 것이냐에 따라 달라지기도 한다. 이러한 입장에서 보면 데이터의 사용자는 자신이 받은 데이터의 시간적 정보를 알 필요가 있다. 즉, 통신망이 사용자에게 데이터의 시간적 정보를 제공해야 한다는 것을 뜻한다.

바. 실시간성

앞에서 설명한 것처럼 통신망을 통하여 전달되는 데이터를 실시간성 측면과 주기성 측면에서 살펴보면 주기적 데이터와 실시간 비주기적 데이터, 그리고 비실시간 비주기적 데이터로 나눌 수 있다. 일반적으로 센서 등에서는 주기적으로 데이터가 계속 나오게 된다. 이렇게 연속 제어 등에 사용되는 센서 데이터와 제어 데이터 등이 주기적 데이터로 분류될 수 있다. 실시간 비주기적 데이터는 이상 신호와 경보 신호 등과 같이 언제 발생할지 모르는데 일단 발생하면 최대한 빨리 전송되어야 하는 데이터이며, 비실시간 비주기적 데이터는 위의 두 가지에 속하지 않는 것으로서 프로그램과 시스템 구성 데이터 등이 있을 수 있다. 주기 데이터는 정해진 주기 내에 전송되지 않으면 의미가 없으므로 당연히 실시간 데이터이다. 통신망은 실시간성을 필요로 하는 데이터를 알맞게 전송할 책임을 가지게 된다.

사. 유연성

다른 모든 시스템과 마찬가지로 통신망도 시간이 흐르고 여러 가지 변화가 생기면 그 시스템을 새롭게 확장하고 변화시킬 필요가 발생하게 된다. 특히, 통신망에 있어서 이와 같은 변화에 유연하게 대처할 수 있는 정도를 나타내는 유연성은 매우 중요하다. 통신망에 연결되는 각종 기기들의 특성은 끊임없이 변화될 수 있고 통신망은 이와 같은 변화에 영향을 받지 않고 데이터를 전송할 수 있어야 한다. 덧붙여서 통신 관련 소프트웨어는 시스템의 종류나 운영 체제(operating system) 등에 영향을 받지 않아야 한다.

아. 비용(cost)

통신망과 관련된 비용은 두 가지, 즉 초기 비용과 운영 비용으로 나눌 수 있다. 초기 비용은 통신망을 처음에 구축하면서 드는 비용, 즉 통신망 하드웨어 및 소프트웨어 구입비, 설계 비용, 구축 비용 등을 말하며 운영 비용은 설치된 통신망을 유지 및 보수하고 확장하는 등의 작업에 필요한 비용이다. 유의해야 할 것은 보통 통신망 사용자들은 초기 비용에 집착하게 되고 따라서 초기 비용을 줄이는 노력을 많이 하게 되는데 이러한 경우 오히려 운영 비용이 많이 들어서 결과적으로 초기 비용을 많이 투자한 경우보다 더 많은 비용을 지불하는 경우도 생길 수 있다는 것이다.

자. 가용성

통신망의 가용성은 전체 생산 시스템의 동작 및 발생 이익과 관련되어 있다. 만약 공장의 기간망(backbone network)에 고장이 발생했다고 하자. 이러한 경우 통신망의 고장 때문에 공장의 모든 공정 작업들이 중지된다면 막대한 손해가 발생할 수 있다. 그러므로 다시 말하면 기간망이 고장 나더라도 부분 통신망의 중요 공정은 계속 동작해야 한다는 것이다. 예를 들어 통신망이 고장 나더라도 공장에 전원이 공급되는 한 각 기기들은 계속해서 동작한다. 이러한 경우 중요 데이터가 전달되지 않으면 심각한 문제가 생길 수 있으므로 중요 공정과 관련된 부분 통신망은 기간망과 관계없이 동작되도록 해야 한다. 이것이 바로 통신망의 가용성이다.

차. 전자파 장해 대처 능력

공장에는 여러 종류의 기기가 있고 특히 큰 전류가 흐르는 전력선, 전기 모터(motor), 대용량 릴레이(relay) 등은 상당한 양의 전자파 장애(EMI: Electromagnetic Interference)를 일으킨다. 통신망이 전자파 장해를 이겨 내지 못하면 전송 중인 데이터에 오류가 발생하게 되고 그렇게 되면 데이터의 재전송(retry)이 일어나게 되며 결국 통신망에 대한 부하가 커져 통신망의 효율성이 떨어지게 된다. 따라서 통신망을 설치하는 경우 특히 어떤 통신 매체를 사용할 것인가를 잘 결정해야 한다. 일반적으로 사용되는 매체로는 동축 케이블(coaxial cable), 꼬임 쌍선(twisted pair wire), 광섬유(optical fiber) 등이 있으며 통신망이 설치되는 환경에 맞게 결정되어야 한다. 그리고 경우에 따라서는 한 공장 내에서 여러 종류의 매체가 같이 사용되는 경우도 있다.

카. 유지 및 보수의 용이성

모든 통신망은 설치한 후 사용하면서 유지 및 보수를 해야 한다. 통신망에 문제가 발생하였을 때 신속하게 진단하여 문제점을 해결하는 것은 통신망을 효율적으로 운영하기 위한 아주 중요한 요소이다. 통신망 동작을 막지 않은 상태에서 가능한 한 적은 노력으로 통신망을 유지하고 보수할 수 있는 것이 좋은 통신망이다. 매우 중요한 공정에서는 통신상의 오류가 생기더라도 그 오류가 생긴 지점을 분리하여, 복구하는 동안 통신망 동작에 이상이 없도록 통신망이 설계되어야 한다.

타. 보안

통신망을 사용하는 경우에 보안이 매우 중요하다. 허가되지 않은 사용자가 시스템에 침입하여 생산 과정을 오동작하게 하는 것을 막기 위하여 통신망 관리자는 다음과 같은 일을 해야 한다.

● 통신망 사용자를 제한하고 각 사용자의 접속 권리를 명확히 한다.
● 사용하지 않는 경우 자동적으로 접속 종료(log-off)한다.

파. 통신망 관리

통신망 관리는 통신망이 커질수록 중요해진다. 규모가 작은 통신망에서는 관리자가 눈과 손을 사용하여 검사하고 각 노드의 특성을 정할 수 있지만, 통신망이 커지면 이러한 방식으로 관리하는 것이 불가능해진다. 따라서 특수한 도구, 예를 들어 소프트웨어를 사용하여 통신망 상태를 표시하고 통신 매체를 검사하고 데이터 부하를 분석하는 등의 관리 작업을 해야 한다.

하. 통신망의 서비스

통신망에 대해 요구되는 전형적인 기능은 파일 전송, 터미널 연결, 개인용 컴퓨터 통합, 자동화 기기 통합, 분산 응용 지원, 통신망 관리이다. 어떤 시스템에서 데이터의 분석과 저장을 위해 보다 큰 시스템으로 보내는 경우도 파일 전송의 예이며, 통신망을 통한 디스크(disk) 예비 저장과 프로그램의 업로드 및 다운로드도 파일 전송의 다른 예이다.

위에 언급한 요구 사항들은 대부분의 통신망에 적용되는 대표적인 예들이다. 이런 요구 사항들을 기준으로 하여 적용하려는 시스템에 대한 통신망을 선택하는 것이 바람직하다고 할 수 있다.

2) 대상 통신망의 비교

통신망에 대한 요구 사항을 확인한 후에는 통신망에서 고려해야 할 특징들을 비교 분석하는 과정을 가진다. 여기서는 다음과 같은 사항들을 고려하였다.

첫째는 개방성이다. 산업용으로 제안되었거나 현재 산업 현장에서 사용되고 있는 통신망은 매우 다양하다. 이 중에는 개방형 통신망도 있고 폐쇄형 통신망도 있는데 두 가지 방법 모두 장단점을 가지므로 이는 통신망에 대한 요구 사항에 따라 선택할 문제이다.

둘째는 통신망의 망의 형태이다. 통신망을 설치할 시스템이 주어졌을 때 연결하는 방법도 또한 여러 가지가 있을 수 있다. 망의 형태로는 링(ring), 방사형(star), 버스(bus), 나무꼴(tree) 등 여러 가지가 있다. 각각의 방법은 나름대로의 장점과 단점을 가지고 있으며 비용과 효율 및 신뢰성을 고려하여 결정하여야 한다.

셋째는 매체 접속 제어(MAC: Medium Access Control) 규약이다. 통신망에 연결된 기기들은 하나의 통신 매체를 사용하여 전송하게 된다. 따라서 각 기기들이 통신 매체에 접속하는 것을 제어해야 한다. 매체 접속 제어 규약은 실질적으로 통신망의 특성을 결정하기 때문에 통신망에 대해 요구되는 사항들을 분석하여 선택해야 한다.

넷째는 링크 제어(link control)와 흐름 제어(flow control) 등이다. 데이터를 주고받는 통신망의 두 노드 사이에는 논리적(logical) 링크가 형성되고 이 링크를 통하여 데이터가 전송된다. 링크 제어는 신뢰성 있는 데이터의 전송에 매우 중요하다. 그리고 데이터 전송 중에는 데이터의 흐름을 제어할 필요가 있다. 이와 같은 데이터 흐름의 통제를 가리켜서 흐름 제어라고 부른다. 이와 같은 데이터 흐름의 통제가 필요한 것은 데이터 통합성(data integrity)을 보장하기 위한 것이다.

다섯째는 데이터의 전송 속도와 통신 매체이다. 보통 통신 매체에 따라 전송 속도가 결정되기 때문에 두 가지를 함께 고려한다. 데이터 전송 속도는 통신망의 전체적인 효과에 매우 큰 영향을 끼친다. 데이터 전송 속도를 결정할 때 있어서 고려해야 하는 사항은 각기 다른 속도를 가지고 있는 여러 개의 하드웨어 기기를 연결할 수 있어야 한다는 것이다. 요구되는 데이터 전송 속도가 결정되면 적절한 통신 매체를 선정해야 한다. 통신 매체를 결정할 때에는 비용과 같은 다른 요인들도 고려해야 한다.

여섯째는 전송 방식이다. 전송 방식은 아날로그(analog) 방식과 디지털(digital) 방식으로 구분되며, 디지털 방식은 다시 비동기식(asynchronous) 전송 방식과 동기식(synchronous) 전송 방식으로 구분할 수 있다. 아날로그 전송과 디지털 전송은 감쇠(attenuation), 잡음(noise)에 대한 특성, 비용 등의 측면에서 서로 차이가 있으므로 위와 같은 사항들을 충분히 고려하여 선택하여야 한다.

일곱째는 연결성 및 접속이다. 연결성은 한 기기가 주어진 작업을 수행하기 위하여 통신망상의 다른 기기들과 연결할 수 있는 능력을 말한다. 대부분의 경우에 기기들은 다양한 기기 공급업체로부터 제공되므로 통신망을 도입할 때는 이와 같은 서로 나른 공급업체로부터 제공된 기기들 간의 연결성을 고려해야 한다. 다음 사항은 접속이다. 통신망을 도입함에 있어서 고려해야 하는 두 가지 유형의 접속이 있다. 하나는 사용자와의 접속이고, 다른 하나는 하드웨어와 소프트웨어의 접속이다. 효율성의 향상을 위해서는 사용자와의 적절한 접속이 필요하다. 또한 통신망은 다른 통신망이나 다른 통신 시스템과의 접속을 위한 기능을 제공해야 한다.

가. 개방형 통신망과 폐쇄형 통신망

서로 다른 종류의 컴퓨터들의 통신을 가능하도록 하기 위해서는 어떤 일반화되고 표준화된 통신 규약이 필요하다. 이러한 필요에 의해서 ISO(International Organization for Standardization)에서는 컴퓨터 통신 구조 모델로서 OSI(Open Systems Interconnection) 모델을 제안하였다. OSI 7계층 모델이 <표 1-1>에 나타나 있다.

〈표 1-1〉 OSI 7계층 모델

7계층 응용 계층(application layer)	응용과 관련된 서비스를 제공
6계층 표현 계층(presentation layer)	데이터 형태를 번역(ASCII, EBCDIC, etc)
5계층 세션 계층(session layer)	세션(session), 보완, 권한 등을 관리
4계층 전송 계층(transport layer)	안정한 데이터 전송과 데이터 순서를 관리
3계층 망 계층(network layer)	망의 라우팅(routing), 게이트웨이(gateway), 브리지(bridge)
2계층 데이터 링크 계층(data link layer)	망의 링크(link) 제어, 전송 오류 검출 및 수정
1계층 물리 계층(physical layer)	데이터의 부호화/복호화(encoding/decoding), 송수신 신호

개방형 통신망은 모든 사람에게 통신 규약을 공개하여 누구라도 통신망 시스템을 쉽게 구축 혹은 제작할 수 있도록 하고 그 규약에 맞게 구축한 통신망 시스템을 갖춘 컴퓨터 및 기기들끼리는 데이터를 주고받을 수 있도록 하는 통신망을 지칭하는 것이며, 개방형 통신망의 예로서 MAP(Manufacturing Automation Protocol), TOP(Technical and Office Protocol), TCP/IP(Transmission Control Protocol/Internet Protocol), Profibus(Process Fieldbus),

FIP(Field Instrumentation Protocol) 등이 있다. 이들은 OSI 7계층 구조의 일부 혹은 전체를 가지고 있다. 폐쇄형 통신망은 개방형 통신망의 반대가 되는 것으로서 이름 그대로 기기의 제작자들이 기기 간의 규약을 공개하지 않고 자신들이 제작한 기기에만 사용하는 통신망을 말하며, 따라서 다른 제작자로부터 제공된 기기를 그 통신망에 접속하는 것은 매우 어렵거나 불가능한 경우가 대부분이다.

현재 국내의 대부분의 생산 현장에는 개방형 통신망이 구축되어 있지 않은 상태이다. 따라서 각 생산 현장에서 기기들 간에 각종 정보의 원활한 교환이 이루어지지 못하고 있는 상태이다. 산업용 기기들 사이의 데이터 교환이 원활하지 못한 이유는 통신을 염두에 두지 않고 시스템을 구성하였거나, 통신을 할 수 있는 기기가 있다고 하더라도 서로 다른 통신 규약을 채택하거나 폐쇄형 통신 규약을 채택하여 기기 간의 연결이 어렵기 때문이다. 이는 바로 생산 비용에 직결되는 문제이다. 따라서 개방형 통신망이 필요하다. 개방형 통신망은 통신망의 모든 스테이션들의 연결성과 응용 프로그램의 상호 운용성과 응용 프로그램의 이식성을 보장해 주므로 많은 장점이 있다. 따라서 현재 미국과 유럽에서의 공장 자동화 시스템 개발 추세는 통신망과 같은 통신 기술을 기반으로 하여 하드웨어와 소프트웨어가 개방형 구조를 가진 시스템을 개발하는 것이다. 이러한 개방형 구조를 가진 시스템은 다수 업체의 하드웨어 및 소프트웨어를 적절하게 이용할 수 있도록 항상 일정한 접속 방법을 사용자에게 제공하여 주기 때문에 쉽게 구축할 수 있고 생산성을 향상시켜 준다.

하지만 개방형 통신망이 항상 좋은 것은 아니다. 개방형 통신망은 앞에 언급했듯이 유지 보수성, 확장성, 상호 연결성 등에서는 우수하지만 실제로는 성능이 더 낮아질 수도 있으며, 특정 용도를 위해서는 폐쇄형 통신망이 바람직할 수도 있다. 또한 특정 응용을 위해 개발된 폐쇄형 통신망의 경우에는 개방형 통신망에서 얻을 수 없는 많은 장점을 제공하기도 한다.

나. 망의 형태(topology)

망의 형태는 통신망에서 사용되는 통신 매체의 형태를 말한다. 통신망의 성질은 망의 형태에 의하여 많이 결정되는데, <그림 1-3>과 같은 방사형, 링형, 버스형, 나무꼴 등의 모양이 대표적이다.

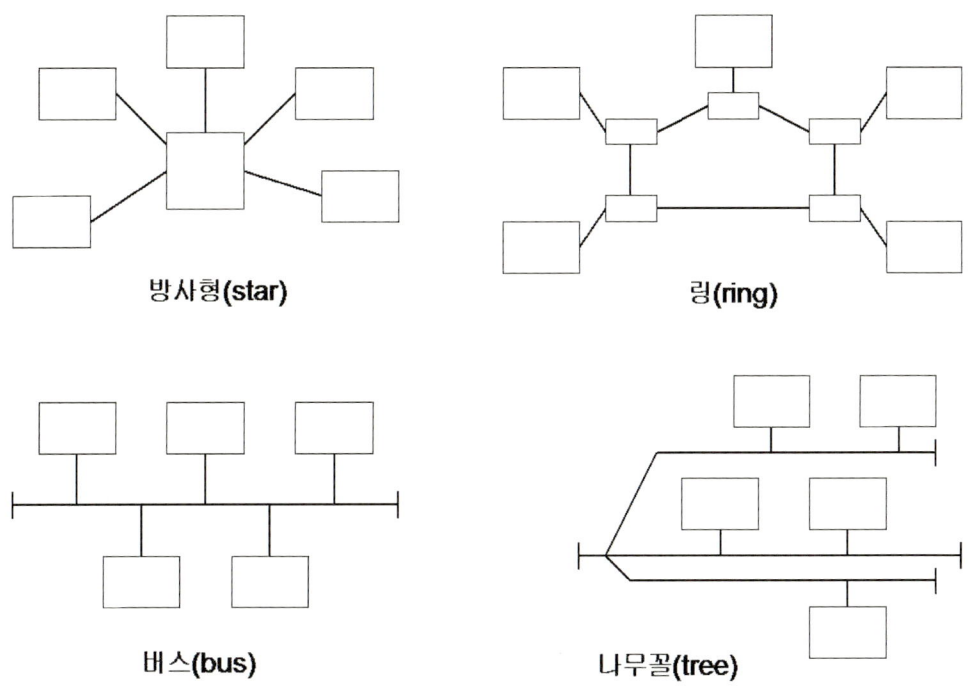

방사형(star)

링(ring)

버스(bus)

나무꼴(tree)

〈그림 1-3〉 여러 가지 통신망의 형태

방사형 망은 교환기를 중심으로 한 일반 전화망에서 유래하였으며 통신망에 연결되는 모든 장치는 중앙 장치를 통하여 점 대 점으로 연결된다. 연결이 간단한 것이 장점이다. 하지만 중앙 장치가 고장 나면 통신망 전체에 영향을 미치게 되며, 설치비가 많이 드는 것이 단점이다.

링형의 망은 그림과 같이 고리의 형태로 구성되며, 각 노드는 중계기와 연결되고 데이터는 중계기들 사이에서 두 점간 전송 방식으로 교환된다. 따라서 거의 모든 전송 매체를 사용할 수 있다. 보통 데이터 전송률이 10Mbps인 꼬임 쌍선을 사용하며, 더 높은 속도를 원할 때는 동축 케이블을 사용한다. 광섬유를 사용하여 아주 높은 속도를 얻을 수도 있다.

버스형 망의 특징은 다지점(multipoint) 매체를 사용한다는 것이다. 버스형 망은 가지가 없고 줄기가 하나인 나무꼴 구조로 생각할 수 있다. 모든 노드들이 하나의 통신 매체를 공유하므로 한순간에 하나의 노드만이 데이터를 전송할 수 있다. 따라서 각 스테이션의 매체 접속을 잘 제어해야 한다. 통신 매체로는 동축 케이블과 꼬임 쌍선을 주로 사용한다. 나무꼴 망은 현실적으로 구현이 곤란하여 많이 사용되고 있지는 않다.

위에서 언급한 망의 형태는 가장 기본적인 것이며 이 기본 형태들을 응용하여 나온 여러 형태가 있다. 예를 들어 형태는 그대로이나 다중화를 기본으로 하여 사용하는 고신뢰형의 망도 있고, 두 가지 이상의 형태를 조합한 혼합형 망도 사용되고 있다.

다. 매체 접속 제어 규약

통신망에서는 여러 개의 기기들이 하나의 통신 매체에 연결된다. 즉, 여러 기기들이 통신망의 전송 능력을 공유한다는 뜻이 된다. 통신망에 연결된 각 장치들이 통신망의 전송 능력을 효율적으로 공유하기 위해서는 각 장치들이 매체에 접속하는 것을 적절하게 제어하는 방법이 필요하게 된다. 이러한 방법을 규정한 규약이 매체 접속 제어 규약이다.

매체 접속 제어 방식을 크게 두 가지로 나누면 집중 제어 방식과 분산 제어 방식이 있다. 산업용 통신망에서는 보통 분산 제어 방식을 사용하게 된다. 분산 제어 방식을 다시 분류하면 경합(contention)에 의한 방식과 토큰(token)에 의한 방식으로 나누어진다. 경합 방식에서 통신망에 연결된 각 장치는 자신이 원할 때 바로 통신 매체 접속을 시도한다. 이러한 경우 여러 장치가 동시에 매체 접속을 시도하여 경합이 발생하면 이 경합을 해결하는 방법을 통하여 데이터 전송을 가능하게 한다. 반대로 토큰 방식에서는 토큰이라 불리는 전송 권한이 통신망을 통해 각 장치들을 돌아다니게 되며 토큰을 현재 가지고 있는 장치만이 매체 접속, 즉 전송을 할 수 있다. 이렇게 되면 경합과 같은 것은 발생히지 않는다. 경합 방식으로는 CSMA/CD(Carrier Sense Multiple Access with Collision Detection) 방식이 있으며, 토큰 방식에는 토큰 버스 방식과 토큰 링 방식 등이 있다. CSMA/CD와 토큰 버스 방식은 버스망의 형태를 사용하고 토큰 링 방식은 링망의 형태를 사용한다. 앞에서 설명한 것처럼 토큰 버스나 토큰 링 방식에서 각 노드가 매체를 사용할 수 있는 권한은 토큰이라는 특수한 형태의 데이터를 가지고 제어하는데, 토큰을 가지고 있는 노드는 특정한 시간 동안 매체를 제어할 수 있으며 하나 이상의 프레임을 전송하거나 다른 노드를 불러 응답을 요구할 수 있다. 노드가 데이터를 모두 전송하거나 정해진 시간이 경과하면 토큰을 다음 노드로 보낸다.

① CSMA/CD 방식

CSMA/CD 방식은 현재 가장 많이 사용되고 있는 방식 중 하나로 이를 사용하는 대표적인 통신망으로는 이더넷(Ethernet)이 있다. CSMA/CD 방식에서 전송을 원하는 노드는 다른 노드가 매체를 사용하지 않을 때 데이터를 전송할 수 있다. 매체 접속 규약에서는 데이터를 일정한 형태로 구성하여 전송하는데 이 일정한 형태를 프레임이라고 한다. 따라서 지금부터는 프레임을 전송한다는 표현을 사용한다.

CSMA/CD 방식에서 한 노드가 매체를 접속하는 방법은 다음과 같다.

A. 매체가 쉬는 상태(idle state)이면 프레임 전송을 개시하고 그렇지 않으면 B로 간다.

B. 매체가 이용 상태, 즉 다른 노드가 매체를 사용하는 상태이면 쉬는 상태가 감지될 때까지 감시를 계속하고 쉬는 상태가 감지되면 즉시 전송을 개시한다.

C. 전송하는 동안에 충돌이 감지되면, 모든 노드에 프레임의 충돌을 알리는 방해 전파 (jamming) 신호를 보내고 전송을 중단한다.

D. 방해 전파 신호를 전송한 후 일정 시간 후에 재전송을 시도한다. (A로 간다.)

한 노드가 자신의 프레임을 전송할 때 자신의 프레임이 다른 노드가 전송하는 프레임과 충돌했는지의 여부는 프레임들이 충돌한 후 자신에게 되돌아온 후에야 알 수 있다. 따라서 어떤 두 노드가 각각 전송한 프레임들이 충돌하는 경우 당연히 두 노드 간의 거리가 가장 멀 때 충돌 검출에 필요한 시간이 최대가 될 수 있다. 이 최대 충돌 검출 시간을 생각해 보자. 통신망에서 가장 멀리 떨어진 두 노드를 생각하고 둘 중 한 노드가 다른 노드로 프레임을 전송했다고 가정하자. 그 프레임이 상대 노드에 도착하는 데 걸리는 시간은 두 노드 간의 전송 지연 시간(propagation delay)이다. 그런데 그 프레임이 상대 노드에 막 도착할 때 그 노드가 프레임을 전송하기 시작하면 충돌이 일어난다. 그러면 원래 프레임을 전송하던 노드는 다시 전송 지연 시간만큼 기다린 후 충돌을 감지할 수 있다. 즉, 거리가 가장 멀리 떨어진 노드 간에 소요되는 최대 충돌 검출 시간은 전송 지연 시간의 2배가 된다.

② 토큰 버스 방식

토큰 버스 방식에서 망은 물리적으로는 이름 그대로 버스 형태를 가지게 된다. 그러나 각 노드 사이에서 토큰은 노드들 간에 마치 논리적 링이 구성되어 있는 것과 같은 방식으로 전달된다. 이는 <그림 1-4>에 잘 나타나 있다. 노드 A, B, C, D는 버스형의 망으로 연결되어 있다. 토큰은 각 스테이션을 순회하게 되고 토큰을 보유하는 스테이션이 프레임을 전송하게 된다. 그런데 토큰은 논리적인 링을 따라 전송된다는 것이다. 각 노드는 자신이 토큰을 받기 바로 전에 토큰을 가지고 있던 노드, 즉 자신에게 토큰을 전달하는 노드가 어떤 노드인가를 알아야 한다. 그리고 자신의 바로 다음에 토큰을 받을 노드, 즉 자신이 토큰을 전달할 노드가 어떤 노드인지도 알아야 한다. 자신에게 토큰을 전달하는 노드를 전임노드(predecessor), 자신이 토큰을 전달하는 노드를 후임노드(successor)라고 한다. <그림 1-4>에서 노드 A의 경우 전임노드는 C, 후임노드는 D가 된다. 따라서 <그림 1-4>에서 토큰은 점선으로 된 화살표를 따라 전달된다. 이 점선이 바로 논리적 링이 된다.

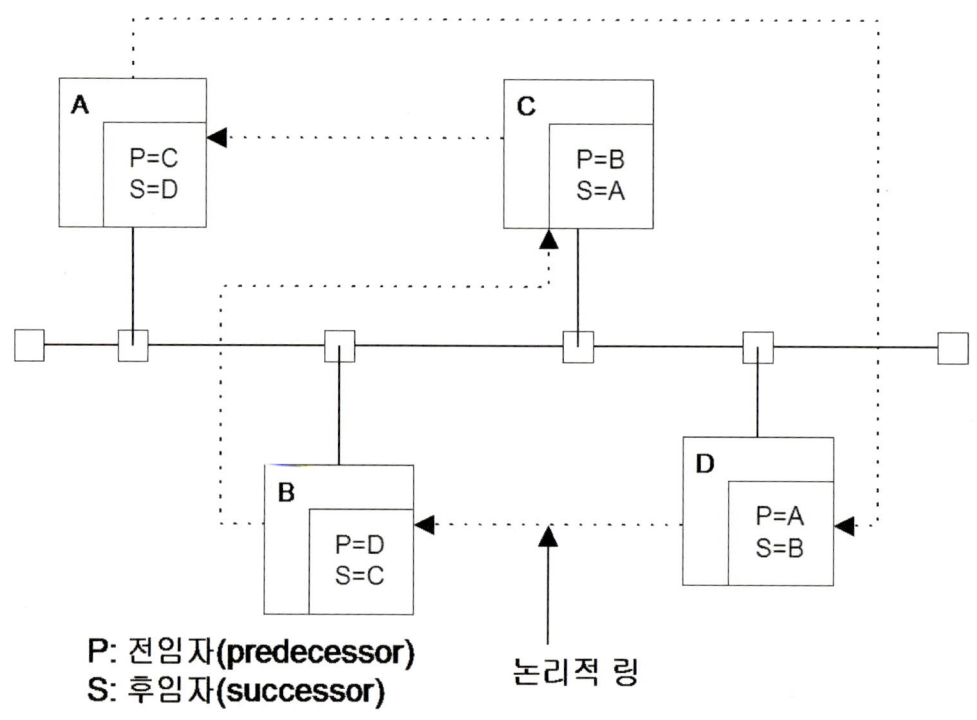

〈그림 1-4〉 토큰 버스 방식

어떤 노드가 프레임을 전송하려면 먼저 토큰을 받아야 하며 토큰을 받으면 일정 시간 동안 한 개 이상의 프레임을 전송할 수 있다. 토큰을 소유하고 있는 노드는 더 이상 전송할 프레임이 없거나 토큰 보유 시간(THT: Token Hold Time)이 경과하면 토큰을 다음 노드에 넘겨준다.

토큰 버스 방식에서 발생 가능한 오류의 하나가 두 개 이상의 토큰이 망에 존재하는 것이다. 각 노드는 자신이 토큰을 가지고 프레임을 전송하고 있을 때 다른 노드도 마찬가지로 토큰을 가지고 전송하는 것이 감시되면 자신의 토큰을 버리고 통신망을 감시하는 상태로 전환하게 된다. 이렇게 되어 만약 두 노드가 같이 토큰을 버린 상태가 되면 망에 토큰이 없는 상태가 되고 이 상태가 일정 시간 이상 지속되면 각 노드들이 토큰 복구 작업을 수행하게 된다. 한 노드가 자신의 후임노드로 토큰을 전달할 때에는 토큰을 보낸 후 후임 스테이션이 어떤 정상적인 동작을 하는가를 감시한다. 만약 자신이 토큰을 보낸 후에 후임노드가 일정 시간 이상 어떤 정상적인 프레임을 전송하는 것 같지 않으면 토큰이 제대로 전달되지 않았다고 간주하여 토큰을 다시 전달하게 된다. 그리고 토큰이 제대로 전달될 수 없다고 생각하면 후임노드 교체작업을 수행하게 된다.

③ 토큰 링 방식

토큰 링 방식은 각 스테이션의 전송 권한으로서 토큰을 사용하고 토큰을 가진 스테이션이 전송한다는 것은 토큰 버스 방식과 동일하다. 그러나 일단 망의 형태가 링이므로 토큰 버스 방식과 여러 가지 측면에서 다른 점을 가지게 된다. 각 스테이션이 전송하는 프레임은 링형의 망을 따라 한 방향으로(unidirectional) 전송된다. 각 노드는 항상 전임노드로부터 프레임을 받고 후임노드로 프레임을 보낸다. 이러한 토큰 링 방식의 최대의 장점은 통신망의 설계 및 구현이 매우 쉽다는 것이다. 일제 송신(broadcast)은 필요 없고 각 노드 내부에서 신호가 다시 만들어지므로 통신망의 노드가 아무리 많더라도 증폭기(amplifier) 등의 장비가 필요 없다.

반대로 토큰 링 방식에서는 신뢰성(reliability)의 부족이 최대의 단점이다. 예를 들어 어떤 한 노드가 고장 났다고 하자. 그러면 그 노드로 들어오는 프레임을 그 노드가 받아서 전송할 수 없으므로 결국 프레임이 제대로 전송될 수 없다. 이는 물리적인 통신 매체의 한 부분에 고장이 발생한 경우도 마찬가지이다. 즉, 한 노드의 고장 또는 통신 매체의 한 부분의 고장이 결국 통신망 전체 동작을 중단시킬 수 있다는 것이 된다. 이러한 이유로 해서 토큰 링 방식은 신뢰성이 무엇보다 중요한 생산 시스템에서는 비교적 호응을 받지 못했다. 그러나 최근에는 신뢰성을 보다 높이기 위해 링을 이중화하여 사용하는 FDDI(Fiber Distributed Data Interface)가 고안되어 여러 분야에서 널리 사용되고 있다.

라. 링크 제어

두 노드가 데이터를 주고받을 때 보다 신뢰성을 높일 수 있는 방법은 데이터를 전송하기 전에 링크(link)를 만드는 것이다. 이 링크는 물리적으로 눈에 보이는 것이 아니고 두 노드 간의 일정한 약속으로 볼 수 있기 때문에 논리 링크(logical link)라고 한다. 데이터를 주고받는 통신망의 두 노드 사이에 논리 링크가 형성되고 이 링크를 통하여 데이터가 전송되면 신뢰성 있는 데이터의 전송이 가능하다. 링크 제어 부분은 이러한 링크를 관리하는 역할을 한다.

① 링크의 형성

데이터를 전송하는 노드 및 수신하는 노드는 데이터를 전송하기 전에 논리 링크를 형성한다. 이는 기본적으로 두 노드가 현재 정상적인가를 알 수 있게 한다. 따라서 데이터의 신뢰성 있는 전송이 가능하도록 한다.

② 데이터 전송

데이터는 두 노드 사이의 링크를 통해서 교환된다. 수신한 노드의 링크 제어는 데이터를 받은 후 송신한 노드에 받았다는 수신 확인 데이터를 보낸다.

③ 링크의 해제

링크를 통하여 데이터가 다 전송되었고 이 링크는 더 이상 사용하지 않는다고 할 때 링크 제어는 형성되어 있는 링크를 해제한다. 링크가 다시 형성될 때까지 아무런 데이터도 전송될 수 없다. 일반적으로 사용자가 링크를 통해 데이터를 보내기 원하는 한 링크를 해제하지 않는다.

마. 통신 매체

통신 매체는 물리적인 데이터 전송로이다. 산업용 통신망에서 주로 사용되는 통신 매체로는 꼬임 쌍선, 동축 케이블, 광섬유 등이다. <표 1-2>는 각 통신 매체의 전형적인 특성을 나타낸 것이다. 각 매체에서 사용 가능한 최고 데이터 전송률과 대역폭(bandwidth), 그리고 중계기를 설치해야 하는 간격을 나타낸 것이다.

통신 매체	최고 데이터 전송률	대역폭	리피터 설치간격
꼬임 쌍선	1Mbps	250kHz	2~10km
동축 케이블	500Mbps	350MHz	1~10km
광섬유	1Gbps	1GHz	10~100km

① 꼬임 쌍선

꼬임 쌍선은 두 가닥의 절연된 구리선이 하나의 쌍(pair)을 이루어 균일하게 서로 감겨 있는 형태이다. 이 하나의 쌍이 하나의 통신로의 역할을 한다. 일반적으로 여러 개의 이러한 쌍이 다발로 묶어져 하나의 케이블을 형성하고, 이 케이블은 외피로 감싸져 보호된다. 장거리용 꼬임 쌍선의 경우에는 케이블이 수백 개의 쌍으로 이루어질 수도 있다. 각 쌍들은 서로 감겨 있기 때문에 다른 쌍들과의 간섭 현상을 최소로 줄이게 된다. 한 쌍 내에서의 전선의 굵기는 0.015에서 0.056inch 정도이다.

● 용도

가장 흔히 사용되는 통신 매체이다. 이 꼬임 쌍선은 전화 시스템의 근간을 형성하고 있을 뿐 아니라, 건물 내의 통신 수단으로 유용하게 사용되고 있다.

● 특성

디지털과 아날로그 신호 모두를 전송할 수 있으며, 디지털인 경우는 2~3km마다 중계기가 필요하고 아날로그 신호인 경우에는 5~6km마다 증폭기가 필요하다. 꼬임 쌍선은 다른 통신 매체와 비교할 때 거리, 대역폭, 데이터 전송률에 있어서 상대적으로 많은 제약점을 갖는다. 그리고 자기장과 쉽게 결합될 수 있는 특성을 지니고 있으므로 간섭이나 잡음에 매우 민감하다는 단점도 가진다. 그래서 보통의 경우 간섭이나 잡음에 의한 오류 발생을 줄이기 위해서 보통 금속망으로 전선을 감싸 외부 신호로부터의 간섭을 감소시킨다. 그리고 근접한 꼬임 쌍선끼리는 그들 각각의 전선을 꼬는 길이를 다르게 함으로써 누화 현상을 감소시킬 수 있다. 기본적으로 전선을 꼬는 것 자체는 저주파에서의 간섭 현상을 감소시킨다.

② 동축 케이블

동축 케이블은 내부 도체와 그를 감싸고 있는 원통형의 외부 도체로 구성된다. 따라서 꼬임 쌍선과 마찬가지로 두 개의 도체로 구성된다. 그러나 꼬임 쌍선에 비해 보다 폭넓은 주파수 범위를 허용할 수 있다. 내부 도체는 일반적으로 하나의 선이지만 여러 선이 꼬인 형태일 수도 있다. 외부 도체는 매끈한 원통형이나 철망형일 수 있다. 균일한 간격으로 배치된 절연체 링 등이 내부 도체를 감싸고 있다. 외부 도체는 어떤 표피나 보호막으로 덮여 있다. 한 가닥의 동축 케이블의 지름은 0.4에서 1inch 정도이다.

- 용도

동축 케이블은 가장 용도가 다양한 통신 매체이다. 이는 여러 가지 다양한 용도로 사용되는데, 그 수요가 증가 추세에 있다. 주요한 용도는 다음과 같다.
- 장거리 전화 및 텔레비전 전송
- 텔레비전 분배(distribution)
- 근거리 통신망

- 특성

동축 케이블은 꼬임 쌍선보다 우월한 주파수 특성을 가지며, 따라서 보다 높은 주파수와 데이터 전송률을 제공할 수 있다. 동축 케이블은 꼬임 쌍선에 비해 차폐(shield)가 잘되어 있고 집중적인 구조를 가지므로, 꼬임 쌍선에 비해 간섭과 누화 현상이 적다.

동축 케이블을 이용하여 아날로그 신호를 전송하는 경우에는 수 km마다 증폭기를 사용해야 하며 높은 주파수의 신호일수록 증폭기 사용 간격이 좁아져야 한다. 동축 케이블을 이용하여 디지털 신호를 전송하는 경우 대략 1km마다 중계기를 사용해야 하며 데이터 전송률을 높게 할수록 중계기 사용 간격은 좁아져야 한다.

③ 광섬유

원래 광섬유는 두께가 매우 가늘고 구부릴 수 있으며 광선을 투과시킬 수 있는 통신 매체이다. 여러 가지 유리 또는 플라스틱(plastic)이 광섬유를 제작하는 데 사용될 수 있다. 특히 순수한 용해 규소 섬유로 만들어진 광섬유는 손실도가 가장 낮다. 여러 가지 성분으로 구성된 유리 섬유는 손실도는 약간 높아지나, 보다 경제적이며 양호한 성능을 나타내게 된다. 플라스틱 섬유는 가격이 가장 싸지만 손실도가 상대적으로 가장 크므로 다소의 높은 손실도가 허용될 수 있는 단거리의 전송에 사용된다.

광섬유는 재료와 관계없이 높은 반사지수를 갖는데, 그보다 낮은 반사지수를 갖는 물질로 된 피복층에 의해 둘러싸여 있다. 피복층은 광섬유를 격리시킴으로써 인접 광섬유와의 누화를 막아 준다. 광섬유 케이블은 광섬유의 다발로 이루어지는데, 이따금씩 안정도를 위해 강철심을 넣기도 한다.

● 용도

광섬유는 장거리 통신용으로 많이 사용되어 왔으며, 군사용으로 그 수요가 증가하고 있다. 최근에는 광섬유의 성능과 가격을 개선함으로써 근거리 통신망과 같은 새로운 분야에 광섬유의 적용이 가능하게 되었다. 꼬임 쌍선이나 동축 케이블에 대한 광섬유의 차이점은 다음과 같다.

- 보다 넓은 대역폭
- 보다 작은 크기와 적은 무게
- 보다 작은 감쇠도
- 전자기적 격리
- 보다 넓은 중계기 설치간격

● 특성

광섬유는 신호가 부호화된 광선을 전체적으로 내부 반사에 의해 전송한다. 결과적으로 광섬유는 1,014~1,015Hz 범위의 주파수를 갖는 신호의 통로 역할을 하는 것이다. 이 주파수는 적외선의 한 부분이다.

광섬유는 아날로그 신호 전송용이다. 이는 단지 광파만이 전송될 수 있기 때문이다. 디지털 신호를 전송하기 위해서는 적절한 변조(modulation)를 수행해야 한다.

바. 전송 방식의 분류

여기에서는 각종 전송 방식에 대해 설명한다.

① 아날로그 전송과 디지털 전송

아날로그 신호와 디지털 신호는 모두 적당한 통신 매체를 통해 전송될 수 있다. 아날로그 전송의 경우 전송이 아날로그라고 하는 것은 실제로 전송되는 데이터의 내용과는 관계없다. 즉 아날로그 전송은 전송 내용과 관계없이 아날로그 신호를 전송하는 것이다. 이 경우 전송되는 아날로그 신호는 아날로그 데이터를 나타낼 수도 있고 디지털 데이터를 나타낼 수도 있다. 예로서 음성 신호를 전송하는 경우는 아날로그 데이터를 전송하는 경우이며 이진수 데이터가 아날로그 신호를 타고 전송되는 경우는 디지털 데이터가 전송되는 경우라고 할 수 있다. 통신망을 통해 전송되는 아날로그 신호는 일정한 거리를 지나고 나면 그 신호의 세기가 감소한다. 이를 감쇠라고 한다. 따라서 보다 장거리의 전송을 하려면 신호의 세기를 증폭해 주는 증폭기가 시스템에 부착되어야 한다. 그러나 불행히도 이러한 증폭기는 잡음까지도 증폭한다. 그러므로 장거리 전송에서 증폭기를 계속 직렬로 연결하여 사용하는 경우 신호는 잡음 성분으로 인해 크게 왜곡될 수 있다. 실제 데이터가 음성 신호와 같은 아날로그 데이터이면 약간의 왜곡이 생기더라도 인지할 수 있으므로 큰 문제는 아니다. 그러나 만약 실제 데이터가 디지털 데이터라면 잡음 성분의 증폭은 통신상의 중대한 오류를 유발시킬 수 있다. 그러므로 디지털 데이터를 전송하는 아날로그 전송에서는 가능한 한 증폭기를 사용하지 않는 것이 좋다.

아날로그 전송과는 반대로 디지털 전송의 경우에는 전송되는 신호가 데이터를 나타낸다. 디지털 전송도 장거리로 사용하려면 특별한 장치를 사용해야 하는데 이를 중계기라고 한다. 중계기는 디지털 신호를 받아서 0 또는 1인지 구별한 다음 새롭게 완전한 신호를 만들어 전송한다. 이 방식이 디지털 전송에서 감쇠 현상을 극복하는 방법이다.

디지털 전송에서의 이러한 감쇠 극복 방법을 디지털 데이터를 싣고 있는 아날로그 신호 전송에도 적용할 수 있다. 증폭기 대신 중계기를 설치한 후 중계기가 아날로그 신호를 받아서 그 신호에 담겨 있는 디지털 데이터를 복원하여, 이 데이터를 이용하여 새롭고 완전한 아날로그 신호를 다시 만드는 것이다. 이렇게 하면 잡음의 증폭 현상은 방지할 수 있다.

그러면 통신망을 설계할 때 어떤 전송 방식을 택해야 하는가에 대한 질문이 자연스럽게 제기된다. 통신업체나 그 고객들이 제시하는 해답은 디지털 전송이다. 그러나 디지털 전송을 이용하려면 많은 투자를 해야 한다. 그래서 한꺼번에 전송 방식을 아날로그에서 디지털로 바꾸는 것은 부담이 크다. 현재 장거리 통신 설비나 빌딩 내의 서비스 모두에서 단계적으로 디지털 전송으로, 또 가능한 경우 디지털 신호 기법들로 변환되어 가고 있는 추세이다.

② 비동기식 전송과 동기식 전송
데이터를 전송하는 노드가 통신 매체를 통해 데이터를 보내면 수신하는 노드는 그 데

이터를 받아야 한다. 이러한 경우 매체를 통해 전송되는 데이터가 정확히 전달되도록 하기 위해 여러 가지 전송 방식이 등장하였다. 간단히 말해서 송신 측과 수신 측의 타이밍을 일치시킴으로써 데이터가 정확히 전달되도록 하는 방식이 동기식 전송 방식이고 이러한 타이밍을 일치시키는 동기화 과정 없이 데이터를 문자(character) 단위로 구분하여 전송하는 방식을 비동기식 전송 방식이라고 한다.

먼저 비동기식 전송 방식을 살펴보자. 앞에서 설명한 대로 문자 단위로 데이터가 전송된다. 문자는 시작을 나타내는 시작 비트와 데이터를 담고 있는 데이터 부분, 오류 검출에 사용되는 패리티(parity) 비트, 그리고 문자의 끝을 나타내는 비트들로 구성된다. 수신 측은 휴지 상태 이후에 시작 비트가 검출되면 문자를 읽기 시작한다. 이러한 동작을 지칭하여 수신측은 매 문자마다 재동기(resynchronization)를 한다고 말한다. 이러한 경우 송신 측과 수신 측 간에 타이밍의 오차에 따라 데이터를 읽을 때 오류가 발생할 수 있다. 그리고 이러한 전송 방식의 경우 실제 데이터와 비교하여 오버헤드(overhead)가 매우 크다. 아무리 오버헤드가 작아도 시작 비트를 포함하여 전체 길이의 20% 정도는 오버헤드라고 할 수 있다. 실제로는 30% 이상인 경우도 많다. 이러한 방식은 전송하려는 데이터의 전체 길이가 짧을 경우에는 상관이 없으나 긴 경우에는 동기 방식에 비해 오버헤드가 커지게 된다.

동기식 전송은 통신을 더 효율적으로 하기 위한 수단이다. 동기식 전송에서는 데이터가 시작이나 끝을 나타내는 비트 없이 전송된다. 따라서 송신 측과 수신 측이 완벽히 동기화 되어야 한다. 동기식 전송에서 데이터 부분은 문자열 또는 비트열로 간주되며 이를 데이터 블록(block)이라고 말한다. 동기식 전송에서 각 데이터 블록의 앞뒤에는 수신측의 동기에 사용되는 프리앰블(preamble)과 포스트앰블(postamble)이라고 불리는 비트열들이 붙는다. 이러한 부분을 보통 제어 정보(control information)라고 하며 이 제어 정보와 데이터 블록을 합쳐 프레임이라고 한다. 즉, 데이터 블록의 길이와는 관계없이 제어 정보의 길이는 일정하다. 따라서 큰 데이터 블록을 전송하는 경우에는 동기식 전송이 비동기식 전송보다 훨씬 효율적이라는 것을 알 수 있다. 앞에서 설명한 대로 비동기식 전송은 20% 이상의 오버헤드가 요구된다. 그러나 동기식 전송의 경우 제어 정보가 대체적으로 100비트보다 작으므로 만약 데이터 블록이 400비트 이상이라고 하면 오버헤드는 20% 미만으로 줄어든다. 동기식 전송은 데이터 블록을 문자열로 취급하느냐 비트열로 취급하느냐에 따라 문자 동기 방식과 비트 동기 방식으로 나뉜다.

1.2 네트워크 임베디드 시스템 설계를 위한 H/W와 S/W의 기초

1.2.1 임베디드 시스템의 H/W 기초

1.2.1.1 ARM Processor

ARM은 임베디드 시스템에서 고성능화, 저전력화 소형화로 설계된 마이크로프로세서이다. 예를 들어 ARM7TDMI 프로세서의 경우, 60MHz, 단지 1.5mW/MHz 전력소비였다. 그리고 매우 작은 사이즈에 integral debug 기능이 있었다. 이 프로세서는 많은 휴대용 임베디드 시스템에 성공적으로 이용되었다. 예를 들면, Panasonic G650의 GSM 모바일에 ARM7100의 경우 PSIO의 PDA에도 이용이 되었다.

이런한 ARM-Family 저전력, 저비용, 고성능을 가지고 있다.

그러나 시대가 갈수록 시스템은 더 복잡해지고 더욱 고성능화의 프로세서를 요구하였다. '스마트 폰'이란 휴대폰과 PDA를 하나로 통합한 것인데 초창기에 이는 다중 프로세서를 사용하였다. PDA운용부분과 휴대폰의 부분을 각각의 프로세서를 이용한 것이다.

임베디드 시스템은 날이 갈수록 점점 고성능화를 원하게 될 것이면 여기에서는 ARM9-Family의 ARM9TDMI와 ARM7TDMI를 비교하여 어떻게 고성능화되었는지 알아보고 ARM9TDMI 임베디드 core를 이용한 삼성의 S3C2440의 기능과 앞으로 어떻게 임베디드 시스템에서 이용할지 알아보자.

1.2.1.2 ARM7TDMI와 ARM9TDMI

ARM9TDMI integer core는 ARM9-Family이다. 이 코어는 ARM7TDMI에서 성능이 향상된 프로세서로 홀로 사용하거나, ARM940T처럼 캐시 프로세서를 함께 이용할 수 있다.

ARM7TDMI에서는 3단계의 파이프라인 과정(Fetch, Decode, Execute)을 가지고 있었지만 ARM9TDMI에서는 Fetch, Decode, Execute, 메모리 access, Write-back의 5단계로 이루어져 CPI(clocks per instruction)가 향상되었다.

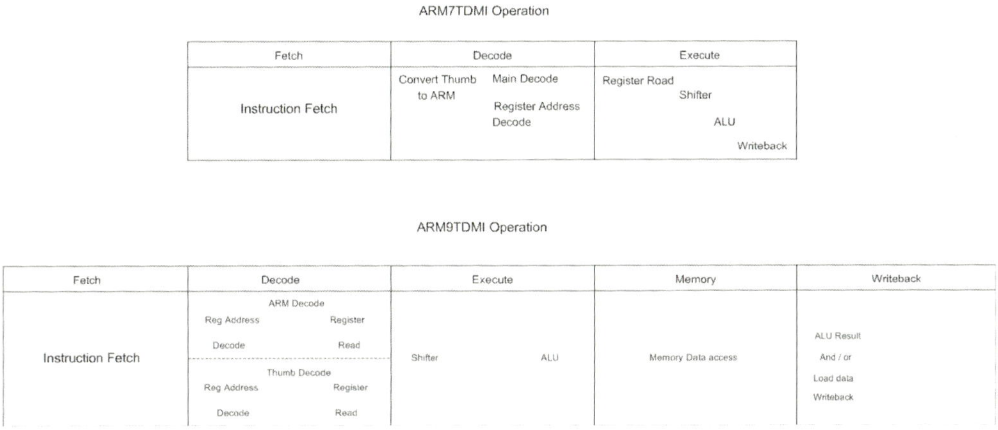

〈그림 1-5〉 90ARM 코어의 파이프라인 과정

또한, ARM9TDMI의 ALU의 경우 arithmetic과 logic units 부분이 분리되어 명령어 수행 시 전력소모가 더욱 줄어들었다.

아래 표는 ARM9TDMI와 ARM7TDMI의 명령어(Load, Store), Data Processing, Branch/Link 에 대한 CPI를 비교하였다.

〈표 1-3〉 ARM9TDMI vs ARM7TDMI CPI Analysis

Instruction	% Taken	% Skipped	ARM7TDMI	ARM9TDMI
Data processing	49	4	1	1
Data processing with PC	3	0	3	3
Branch/Branch with link	11	4	3	3
Load register	14	1	3	1-2
Store register	8	1	2	1
Load multiple registers	1	0	7	5
Store multiple registers	2	0	7	6
CPI			1.9	1.5

1.2.1.3 ARM 구현

위에서 말한 ARM9TDMI 임베디드 core는 CPU의 코어이지 CPU 자체를 말하는 것은 아니다. 보통 임베디드 시스템에서 탑재한 칩(CPU)은 이 코어를 포함하고 다양한 기능(인터럽트, 캐시메모리, 컨트롤러 등)을 가지고 있는 원칩이다.

여기에서는 삼성의 S3C2440과 StrongARM에 대해서 간단히 알아보기로 한다.

• 삼성 S3C2440 [3]

삼성의 S3C2440은 16/32비트 RISC 마이크로프로세서로 ARM9TDMI 임베디드 core로 개발이 되었다. 이는 확장 외부 메모리 컨트롤러, 4-ch DMA 컨트롤러, Nand Flash 컨트롤러, DMA 컨트롤러, IO port, PWM timer, LCD 컨트롤러, ADC&터치스크린 인터페이스, 리얼 타임 클럭, 3-ch UART, 2-ch SPI, 2-ch USB host 컨트롤러, 카메라 인터페이스 등의 매우 다양한 기능을 가지고 있다. 이런한 기능은 인텔의 StrongARM SA1100, SA1110 등에 따라 다르게 되면 타깃의 기능에 따라 다른 선택을 해야 한다. <그림 1-6>에서 S3C2440의 구조를 블록 다이어그램으로 나타내었다.

BLOCK DIAGRAM

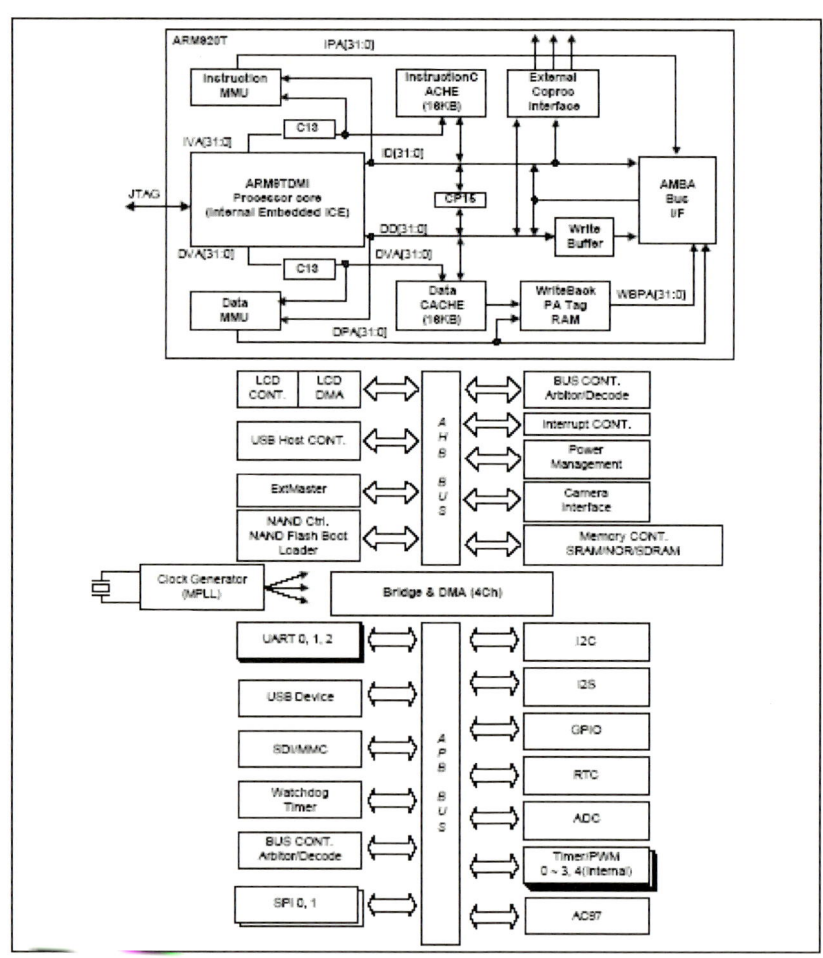

〈그림 1-6〉 S3C2440A 블럭도

MDS에서 개발한 MRP-SC2440(Rebis)보드에서는 CPU로 S3C2440을 사용하였고 위에서 말한 기능을 사용하여 테스트보드를 만든 것이다. TFT-LCD와 카메라 역시 간단한 구동 드라이브(LC272C1B) 등을 이용해서 연결한 것이다. 또한 LCD같은 것을 직접 IO port와 연결하여 제어가 가능하고 쉽게 임베디드 시스템 목적에 맞는 하드웨어 구축이 가능하게 될 것이다.

● StrongARM

Intel StrongARM 기반의 CPU 보드를 설계하기 위해서는 여러 가지 방법이 있지만 가장 좋은 방법은 Intel에서 제공하는 참조보드(reference board)의 회로를 분석해 보는 것이다. 이 밖에도 시중에 많은 종류의 StrongARM 기반의 회로가 공개되어 있으며 이것을 참조 하여 필요한 기능의 하드웨어 설계를 완성할 수 있다.

StrongARM으로 하드웨어를 설계하게 되면 PCB 디자인할 때 일반적인 시스템 설계에 비해 간단하지는 않은데, StrongARM이 1mm pitch에 mBGA 패키지이기 때문이다. <그림 1-7>에서 StrongARM의 블록다이어그램을 볼 수 있다.

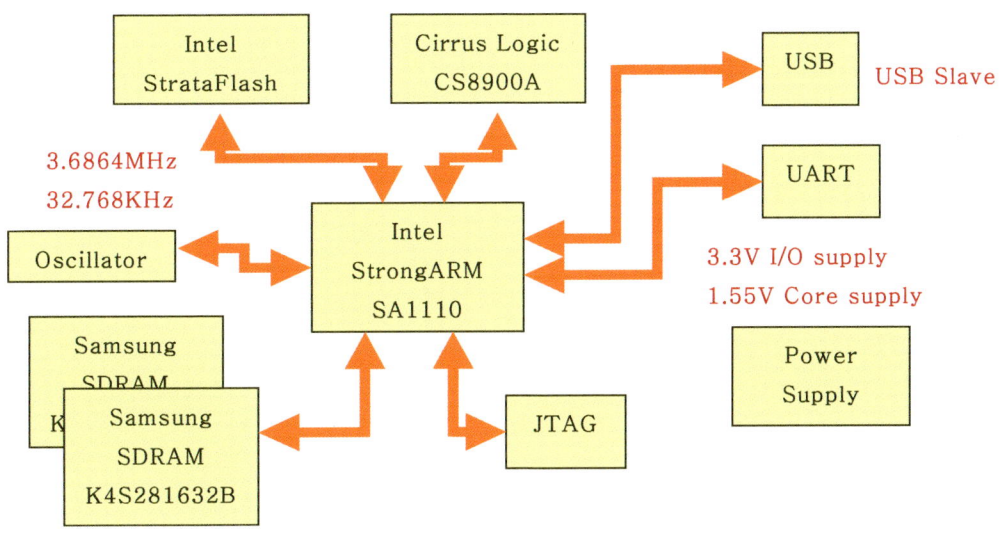

〈그림 1-7〉 StrongARM의 블록다이어그램

ARM9TDMI와 ARM7TDMI는 고성능, 소형화, 저전력을 목적으로 설계되었다. 그리고 인텔이나 삼성 같은 곳에서 ARM코어의 라이선스를 구입하여 StrongARM이나 S3C2440

같은 CPU를 개발했다.

미래에는 더욱 많은 임베디드 시스템들이 개발되고 사라질 것이다. 이에 CPU들은 점점 더 고성능화, 소형화, 저전력화가 이루어져야 하고 시스템의 빠른 개발과 비용을 줄이기 위해서 많은 발전이 있을 것이다.

1.2.1.4 8051 마이크로 컨트롤러

1. 8051 개요

본 절에서는 대표적인 마이크로 컨트롤러인 8051에 대해서 간단히 소개하고 설명한다. 8051은 8비트 원칩 마이크로 컨트롤러로서 8비트 단위의 4개의 입출력 포트와 클록 발진기, 시리얼 통신포트와 내부 메모리를 갖춘 범용 컨트롤러 중 하나이다.

8051의 특징은 다음과 같다.

- 8-비트 ALU
- 32 descrete I/O pins (P0, P1, P2, P3)
- two 16비트 timer/counters
- full duplex UART
- 6 interrupt sources with 2 priority levels
- 128바이트s of on board RAM
- separate 64K바이트 address spaces for DATA and CODE 메모리

최근에는 CAN 통신기능이 내장된 CAN 칩 사용을 내장형 시스템에 사용하고 있다. 8051의 핀 배치도는 아래의 <그림 1-8>과 같다.

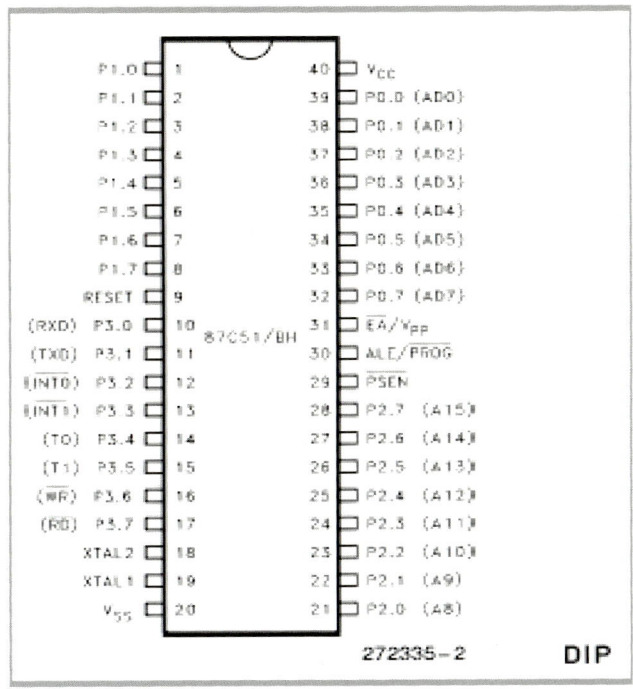

〈그림 1-8〉 8051의 핀 배치도

2. 8051 메모리 구조

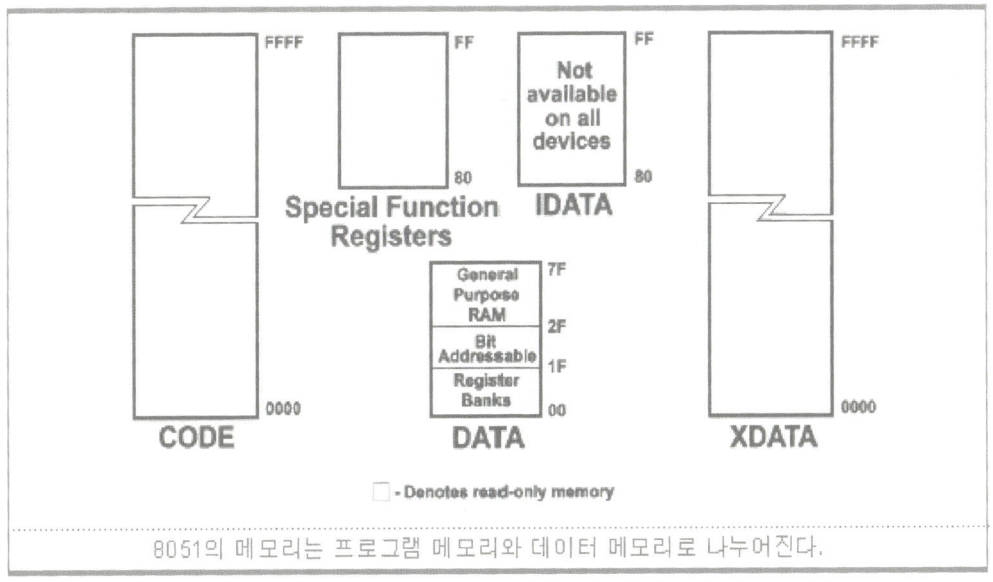

〈그림 1-9〉 8051의 메모리 맵

• 프로그램 메모리(Code space)

프로그램 메모리는 명령의 실행코드(program code)가 저장되는 메모리로서 64KB-(0000H~FFFFH)이며 8비트 단위로 읽는다, 내부 프로그램 메모리 4K바이트를 사용할 수 있고 나머지 60K비트는 외부 프로그램 메모리를 사용할 수 있다.

일반적으로 실행코드 이외에, CODE 세그먼트에 고정된 대조표(lookup table)를 저장해 놓고 사용하기도 한다. 이를 위해서 DPTR이나 프로그램 카운터(program counter)를 사용하여 연결한다.

CPU는 리셋 직후에 0000H 번지부터 프로그램을 실행하므로 EA/=0으로 하면 외부에 있는 프로그램 메모리의 0000H번지부터 프로그램이 시작된다. 그러나 내부 롬을 가지고 있는 모델에서는 내부프로그램 메모리가 0000H~0FFFH번지(8051), 혹은 0000H~1FFFH번지(8052)에 설치되어 있으며, 이때는 EA/=1로 하면 내부 ROM의 0000H번지부터 프로그램이 시작된다. 또 한 가지 고려해야 할 사항은 이 영역에 인터럽트 루틴이 있기 때문에 서비스 루틴을 작성할 경우, 각 영역이 8바이트밖에 되지 않으므로 다른 곳으로 점프를 시켜서 사용하면 된다. 만약 인터럽트를 사용하지 않는다면 이 공간을 일반적인 프로그램 영역으로 사용할 수 있다.

• 데이터 메모리(Data space)

데이터를 읽고 쓰기가 가능한 메모리로서 CPU 내부에 128바이트 또는 256바이트가 있고, 외부에 64K바이트까지 확장할 수 있다. 일반적으로 이 영역을 DATA 세그먼트라고 부른다. 내부메모리는 직접번지지정이나 레지스터 간접번지 지정으로 8비트 어드레스를 사용하여 액세스하므로 처리속도가 빠른 반면, 외부데이터 메모리(XDATA 세그먼트)는 DPTR에 의해서 16비트로 액세스하므로 속도는 늦지만 큰 용량을 사용할 수 있다는 장점이 있다. 따라서 빈번하게 사용하는 변수는 DATA 세그먼트에 두는 것이 좋다.

• SFR(Special Function Register)

내부 데이터메모리의 상위 128바이트인 80H~FFH 영역을 직접 번지 지정으로 액세스하면 데이터메모리가 아니라 SFR이 액세스된다.

1.2.2 임베디드 시스템의 S/W 기초

본 절에서는 C를 이용한 8051을 다루는 법을 소개한다. C는 다소 간결하면서도 신비로움을 느끼게 하는 언어다. 고수준 언어로서 널리 인용되는 C는 구조화된 프로그래밍, 정의된 절차, 매개인자 전달 그리고 강력한 제어 구조와 같은 많은 특징들을 포함하고 있다. C의 막강한 기능은 간결하고, 저수준 명령어를 복잡한 함수와 같은 고수준의 언어로 결합시키고 메인 프로세서의 실제적인 바이트와 워드에 접근하도록 하는 능력을 갖고 있고 상당한 정도까지 C는 일종의 보편적인 어셈블리 언어라고 말할 수 있다.

C에 익숙한 대부분의 프로그래머들은 리눅스나 window 7을 운용하는 개인용 컴퓨터 안에서 프로그램을 쓰는 데 익숙했을 것이다. 현재 메모리가 64K로 제한된 커널에서 조차도, 프로그램에서 가장 작은 변수가 16비트인 정수형일 정도로 상당한 공간이 필요하다. 실제 대부분의 인터페이스는 DOS 명령어와 함수 호출을 통해서 이루어진다. 이와 같이 쓰인 실제적인 C는 단지 변수, 문자열, 배열 등의 조작과 처리와 관계된다.

그러나 현재 8비트 마이크로 컨트롤러에서는 그 상황이 다소 다르다. 한 예로 8051을 보면, 전체 프로그램 크기는 4K 내지 8K만을 차지하며 RAM의 128바이트만을 이용할 수 있다. 이상적으로 포트와 같은 실제적인 장치와 특별한 기능의 레지스터(SFR)는 C로부터 어드레스를 부여받아야 된다. 절대어드레스에서 벡터를 요구하는 인터럽트가 제공되어야 한다. 후위 루프 데이터의 오버라이팅을 피하고자 한다면 루틴의 데이터 메모리 할당에 특별한 주의를 기울여야 한다. C의 기본 중에 하나는 매개인자(입력변수)는 함수(서브루틴)로 전달되고, 그 결과는 호출한 상위 루틴으로 스택을 통해 반환된다. 그러므로 함수는 지역변수가 오버라이트(재진입)되는 염려 없이 인터럽트와 후위로부터 호출될 수 있다.

8051의 패밀리의 중대한 제약사항은 적절한 스택이 부족하다는 점이다. 전형적으로 8086과 같은 프로세서는 스택 포인터가 적어도 16비트이다. 기본적인 스택포인터 외에도 기본포인터(base pointer)와 같은 다른 스택 상대 포인터가 보통 존재한다. 스택 제어 시스템에 관에서 이러한 여분의 요구사항을 가지고, 스택상의 데이터에 접근할 수 있는 능력이 매우 중요하다. 이미 말했듯이 8051 패밀리는 반환 어드레스를 조절하는 능력을 가진 스택 시스템을 갖고 있다. 잠재적으로 사용 가능한 256바이트의 스택으로는 많은 함수 호출과 빈번한 매개인자 전달을 감당해내지 못할 것이다.

이런 이유로 8051상에서 C와 같은 스택 집약적인 언어를 실행한다는 것이 불가능하다고 생각할지도 모른다. 8051 사용자에게 여러 해 동안 C를 제공한 컴파일러들이 존재한 반면 그 컴파일러들은 효과적이지는 못하였다. 68000과 같은 좀 더 강력한 마이크로프로세서를 위해서 원래부터 쓰인 컴파일러로부터 실제로 적용되었다. 스택 문제에 대한 접근은 8051의 실행코드(opcode)를 사용함에 의해 실행되는 인위적인 스택의 사용을 통해 이루어졌다.

전형적으로, 외부 램에서의 영역은 스택으로써 무시된다. 특별한 라이브러리 루틴은 함수가 호출될 때마다 새로운 스택을 다룬다. 이런 방법은 작동시 재진입(reentrant) 능력을 부여하는 반면에 가격은 매우 서서히 변해 왔다. 순수한 효과는 프로세서가 프로그램을 수행하는 것보다도 컴파일러 자체의 코드를 수행하는 데 너무 많은 시간을 소비한다는 것이다.

새로운 스택을 생성하는 본래의 비효율성 외에도 컴파일된 프로그램의 코드는 8051의 특성에 맞도록 최적화되지는 못한다. 이러한 오버헤드로 인해 IO포트에 의해 제어되는 뱅크 전환 확장 메모리의 준비는 거의 필수적인 것이 된다.

그러므로, 특별히 8051 프로그래밍에서 어셈블러를 통한 접근성을 떨어지지만 시간이 중요시되는 시스템에 대해서만 실질적 대안이 되었다.

1980년 이전으로 거슬러 올라갈 때, 인텔은 PLM51 형태로 새로운 8051에서 고수준 언어 프로그램을 허용하는 문제를 위해 부분적인 해결 방법을 만들어 왔다. PLM85(8085)로부터 변형되어 온 이 컴파일러는 완벽하지 않았지만 인텔은 이 언어의 완전히 스택에 기반을 둔 실행은 단순하지 않았다는 것을 충분히 인식할 수 있을 만큼 실용적이었다.

채택된 해결책은 단순히 메모리의 정의된 영역에서 단순히 매개인자를 전달하는 것이었다. 이와 같이 각각의 프로시저는 매개인자를 받고 그 결과를 반환하는 그 자신의 메모리영역을 갖는다. 만약 전달하는 세그먼트가 내부에 속한 것이라면 호출 시 걸리는 오버헤드는 실제적으로는 꽤 작다.

외부 메모리를 사용하는 것은 프로세서를 느리게 하지만 인위적인 스택을 사용하는 것보다는 더 빠르다. 이 컴파일된 스택 접근을 이용할 때의 단점은 함수의 재진입(reentrance)이 불가능하다는 것이다. 실전에서 이러한 심각한 생략은 전형적인 8051프로그램에서 문제를 일으키지는 않는다. 그러나 최신 C51 버전은 선택적으로 재진입을 허용하기 때문에 몇몇 중요한 함수들의 재진입을 통해 사용하도록 허용하는 것이 전체 프로그램의 효율성에 영향을 주지 않는다.

마이크로 컨트롤러에서 C를 사용할 때 다른 주목할 만한 가치가 있는 고려사항은 다음과 같다.

- 온 칩 상에서와 칩 외부의 주변장치들의 제어
- 인터럽트 제공
- 제한된 명령어들을 가장 잘 이용하기
- 다른 롬과 램 구성을 지원
- 코드공간을 보전하기 위한 고수준의 최적화 기능
- 레지스터 뱅크 전환의 제어
- 진보되거나 특별한 칩 패밀리의 변형 부류들에 대한 지원(예를 들면, 87C751, 80C517 등)

Keil C51 컴파일러는 마이크로 컨트롤러 사용을 위해서 필수한 모든 C 확장성을 포함하고 있다. 이 C 컴파일러는 인텔에 의해서 개발되었지만 부동 소수점 연산, formatted / unformatted IO 등과 같은 적절한 C언어 장점들이 결합되었다.

1.2.3 네트워크 기반 임베디드 시스템을 위한 OS

1.2.3.1 Windows CE

Windows CE는 Non-PC 디바이스들을 위한 마이크로소프트사의 새로운 임베디드 오퍼레이팅 시스템으로 핸드헬드(Handheld) 컴퓨터, 터미널, 산업용 제어기 및 다른 소형 컴퓨터 등에서부터 인터넷 TV, 디지털 셋톱박스, 웹폰 등과 인터넷 디바이스에 이르기까지 모든 분야에서 사용 가능한 32비트 윈도우 호환성을 가진 오퍼레이팅 시스템이다.

Windows CE를 OS로 선정하는 이유는 일반적으로 다음과 같다. 첫째, 가정용 PC의 OS의 대부분을 차지하는 Windows 계열(Window XP, 7 등)과 호환성이 높아 사용자의 편리성 및 네트워크 작업의 편리성이 증대된다. 둘째, 정보 가전기기를 위한 홈네트워크용 미들웨어인 UPnP가 기본적으로 사용할 수 있어 별도의 작업 없이 UPnP 메커니즘을 이용할 수 있다. 그 밖에 SNMP와 같은 다양한 네트워크 표준을 지원하며, 응용프로그램 개발용 도구도 잘 지원되고 있다.

개발 관련한 상세 사항 및 실장 절차는 3.4.1절에 기술한다.

1.2.3.2 임베디드 Linux

임베디드 Linux는 이미 다양한 임베디드 시스템에서 운영체제로 널리 사용되고 있으며, 앞으로도 그 점유율은 더욱 늘어날 전망이다. 그것은 임베디드 Linux가 가지는 서버기능의 측면에서 뛰어난 안정성과 통신망에 대한 완벽한 지원에 기인한다. 초창기의 Linux는 설치과정이 매우 복잡하여 많은 시행착오가 필요했다. 그러나 Redhat 계열을 위시한 최근의 리눅스 배포판들은 이와 같은 설치상의 난해함이 거의 사라진 상태이다.

정보 가전기기와 같은 임베디드 시스템 개발 환경으로 Mandrake Linux Ver. 7.0을 본 책의 구현사례에서 이용하였다. 정보 가전기기용 에뮬레이터를 개발하기 위한 선결작업으로서, Linux 및 리눅스용 Intel UPnP SDK의 올바른 설치가 이루어져야 한다.

1.3 통신 인터페이스의 기초

1.3.1 시리얼 데이터통신

처음에 컴퓨터가 개발되었을 때에는 개인적인 용도로 컴퓨터를 사용한다는 것은 상상도 하기 힘든 일이었다. 그러나 하드웨어 기술의 비약적인 발전으로 개인용 컴퓨터가 대량으로 보급되었고 사무실, 실험실, 공장 등에서는 데이터 처리, 문서 편집, 데이터베이스 관리, 공정제어, 전자우편 등의 다양한 정보 처리 수요가 폭발적으로 증가하였다. 이러한 수요에 대응하기 위해서 컴퓨터끼리 서로 연결된 통신망이 등장하게 되었다. 보다 효율적이고 조직적으로 여러 업무를 처리하기 위해서 각 기기들은 신속하고 정확하게, 그리고 쉽게 정보를 교환할 수 있어야 한다. 그래서 많은 규약들이 등장했고, 그에 맞추어 여러 표준들이 제정되었다.

통신에 사용되는 매체와 인터페이스의 물리적인 특성에 관한 표준은 가장 먼저 제정되어야 하는 것들이다. 왜냐하면 신호의 특성에 대한 전기적인 혹은 광학적인(optical) 규약이 없이는 어떠한 형태의 통신도 불가능하기 때문에 어떤 통신이든지 이것들에 관한 표준이 필수적인 요소이다. 물리적인 인터페이스 사양이 없으면 모뎀이나 터미널들의 통신 장비 제조업자들은 여러 범위의 컴퓨터에 범용으로 연결해서 쓸 수 있는 제품을 만들어낼 수가 없다. 전기적인 신호의 특성에 관한 표준이 없으면 어떠한 형태의 통신이든지 정의하기 어렵게 된다.

가. RS-232C(V.24)

RS-232는 EIA(Electronic Industries Association)에서 제정한(V.24는 CCITT에서 제정한 표준) 시리얼 데이터 통신을 위한 전기 인터페이스 표준이다. RS는 추천표준으로 Recommended Standard를 의미하고 232는 일련번호이다. RS-232에는 A, B, C 세 가지가 있는데 각각은 ON과 OFF 레벨의 전압 차의 범위를 정의하고 있다. 그중에서 가장 많이 사용되는 것이 C버전, 즉 RS-232C이다. RS-232C에서는 -3V와 -12V 사이를 Mark 비트로 정의하고, +3V와 +12V 사이를 Space 비트로 정의하고 있다. 이러한 신호들은 약 8m 정도까지 전송할 수 있다.

쉽게 접할 수 있는 직렬 통신의 또 다른 인터페이스 표준으로는 RS-422와 RS-574를 들 수 있다. RS-422는 보다 낮은 전압과 차동 신호(differential signal)를 사용해서 300m 정도 까지 전송이 가능하도록 하고 있다. RS-574는 표준 9핀 PC 직렬 커넥터와 전압에 관해 정의하고 있다.

RS-232 직렬 통신에 관해 이야기하다 보면 DTE(Data Terminal Equipment)와 DCE(Data Communications Equipment)라는 용어를 많이 접하게 된다. DTE는 개인용 컴퓨터(PC: Personal Computer) 같은 데이터 단말 장치를 지칭하고, DCE는 모뎀이나 음향 커플러 같은 데이터 통신 장치를 가리킨다. 연결을 할 때에는 보통 데이터 단말 장치 쪽에는 수놈 플러그로 된 25핀 커넥터를 사용하고, 데이터 통신 장치 쪽에 암놈 플러그를 사용한다.

〈표 1-4〉 RS-232C 핀과 신호선 의미

Pin	Description	Pin	Description
1	Earth Ground	14	Secondary TXD
2	TXD - Transmitted Data	15	Transmit Clock
3	RXD - Received Data	16	Secondary RXD
4	RTS - Request To Send	17	Receiver Clock
5	CTS - Clear To Send	18	Unassigned
6	DSR - Data Set Ready	19	Secondary RTS
7	GND - Logic Ground	20	DTR - Data Terminal Ready
8	DCD - Data Carrier Detect	21	Signal Quality Detect
9	Reserved	22	Ring Detect
10	Reserved	23	Data Rate Select
11	Unassigned	24	Transmit Clock
12	Secondary DCD	25	Unassigned
13	Secondary CTS		

직렬 통신을 하는 동안 주고받는 데이터는 한 번에 한 비트씩 전송된다. 각 비트는 ON 또는 OFF 상태이다. ON 상태는 Mark라고 부르고, OFF 상태는 Space라고 부른다. 직렬 데이터의 전송속도는 보통 bps(비트s-per-second) 또는 baud(baud rate)라는 말을 이용해서 표시한다. 이것은 일 초 동안에 보내질 수 있는 비트의 개수를 의미한다. RS-232에 보편적으로 사용되는 전송속도는 9,600과 19,200이다. RS-232 신호도해(signal diagram)는 다음과 같다. 핀의 번호는 수놈 플러그에서 〈그림 1-10〉과 같고 암놈 플러그에서는 〈그림 1-10〉과 좌우대칭 구조이다.

〈표 1-5〉 RS-574 핀과 신호선 의미

Pin	Description	Pin	Description
1	DCD - Data Carrier Detect	6	Data Set Ready
2	RXD - Received Data	7	RTS - Request To Send
3	TXD - Transmitted Data	8	CTS - Clear To Send
4	DTR - Data Terminal Ready	9	Ring Detect
5	GND - Logic Ground		

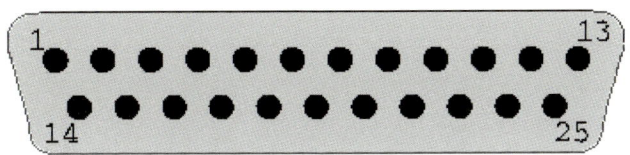

〈그림 1-10〉 RS-232 Signals

① 논리적 그라운드(GND: Logic Ground - 핀 7)

기술적으로 볼 때 논리적 그라운드는 신호가 아니다. 그러나 이것이 없으면 다른 어떤 신호도 그 역할을 하지 못한다. 다시 말하면 논리적 그라운드는 기준 전압으로서 전압이 양인지 음인지 판단하는 기준이 된다.

② 송신 데이터(TXD: Transmitted Data - 핀 2)

③ 수신 데이터(RXD: Received Data - 핀 3)

수신 데이터 신호는 데이터를 수신하는 역할을 한다. 송신 데이터와 마찬가지로 Mark를 1로, Space를 0으로 해석한다.

④ 데이터 캐리어 검출(DCD: Data Carrier Detect - 핀 8)

데이터 캐리어 검출 신호는 직렬 케이블의 다른 쪽 끝에 연결되어 있는 컴퓨터나 기기로부터 수신된다. 이 신호선에 Space 전압이 검출되면 컴퓨터나 기기가 현재 연결되어 있거나 사용 중임을 의미한다. 데이터 캐리어 검출은 항상 사용되거나 이용 가능하지는 않다.

⑤ 데이터 단말 레디(DTR: Data Terminal Ready - 핀 20)

데이터 단말 레디 신호는 데이터 단말 장치가 동작 가능한 상태라는 것을 데이터 통신 장치로 전달하는 데 사용되는 신호이다. 동작 가능 상태이면 Space 전압을 만들고, 동작 불가능 상태이면 Mark 전압을 만들어 낸다.

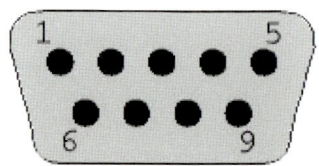

〈그림 1-11〉 IBMPC/AT 9-Pin DSUB Signals(RS-574)

⑥ 송신가능(CTS: Clear To Send - 핀 5)

송신가능 신호는 직렬 케이블의 다른 쪽 끝으로부터 수신되며 Space 전압이면 직렬 데이터를 더 보내도 좋다는 것을 의미한다.

⑦ 송신 요구(RTS: Request To Send - 핀 4)

송신요구 신호는 보낼 직렬 데이터가 더 준비되어 있을 때 만들어지는 신호이며 Space 전압으로 만들어진다.

RS-232C 데이터 전송 시스템에서 전송되는 각 신호들은 신호 그라운드인 논리적 그라운드를 기준점으로 한 전압의 형태로 인터페이스 커넥터에 나타난다. 예를 들어, 데이터 단말 장치로부터 나오는 전송 데이터(TD: Transmitted Data)는 핀 5번 논리적 그라운드에 대한 전압으로, 핀 3번에 나타난다. RS-232C 수신부는 <그림 1-12>와 같은 전압 범위 내에서 동작한다. 진폭은 3V에서 25V까지 변한다. RS-232C 구동기(driver)는 5~15V, -5~-15V 까지의 전압 출력을 만들어 낸다.

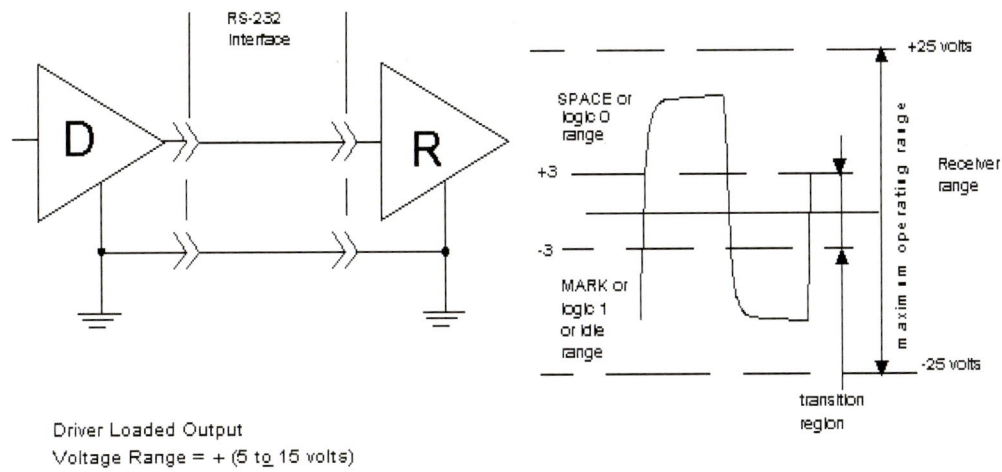

Driver Loaded Output
Voltage Range = + (5 to 15 volts)

〈그림 1-12〉 RS-232 인터페이스 회로

RS-232C 표준 또는 비슷한 인터페이스 표준에서 RS-232C를 속도는 20kbps 이하, 전송선의 길이는 15m(50ft) 이하로 제한하고 있다. RS-232C는 간단하고, 보편적이며 쉽게 이해할 수 있으므로 어디에서든 많이 사용된다. 그러나, 전기 인터페이스로서 몇 가지 단점이 있다. 첫째, RS-232C는 데이터 단말 장치와 데이터 통신 장치 간에 공통 그라운드를 전제로 하고 있다는 점이다. 이것은 데이터 단말 장치와 데이터 통신 장치 간에 거리가 짧을 때에는 상관이 없지만 보다 길어진 거리와 서로 다른 전기적 버스에서 돌아가는 기기들 간의 연결에는 적합하지 않다. 둘째, 하나의 선으로 신호를 전달하므로 잡음에 대해 완벽하게 차폐를 할 수가 없다. 케이블 전체를 차폐함으로써 외부의 잡음에 대해서는 그 영향을 줄일 수가 있으나, 내부적으로 생기는 잡음은 그대로 남아 있을 수밖에 없다.

나. RS-422(CCITT X.27, V.11)

RS-422A는 EIA(Electronic Industries Association)에서 "평형 전압 디지털 인터페이스 회로의 전기적 특성(electrical characteristics of balanced voltage digital interface circuits)"이라고 명명하고 있는데, 이것은 RS-422 인터페이스 회로의 특성을 잘 설명하고 있다. 즉, 두 개의 선의 전압 차이로서 표시되기 때문에 신호 전송자와 신호 수신자 사이의 그라운드 전압이 변하더라도 영향을 받지 않는다. 이런 점에서 RS-422A는 RS-232C의 단점을 보완한 형태라고 말할 수 있다.

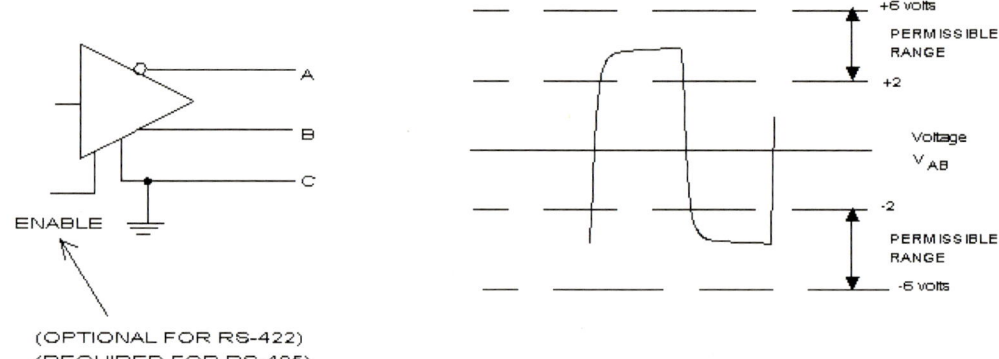

〈그림 1-13〉 평형 차동 출력 구동기

평형 차동 시스템(balanced differential system)에서 구동기에 의해 만들어지는 전압은 하나의 신호를 전달하기 위해서 한 쌍의 신호선에 나타난다. 즉, 하나의 신호를 전달하기 위해서 두 개의 신호선이 필요하다. <그림 1-13>은 평형선 구동기의 기호와 존재하는 전압을 표시한 것이다. 평형선 구동기는 A와 B 출력 터미널에 2V부터 6V까지의 전압을 만들어 낸다. 구동기는 신호 그라운드 연결을 C 출력 터미널로 하고 있다. C 출력 터미널을 신호 그라운드에 적설하게 연결하는 것은 중요하지만, 이 터미널이 데이터 선의 논리적 상태를 결정하는 데에는 사용되지 않는다. 또 구동기는 "Enable" 신호라고 불리는 입력신호를 갖고 있다. 이 신호의 목적은 구동기를 출력 터미널 A, B에 연결하는 것이다. 만약 "Enable" 신호가 OFF이면 구동기와 전송선의 연결이 끊어져 있는 것이라고 생각하면 된다. RS-485 구동기는 반드시 "Enable" 제어 신호를 갖고 있어야 하지만 RS-422 구동기는 이 입력신호를 반드시 가지고 있어야 할 필요는 없다.

<그림 1-14>는 전형적인 RS-422 인터페이스 회로로서, 데이터 단말 장치와 데이터 통신 장치 간의 4선 인터페이스 회로이다. 각 구동기(generator or driver)는 10개의 수신기까지 구동할 수 있다. 선로의 두 신호 상태는 다음과 같이 정의된다.

① 구동기의 "A" 단말이 선로의 "B" 단말에 대해서 음(negative)일 때, 이것은 Binary 1(Mark 또는 OFF) 상태이다.
② 구동기의 "A" 단말이 선로의 "B" 단말에 대해서 양(positive)일 때, 이것은 Binary 0(Space 또는 ON) 상태이다.

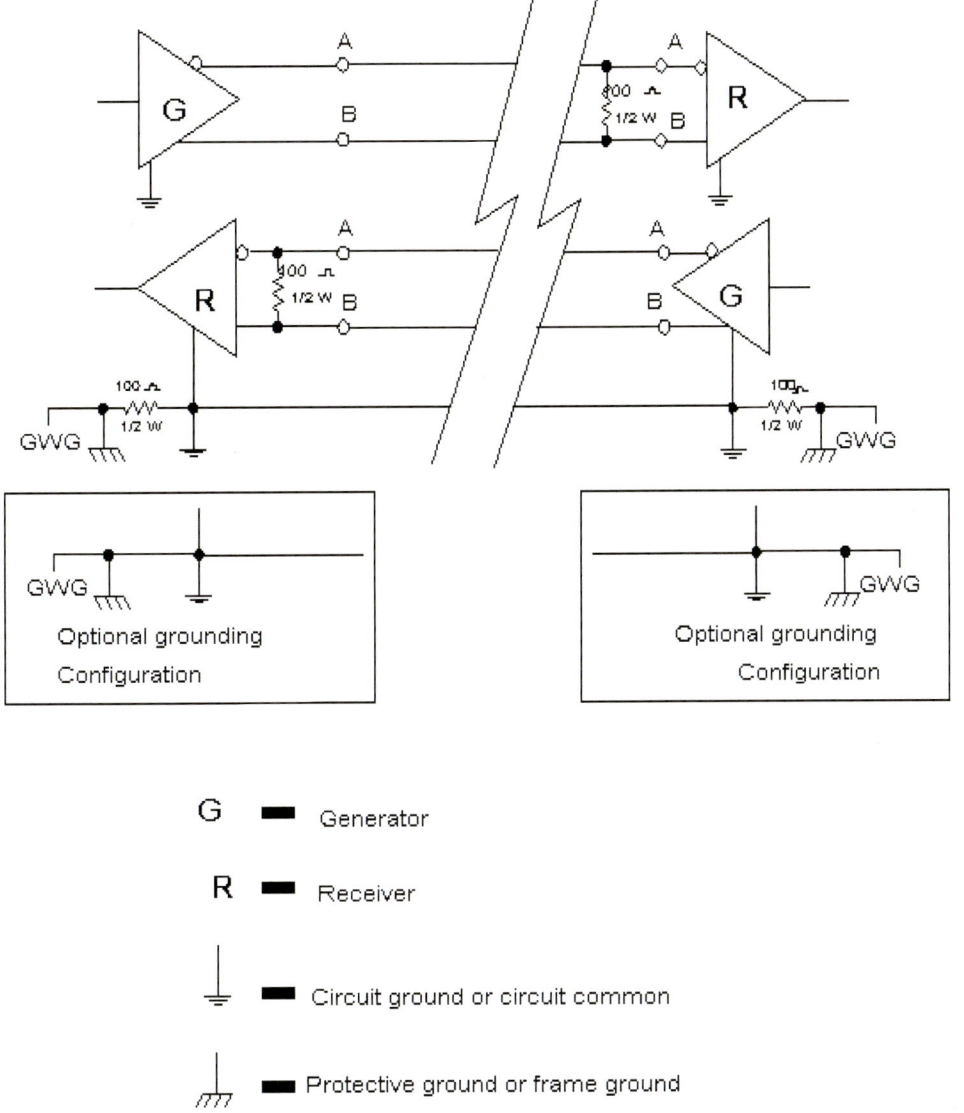

G ▬ Generator

R ▬ Receiver

⏚ ▬ Circuit ground or circuit common

⏚ ▬ Protective ground or frame ground

GWG ▬ Green wire ground or power system ground

〈그림 1-14〉 전형적인 RS-422 4선 망

    고속으로 데이터를 전송할 때에는 전송 선로에 종단 저항을 부착하는 것이 권장되고 있다. 그림에서 사용된 것은 100옴 1/2와트짜리 저항으로서 전형적으로 사용되는 것이다. 이와 같이 저항을 사용하는 이유는 전송선의 길이와 속도가 증가할수록 신호의 반사에 의한 효과가 커지는데, 반사된 신호는 중첩과 간섭 현상을 일으켜 잘못된 신호를 전달하는 결과를 낳는다. 이를 해결하기 위해서 전송 선로의 끝부분을 임피던스 정합을 통해서 구동기 측에서 볼 때 선로가 무한히 길게 보이도록 한다. 결국 이 저항을 선택할 때에는 전송 선로의 특성 임피던스를 고려해서 선택해야 한다. 90옴 이하의 저항은 사용하면 안된다. 그림에서 신호 그라운드 선이 시스템에 연결되어 있는데, 이 연결은 수신기에서 공통 모드 전압이 -7V부터 +7V 사이에 들어가도록 유지시켜 주는 역할을 한다. 이 인터페이스 회로는 신호 그라운드 연결이 없이도 작동할 수 있으나 신뢰성을 보장할 수는 없다.

다. RS-485

RS-485 표준은 평형 전송 선로(balanced transmission line)가 공통선 모드(party line mode)에서 사용될 수 있도록 허용하고 있다. 32개의 구동기/수신기 쌍이 2선 공통선 망(party line network)을 공유할 수 있다. 구동기와 수신기의 많은 특성들이 RS-422와 같다. 구동기와 수신기가 허용하는 공통 모드 전압 Vcm의 범위가 +12V부터 -7V로 확장되어 있다. <그림 1-15>에 전형적인 2선 다분기(multi-drop), 즉 공통선 망이 도시되어 있다. 전송선이, 선로의 양쪽 끝에는 종단 저항이 부착되어 있고 선로 가운데의 분기 지점에는 연결되어 있지 않다. RS-485 시스템에서도 수신기가 +12V부터 -7V까지의 전압 범위를 수용할 수 있도록 공통 모드 전압을 유지하기 위하여 신호 그라운드 선을 연결하는 것을 권장하고 있다.

<그림 1-16>과 같이 RS-485 통신망은 4선 모드로도 연결되어 사용될 수 있다. 4선 망에서는 하나의 노드가 마스터(master)가 되고 다른 모든 노드들이 슬레이브(slave)가 되는 것이 필요하다. 이 망은 마스터 노드가 모든 슬레이브 노드로 통신을 하도록 연결이 되어있다. 모든 슬레이브 노드들은 단지 마스터 노드와만 통신이 가능하다. 그렇게 함으로써 혼합된 규약 통신을 하는 장비들에 있어서 몇 가지 이점이 있다. 슬레이브 노드들이 다른 슬레이브 노드가 마스터에 응답하는 것을 듣지 못하기 때문에 슬레이브 노드가 다른 슬레이브 노드에게 부정확하게 응답할 수 없다.

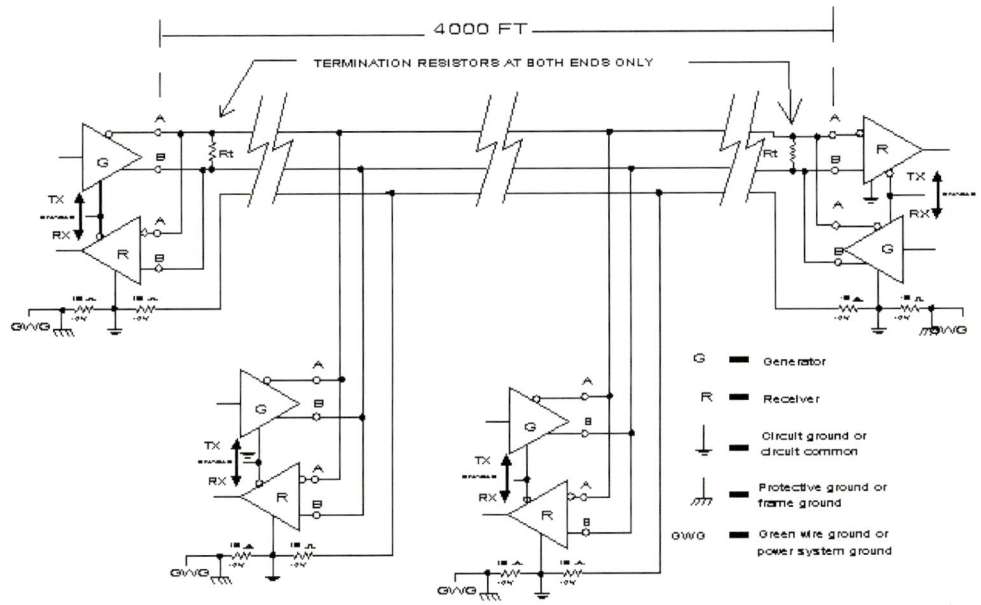

〈그림 1-15〉 전형적인 RS-485 2선 멀티 드롭 망

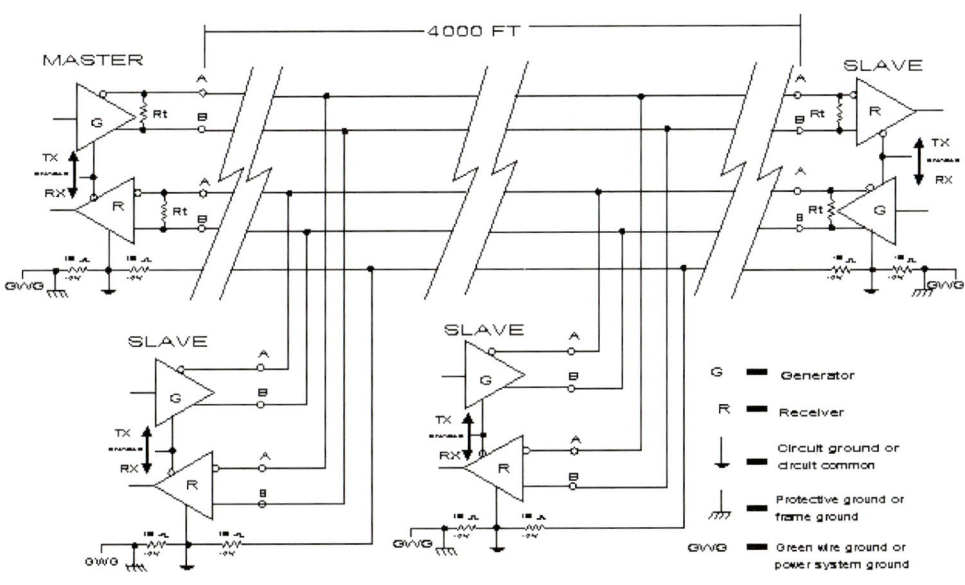

〈그림 1-16〉 전형적인 RS-485 4선 멀티 드롭 망

라. RS-423(CCITT X.26, V.10)

RS-423 데이터 전송은 RS-422형의 평형 선로 수신기와 연결되는 비평형 선로 구동기를

사용한다. 즉, RS-423은 RS-422에서 파생되어 나온 것으로서, RS-232C에서 나오는 비평형 전압 출력과 RS-422와 같은 평형 수신기를 사용한다. RS-423 선로 구동기는 이 시스템에 유일하게 사용되는데, RS-232C와 비슷한 전압을 발생시킨다. 그러나 회전율(slew rate) 제어 입력이 있는데, 이것은 데이터 선로의 상승시간(rise time)과 누화(cross talk)를 제한하기 위해 사용된다. 전형적인 회전율(slew rate) 제어의 조정값은 1~100us이다. 아래 <그림 1-17>에서 RS-423 인터페이스를 보여 주고 있다.

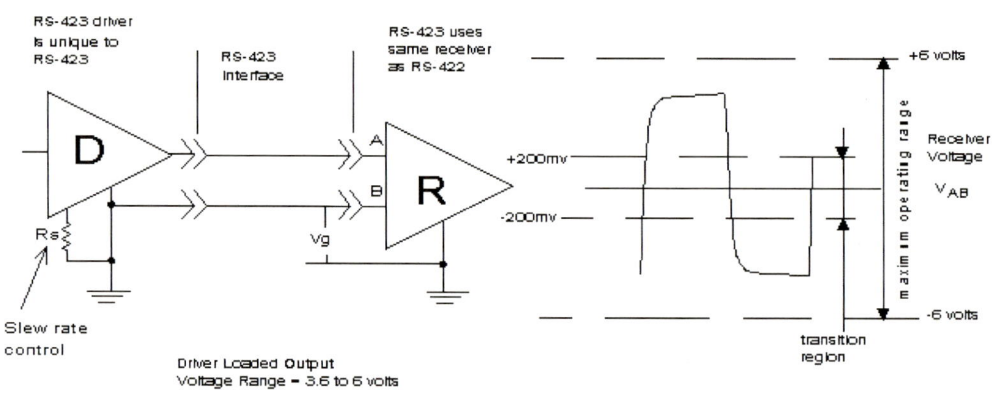

〈그림 1-17〉 RS-423 인터페이스 회로

마. RS-449

RS-449는 1977년 US EIA(US Electronics Industries Association)에 의해서 만들어졌는데, RS-422와 RS-423 전기 표준을 사용함으로써 RS-232C 표준과 관계된 많은 문제점을 고치는 데 목적을 두었다. RS-449는 일반적 목적의 37핀과 9핀 인터페이스로서 직렬 이진 데이터 교환을 위한 데이터 단말 장치와 데이터 통신 장치의 인터페이스에 사용된다. RS-449는 37핀 D-시리즈 커넥터의 사용에 관한 규정을 하고 있는데, 필요할 경우 2차 채널로서 9핀 D-시리즈 커넥터를 추가로 사용하도록 하고 있다. RS-449는 타이밍 신호를 함께 사용할 경우 2Mbps까지, RS-422를 사용할 경우 4Mbps까지, 지수형 파형 또는 138kbps 선형 파형을 사용한 RS-423을 사용할 경우에는 60kbps까지의 데이터 전송률을 지원한다. 최대 케이블 길이는 60m이다. 25핀 RS-232C 인터페이스를 RS-449에 사용되는 37핀 커넥터에 연결하기 위해서는 어댑터가 필요하다. RS-449는 시기상 기술적 경쟁성을 잃었고 커넥터에 지나치게 많은 핀이 필요해서 아직까지는 널리 적용되지 않고 있다.

바. IEEE 488(IEC 625)

① 목적

IEEE 488은 최초로 만들어진 국제 표준으로 사용되기 위한 범용의 평행 인터페이스이다. 휴렛 패커드는 그들이 사용하던 HPIB 버스 표준을 1975년에 IEEE에 제출했으며, IEEE 488-1975로 승인을 받았다. 이 표준은 드라이버와 리시버에 쇼트키 기술(Schottky Technology)를 이용할 수 있도록 1978년에 개정되었다. 이 표준은 프로그래밍 가능하거나 가능하지 않은 전자적인 계측 장비와 다른 장비들, 그리고 계측 시스템들을 통합하기 위해서 필요한 각종 장비들을 서로 연결하는 데 사용하도록 고안되었다. IEEE 488 표준은 기기에 의존하는 기계적, 전기적, 기능적 인터페이스 요구조건을 정의하고 있으며, 기기들의 상호 연결과 명확한 통신이 만족되도록 요구하고 있다.

② 전기적 표준

IEEE 488은 두 가지 종류의 데이터 라인이 있다. 하나의 그룹은 데이터 전송을 위한 여덟 개의 라인(DIO1~DIO8)이고 다른 하나는 제어를 위한 여덟 개의 라인이다. 또 다른 여덟 개의 라인은 신호 그라운드와의 접지를 담당하고 있다. 최대 15개까지의 기기들이 IEEE 488 버스에 연결될 수 있으며 데이터의 전송은 최대 20m의 거리일 때 1Mbps까지 가능하다. 버스케이블은 보통 2m 길이의 데이지 체인 방식으로 기기들을 연결한다.

음의 논리적 TTL 전압 레벨이 사용된다. 48mA Open-Collector 라인 구동기가 사용될 때 데이터 비트율은 250kbps까지 가능하며 총길이는 20m까지이다. 48mA Tristate 구동기를 사용하면 데이터 비트율은 500kbps까지 올라간다. 3가지 상태 구동기를 사용해서 1Mbps의 비트율을 얻기 위해서는 각 인터페이스 도선의 정전용량(capacitance)이 50pF보다 작아야 한다.

데이터 전송은 비동기식, 비트 평행, 바이트 직렬로 이루어진다. 그리고 DAV(Data Valid), NRFD(Not Ready For Data), NDAC(Not Data Accepted)의 세 개의 핸드 쉐이크 라인으로 제어된다. DAV 라인은 데이터 입출력 라인(DIO1~DIO8)에서 데이터가 사용 가능한지 않은지를 표시해 준다. NRFD 라인은 기기가 데이터를 받아들일 준비가 되어 있는지를 나타낸다. 그리고 NDAC 라인은 기기가 데이터를 받고 있다는 것을 표시해 준다.

다음과 같은 다섯 가지의 일반적인 인터페이스 관리 라인이 있다.

- IFC(Interface Clear): 제어기가 모든 액티브 버스 기기들을 정지 상태로 만들기 위해 사용된다.
- ATN(Attention): 제어기에 의해서 만들어지며, 핸드 쉐이크 과정을 시작하기 전에 버스 기기들의 주의를 얻기 위해서 사용된다. 또한 DIO 라인에 있는 데이터가 어떻게 해석되고 어떤 기기가 응답을 해야 하는지에 대한 것도 규정하고 있다. ATN이 제어기에 의해서 참이 되어 있는 동안 버스상의 기기들의 특정한 응답이 얻어지는데, 이것은 송신자 또는 수신자 주소를 제어기로부터 DIO 라인까지 보냄으로써 이루어진다. 모든 기기들은 그 주소를 listen하며 ATN이 거짓으로 되면 주소가 적혀진 기기만 데이터를 읽거나 쓰게 된다. 즉, 한 번에 하나의 송신자만이 존재한다.
- SRQ(Service Request): 제어기로부터 서비스를 필요로 하는 어떤 기기로부터 만들어진다. 이것은 현재 이루어지고 있는 이벤트의 순서를 방해한다.
- REN(Remote Enable)
- EOI(End Or Identify): 송신자에 의해서 만들어지는데, 수신자에게 현재 DIO에 있는 데이터 바이트가 마지막 것이라는 것을 알려 주기 위해 사용된다. EOI는 ATN과 함께 제어기에 의해서 만들어지며 parallel poll sequence를 시작하기 위해 사용된다.

③ 기능적 Specification
기기들은 하나 또는 여러 개의 기능을 수행하는데 기본적인 것은 다음의 세 가지이다.
- Talking
- Listening
- Control

대기수신자(Listener)는 버스로부터 데이터를 받는 것만 하고 송신자(Talker)는 버스상에 데이터를 보내며 제어기(Controller)는 다른 기기들의 주소를 표시하며 송신자가 버스를 사용할 수 있는 권한을 준다. 단지 하나의 버스 제어기와 하나의 송신자가 한 번에 능동 상태(active)가 될 수 있다.

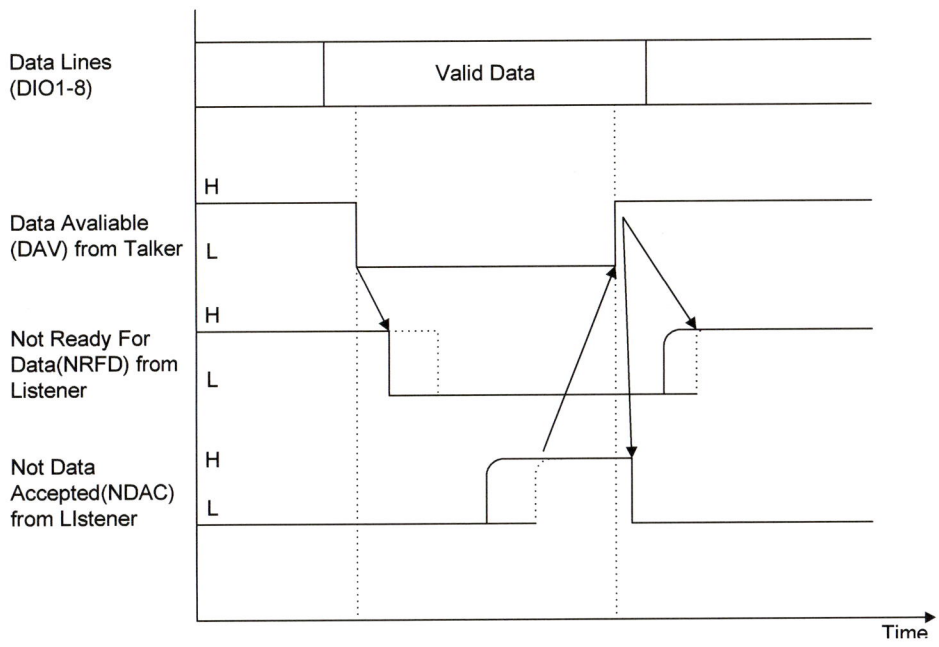

〈그림 1-18〉 IEEE 488 3-결선 기반의 핸드셰이크 기법

기기들은 모두 고유한 주소를 가지며 제어기는 일제 송신(broadcast)일 때는 필요한 숫자만큼의 대기수신자의 주소를 표시할 수 있지만 보통의 동작은 하나의 송신자로부터 하나의 대기수신자까지이다. 송신자는 서비스-요구 메시지를 시스템 제어기로 보냄으로써 직렬 폴 시퀀스를 시작할 수 있다. 제어기는 어떤 기기가 버스 사용권을 요구했는지 결정하기 위해서 모든 기기로부터 차례로 상태 바이트를 얻음으로써 응답한다. 평행 폴은 버스에 있는 기기들이 그들의 상태를 제어기로 동시에 보고함으로써 가능하다.

<그림 1-18>에 3 결선 기반의 핸드셰이크 방식이 데이터를 보내는 데 필요하다는 것을 보여 주고 있다. 송신자가 대기 수신자가 준비되었다는 것을 확인했으면, DIO 1번부터 8번까지에 데이터를 전달하고 DAV 값을 Low로 설정한다. 가장 빨리 응답하는 대기수신자는 NRFD를 Low로 만들어 사용 중이라고 표시한다. 가장 늦게 참가하는 대기수신자는 데이터를 받았으면 앞의 전송에 의해서 Low되어 있는 NDAC를 High로 올린다. 송신자가 NDAC가 High되어 있는 것을 발견하면, 데이터를 제거하고 DAV를 High로 올린다. 그래서 모든 대기수시자는 다음 전송에 준비할 수 있게 된다. 대기수시자는 다른 데이터를 받을 준비가 되어 있다는 것을 알리기 위해 NDAC를 Low로 만든다. 그러면 송신자는 다음 번 데이터의 핸드셰이크 연결을 반복한다.

CHAPTER 02

유선 네트워크 기반 임베디드
시스템 관련 통신 기술

2.1 전력선 통신 기반 임베디드 시스템 구현 기술 소개

인터넷의 발전은 가정에서 사용되는 전자제품들을 하나로 연결할 수 있는 홈 네트워크의 구축에 대한 수요를 만들었다. 인터넷과 정보가전제품 간의 연결은 바로 통신에 의해서만이 구현될 수 있기 때문이다. 현재 매우 초보적인 홈오토메이션이 이미 일반 가정에 보급되고 있는데, 집안 곳곳의 조명과 비디오도어폰을 제어할 수 있는 가정자동화 시설이 최근에 건축되는 아파트의 경우 대부분 설치돼 있고, 휴대용 단말 장치나 인터넷을 통해서 사용자가 집 밖에서 전기밥솥이나 보일러 등을 켜거나 끌 수도 있게 되었다.

정보 통신 사업자의 최근 관심 중의 하나가 "last one mile solution"을 확보하는 것인데, 이는 바로 가입자에 이르는 로컬(Local) 망을 확보하는 것이 얼마나 중요한 지를 단적으로 나타내는 것이다. 루슨트에서 막대한 비용을 치르면서 케이블 TV회사를 인수한 것도 바로 이 로컬 망을 확보하여 고속 멀티미디어 서비스를 제공하고자 함이다. 이 로컬 망을 얼마나 효율적으로 또한 경제적으로 구축하느냐 하는 것이 정보 통신 사업자에게는 가장 중요한 문제라고 해도 과언이 아닐 것이다.

로컬 망, 즉 가입자 망을 구축하는 방법으로 새로 구축하는 것과 기존의 포설된 망을 이용하는 것으로 크게 분류할 수 있는데, 이 중 새로 구축하는 방법으로서 최근 관심이 고조되는 것으로는 무선 가입자 망을 들 수 있다. 즉, 무선을 사용함으로써 기지국에서 가입자까지의 선로 포설 비용을 최소화하겠다는 것이 가장 큰 목적이라 하겠다.

기존 포설된 망을 이용하는 방법으로 대표적인 것이 케이블 TV망을 이용하는 것이다. 케이블 망은 선로의 품질이 우수하여 고품질의 고속 멀티미디어 서비스를 제공할 수 있는 장점이 있다. 그러나 케이블 망은 모든 가입자에게 연결되는 망이 아니며, 또한 일부 선진 국가에만 적용될 수 있는 방법이라는 단점을 갖고 있다.

기존 포설된 망 중에서 가장 넓은 분포도 및 모든 수용가에게 연결된 망으로 전력선 망을 들 수 있다. 전력선은 통신 선로로 설계된 선로가 아니므로 특히 고속 통신을 지원하기 위해서는 많은 기술적 문제가 있는 것으로 알려져 있다. 전력선을 이용하여 고속 멀티미디어 서비스를 제공하고자 하는 사업자(주로 전력 회사)의 요구에 따라 이러한 기술적 문제들이 점차 해결되어 가고 있는 중이다. 이미 **Mbps**급의 고속 전력선 가입자 망이 발표되어 여러 곳에서 시범 및 실용화 단계에 있다. 이에 본 절에서는 다양한 전력선 기반의 응용장치 및 이를 위한 네트워크 기반 임베디드 시스템을 소개한다. 그리고 고속 및 저속 전력선 통신 칩을 이용한 하드웨어 및 시스템 구현 사례를 소개한다.

2.1.1 고속 전력선 통신망 기술의 개요

<표 2-1>은 고속 전력선 통신망을 2가지 형태로 나누어서 범위, 목적, 응용, 기술 등을 간략히 비교한 것이다.

〈표 2-1〉 고속 전력선 통신망의 개요

	범 위	목 적	응 용	기 술	비 고
전력선 가입자망	저압 배전선 및 구내전력선	전화 및 멀티미디어 데이터 서비스	전화/인터넷 홈쇼핑, 홈뱅킹, 화상회의, 원격진료/교육 등	부하/잡음에 대한 강인성, 고속(2~10Mbps)	또 하나의 가입자망 (전화선, 무선, 케이블)
전력선 부가 서비스망	고압 및 저압 배전선	유틸리티 회사 (전력, 가스, 수도)의 부가서비스망	원격검침, 수요관리, 원격제어 설비감시/제어용 통신망	장거리전송 (수십 km) 고압커플링 계통 절체연동	64Kbps

전력선 통신망을 이용한 옥외망 및 옥내망의 구성은 <그림 2-1>과 <그림 2-2>를 통해 요약할 수 있다. 일반적으로 가공선은 평균 60가구의 수용가(subscriber)가 있고, 지중선의 경우는 100~300가구의 수용가가 있다. <그림 2-1>의 경우를 보면 3상 전력선, 음성 및 데이터 접속, 백본 통신망 접속이 가능한 전력선 통신망 라우터/스위칭 장치를 통하여 200/100V 저압 전력선이 사용자에게 연결되는 저전력 가입자망의 구성을 나타낸다.

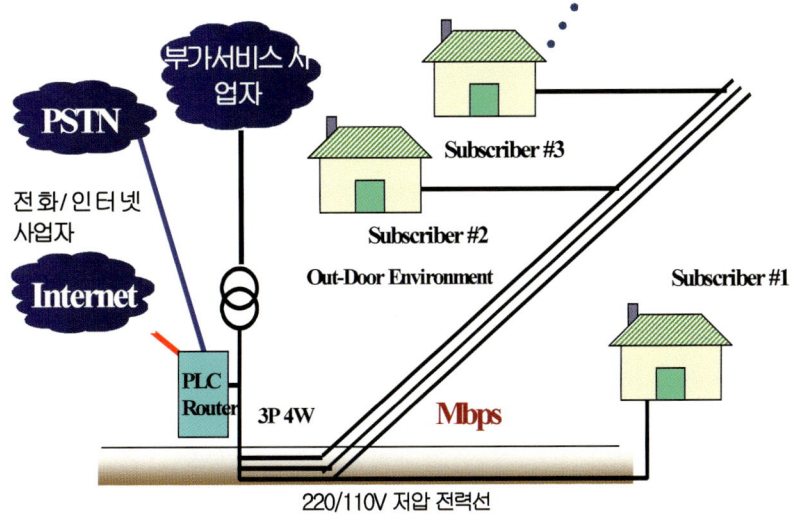

〈그림 2-1〉 전력선 가입자망 구성도

<그림 2-2>는 각 수용가 내부의 구성도를 나타낸 것으로 옥내용 모뎀을 이용하고 전화 연결 장치를 이용하여 댁내 망을 구성한 경우의 예를 들었다. 즉 옥외망으로는 전력량계 까지의 연결선을 통해 에너지 관련 회사는 원격 검침 및 원격 수요 관리를 할 수 있으며, 댁내 망의 전력선을 통해 정보 가전기기(Web TV, PC, Webphone, Printer etc)를 연결할 수 있는 구조로 되어 있다.

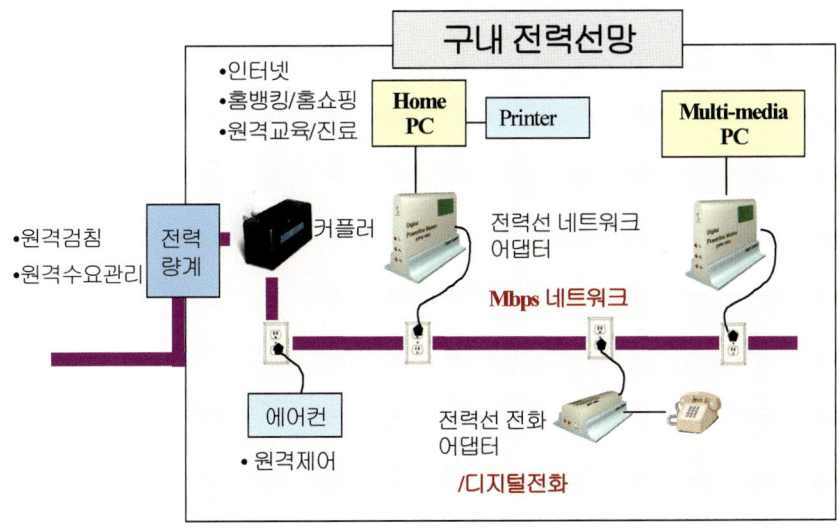

〈그림 2-2〉 고속 전력선 통신망을 이용한 옥내망의 구성도

2.1.2 기술 개발 환경의 분석

① 외부 환경

전력선 통신망은 대부분 전력 회사가 그 사업을 주도적으로 추진하고 있다. 유럽의 전력 회사들은 통신 사업을 본격적으로 주도할 만한 사업 여력을 보유하고 있으며 21세기 회사의 성장 사업으로 정보 통신 사업으로의 진출을 적극 시도하고 있는 것이다. 유럽의 경우 전력 증가율은 매년 1~2% 정도로 크게 증가하지 않으므로 자사의 지속적인 성장을 위해서는 다른 사업 분야로의 진출을 모색하지 않을 수 없는 상황에서 최근들어 전력 및 통신 분야에 대한 사업 진출 규제가 철폐 또는 완화됨으로써 정보 통신 분야로의 진출이 가능하게 되었다.

따라서 전력선 통신망 사업에 참여하는 기업이 자사의 기술적 장점을 확보할 경우 다른 업체와의 기술적/사업적 제휴가 충분히 가능하며 이미 이와 같은 시도가 관련 업체들 간에 이루어지고 있다. 또한 사업자, 즉 전력 회사들은 대부분 지역 분할 구도로 자사의 전력 가입자들을 관리하고 있으므로 다른 지역의 전력 회사와는 근본적으로 사업 경쟁을 할 필요가 없다. 따라서 이들 지역 전력 회사들 간은 상호 정보 교환 및 사업 추진이 매우 자유롭게 이루어지고 있으며 이와 같은 상황을 바탕으로 각국의 전력 회사들이 참여하는 국제 전력선 통신 포럼의 결성으로 이르게 되었다.

이와 같이 전력선 가입자 망에 대한 관심이 크게 고조되고 있으며 이의 세계적 규모의 시장이 기대되는 상황이므로 전력선 가입자 망 기술 개발은 국가적으로도 매우 중요한 사업이라 하겠다. 전력선 가입자 망을 통해 유럽과 같은 선진국에서는 고속 멀티미디어 서비스를 제공할 수 있으며, 동유럽, 중국, 인도 등과 같은 개도국에 대해서는 전화 자체만으로도 충분한 사업성이 보장된다. 또한 기존 고속 액세스 네트워크, 즉 케이블, xDSL, WLL 등과 연계하여 구내 통신망으로의 활용할 경우 매우 경쟁력 있는 솔루션이 될 것이므로 향후 막대한 시장 가치를 갖고 있음을 알 수 있다. 다행히도 이 분야에 대해서는 기술 및 사업 제휴의 시작 단계이므로 현 상태에서의 산·학·연이 긴밀하게 공조하여 종합적이고 경쟁력 있는 전력선 가입자 망을 개발할 경우 충분한 경쟁력을 확보할 수 있을 것이다.

② 내부 환경

전력선 통신망을 성공적으로 개발, 구축하기 위해서는 국내뿐만 아니라 각국의 전력선 채널에 대한 상세한 정보 입수 및 조사를 기반으로 하여 전력선 통신에 적합한 통신 알고리즘 및 신호 처리 방식을 개발하고 이를 바탕으로 전력선 통신 가입자 장치 및 기지국 장치를 개발하는 것이 필요하다.

일단 로컬 전력선 가입자 망에 대한 기술적 문제만 해결될 경우 상위 시스템에 대해서는 국내의 정보 통신과 관련된 기술이 충분히 축적되어 있으므로 전체적인 망 개발 및 운영이 가능할 것으로 전망된다.

이미 이 부분에 대해서는 기술적 검토가 충분히 이루어졌으며 외국 전력 계통에 대해서도 현장 조사 및 실험을 통해서 사업 및 기술의 타당성 검증을 수행한 바 있다. 그러나 전력선 가입자 망은 전력 계통, 네트워크 및 텔레커뮤니케이션의 통합 기술, 빌링 체계, 신기술에 따른 제도 마련 등 매우 다양한 요소 기술 및 총체적 전략 등이 요구되므로 단일 기업에 의해서 추진하는 것보다 산·학·연이 공동으로 협력하여 추진하는 과제들이 각 국가별로 진행되었다.

2.1.3 고속 전력선망 기술의 계통도 및 핵심 기술

고속 전력선 통신 단말 장치는 전력선 채널상에서 고속 통신을 구현하기에 사용하고자 하는 대역 또는 통신 범위 및 주변 환경을 고려하여 적합한 주파수 응답 및 잡음 특성 등을 사전 조사한 후, 이를 바탕으로 목표하는 통신 속도를 구현하기 위한 전력선 통신 알고리즘을 결정하고 이 알고리즘이 동작하기 위한 아날로그 신호 처리 부분 등이 결정되어야 한다.

2.1.3.1 고속 전력선 통신 모뎀용 칩셋 개발

PLC 모뎀의 변복조 방식으로는 QAM(Quadrature Amplitude Modulation), GMSK(Gaussian Minimum Shift Keying), CCK(Complementary Code Keying), CCSK(Cyclic-Code Shift Keying), MOK(M-ary Orthogonal Keying), QPSK(Quadrature Phase Shift Keying) 등이 있다. 또한, 다중화 방식인 OFDM(Orthogonal Frequency Division Multiplexing), OCDM(Orthogonal Code Division Multiplexing) 등과 같은 여러 가지 방식들이 있다. 10Mbps 이상의 고속 데이터

전송을 지원할 수 있는 PLC(Power Line Carrier) 모뎀 시스템 개발에 있어서 이러한 여러 가지 방식들을 비교 분석하여 PLC 채널 환경에 적합한 고속 모뎀 시스템을 개발하는 것은 필수적이다. 특히 심한 AWGN, 교류 Harmonic 성분 잡음, 임펄스 잡음, 시변 페이딩이 존재하는 전력선의 열악한 채널환경을 보상하기 위하여 고속 등화기 구조, 고속 FEC 구조에 대한 연구가 필요하며, 인터넷 접속, 파일 전송, 주변기기 공유, 그리고 다른 많은 네트워킹 응용을 위해 기존 LAN망과의 연동이 가능하도록 이더넷, IP, 802.11 등의 MAC 프로토콜의 연구가 필요하다.

전력선에 존재하는 많은 전기적인 부하로 인해 전송 신호 전력이 손실되는 것을 보상하는 Enhanced Analog Front End(ENAFE)라는 기술이 있다. 또한 ENAFE 기술을 사용하여 전력선 채널에 적합한 프로토타입 PLC 모뎀 시스템을 구현할 수 있다.

전력선 칩의 핵심 기술 사항은 고속의 변복조 기술, 고속 FEC 구조 기술, 고속 등화기 구조 기술, MAC 인터페이스 기술, ASIC 칩 설계 기술이다. <그림 2-3>에서 모뎀 칩의 구성을 개략적으로 블록다이어그램으로 나타내었다.

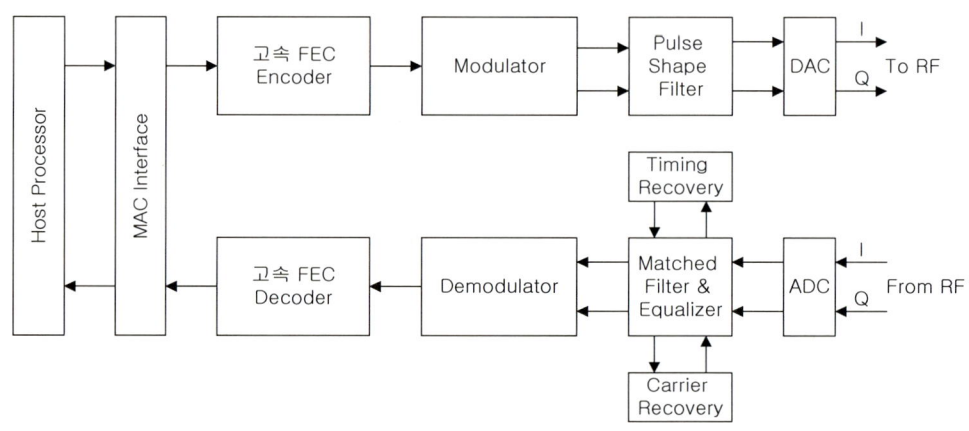

〈그림 2-3〉 모뎀 칩의 구성도

2.1.3.2 고속 전력선 통신을 위한 모뎀 알고리즘의 개발

전력선 채널은 시변 특성과 함께 예측할 수 없는 frequency null, colored noise와 같은 특성을 가지고 있으므로, 단일 반송파나 협대역 변복조 기술보다는 다중 반송파나 대역 확장 기법의 통신 방법이 적절하다. 전력선 통신 연구의 초기에는 이 중 DS/SS(Direct Sequence Spread Spectrum)에 의한 변복조 기술이 많이 연구되었으나, 최근 들어 OFDM(Orthogonal

Frequency Division Multiplexing) 등 다중 반송파 기술에 대한 관심이 고조되고 있다.

DS/SS는 이미 셀룰러폰 등에 성공적으로 응용된 예가 있지만, 무선 채널에 적용된 수신기 등의 구조는 전력선 환경에 적당하지 않은 것으로 알려졌다.

OFDM은 역시 DAB(Digital Audio Broadcasting), 무선 LAN, HDTV 등에 적용되었으나, 주파수 편이 보상, PAR(Peak-to-Average Ratio) 등의 단점을 갖고 있으므로, 모의실험 등을 통해 보다 효과적인 기법을 선택하는 것이 성공적인 개발을 위해 선행 과제이다.

DS/SS방식의 경우, 고속의 적응 등화 기술, 간섭에 강인한 PN 부호 동기화 기술이 요구된다. OFDM을 전력선 채널에서 적용하기 위해서는, 부채널 간 적응 비트 할당 기술, 부채널별 적응 출력 제어 기술, PAR 감쇄 기술 등이 필요하다. 두 방식 모두에 대해 실시간으로 채널의 변화를 추적하는 채널 추정 기술, 채널 코딩 및 연집 에러 방지를 위한 인터리빙 기술, 주파수 동기 기술, 시간 동기 기술, 임피던스 매칭과 노이즈 필터링을 위한 적응 AFE 기술, 대역의 효율적인 사용을 위한 echo 상쇄 기술, MAC 프로토콜 개발과 연계된 타 사용자 간섭 제거 기술 등을 적용하고, 전력선 환경에 적당하도록 최적화한다.

2.1.3.3 고속 전력선 통신을 위한 MAC 설계 및 성능 평가

① MAC 프로토콜 및 인터페이스 디자인

MAC 설계의 핵심 기술은 MAC 프로토콜과 그 인터페이스를 디자인하는 데 있다. 네트워크의 성능과 안정성을 결정하는 것은 MAC의 구현이 어떻게 이루어지는지에 있다. 특히 이것은 본 과제인 전력선을 이용한 고속 통신망의 구현에서 가장 중요한 부분이다. 전력선은 다른 전송 매체에 비해 전송 성능이 떨어지며, 안정성이 나쁘기 때문에 MAC 프로토콜과 인터페이스 디자인은 전력선망 구현의 핵심이다.

② 시뮬레이터 및 테스트베드

MAC 설계에서 필수적인 부분은 설계된 MAC의 성능을 테스트하고 수치적인 검사 결과를 얻을 수 있는 테스트 환경이다. 특히 전력선의 특성상 갖게 되는 지역 의존적인 전송 특성과 다양한 간섭 요인들은 테스트 환경의 중요성을 높여 주고 있다. MAC의 성능을 분석하기 위해 시뮬레이터 소프트웨어를 사용하는 방법과 테스트베드를 직접 제작, 실제 상황에 가까운 조건하에서 하드웨어적으로 테스트하는 방법을 이용한다.

③ 트래픽 모델링 기법

MAC 성능을 측정하는 데 필수적인 기술로 트래픽 모델링 기법을 들 수 있다. 기존의 선행된 전송선의 트래픽 연구를 사용하여, 실제 전송선을 이용하여 망을 구축한 상황에 근접한 트래픽 모델을 구현한다. 트래픽 모델을 개발하는 데 중요한 것은 효율적이면서도 정확하여야 한다는 것이다. 정확성을 높이기 위해서 국내와 국외의 경우로 나뉘어 모델을 개발한다.

④ 기타

이미 연구되어 있는 MAC에 대한 방대한 연구 자료 및 노하우를 활용하여 빠른 시일 안에 전력선에 적합한 MAC 프로토타입을 개발할 수 있다. 기존의 MAC에 대한 연구 결과를 활용하기 위해서 유/무선을 비롯한 다양한 환경에서 개발되어 사용 중인 MAC 기술을 분석 자료를 이용, 전력선의 특성과 토폴로지에 대한 연구 결과에 근거한 전력선 망에 적합한 MAC 프로토타입을 개발한다.

2.1.3.4 댁내 망 트래픽 특성 분석과 네트워크 설계

① 트래픽 모니터링 및 통계화

댁내 망의 구성요소 및 서비스에 의해 발생하는 트래픽을 모니터링하는 기술을 개발한다. 이는 구성요소별 또는 각 서비스별로 트래픽의 특성을 모니터링하는 것이 필요하다. 특히, 서비스별 트래픽 모니터링 시에는 각 서비스의 서비스품질보장을 해 주기 위해 주로 필요한 트래픽 변수들에 대한 통계적인 조사방법을 개발한다.

② 트래픽 예측 및 제어

단순한 모니터링을 넘어 이를 통한 트래픽 예측 기법을 개발한다. 트래픽 예측 기법은 일정한 주기를 갖고 반복적으로 발생하는 트래픽을 예측하여 미리 자원을 예약하거나 제어 신호와 같은 중요한 트래픽에 높은 우선순위를 두어 정확한 전달을 보장해 주기 위해서 필요한 기술이다.

이와 같이 트래픽의 모니터링과 통계화, 그리고 이에 따른 트래픽의 예측 기법을 통해 트래픽 제어 기법을 개발한다. 이는 서비스품질보장에 있어 중요한 자원 예약이나 트래픽의 효과적인 전달을 위한 라우팅, 트래픽의 지속적인 변동으로 인한 불안정성을 제거하기 위한 안정화 기법 등이 이에 포함된다. 이는 망의 물리적·논리적 구성, 망의 규모, 사용하는 MAC 프로토콜 등에 크게 영향을 받으며, 결국 이들과의 의존성을 고려하여 설계되어야 한다.

③ 댁내 망 구성 및 제어

댁내 망의 구성요소 및 서비스가 정해질 경우, 이를 통해 구성할 수 있는 최적의 망구조를 설계하는 기법을 개발한다. 가정별, 지역별, 국가별로 다른 구조를 갖고 있는 댁내의 전력선 구조를 감안할 때, 그러한 물리적인 망의 구조를 기반으로 각 서비스를 효과적으로 제공하기 위한 논리적인 구조를 설계하는 것은 매우 중요하다.

게다가 이미 댁내의 전력선이 깔려 있어서 물리적인 구조가 고정된 상태에서 사용자가 편하게 망을 구성하여 사용할 수 있도록 하기 위해서는, 간단히 모뎀 단말장치를 사다 전원 단자에 꽂는 것만으로도 자동으로 설정 및 동작을 할 수 있도록 할 필요가 있다. 이를 위해서 다양한 전력선 배전의 품질 및 형상에 대해 자동으로 망을 구성하고 설정하는 기능을 개발한다.

초기 설치 후에 망의 구성요소를 추가 혹은 제거할 때와 같이 망의 변화가 오는 경우에 이에 대해 적응적으로 망의 구조를 변경할 수 있어야 한다. 또한 구성요소의 오동작 등과 같은 망의 상황이 동적으로 변하는 경우에 대해서는 망의 보호 및 복구를 수행할 수 있어야 한다. 이를 위해서 동적 망 구성 설정 및 복구 기술을 개발한다.

2.1.3.5 전력선 통신망을 이용한 홈 네트워크 및 홈오토메이션의 구현

컴퓨터 같은 높은 지능을 가지는 기기가 댁내에 하나씩 설치되면서 컴퓨터를 이용하여 댁내의 가전기기를 제어하거나 컴퓨터가 가지는 정보를 공유하고자 하는 수요가 발생하고 있다. 특히 데이터의 압축을 위한 MPEG 기법의 발달, 고화질 모니터와 고화질 디지털 카메라의 개발, 신호 처리 기술의 발달, 고속 데이터 통신 가격의 하락 등은 컴퓨터가 가지는 많은 데이터를 댁내의 가전기기들이 공유하고자 하는 주변 여건을 조성하여 합리적인 가격으로 데이터의 공유가 가능하도록 지원해 준다. 따라서 다양한 멀티미디어 서비스의 등장과 가입자망의 발달, 네트워크 기능을 가지는 가전기기의 발달에 힘입어 댁내 고속 데이터 통신망에 대한 수요가 증가하고 있다. 특히 위성 방송의 개시가 임박해지고 HDTV의 상용화가 이루어지고 있는 지금에 이르러서는 댁내에서의 서비스 분배와 서비스 공유를 위해 댁내 망에 대한 연구가 반드시 필요하다.

또한, 가전기기의 디지털화는 고성능 저가의 디지털 홈 네트워크 구축을 촉진시키고 있으며, 인터넷과 같은 컴퓨터 네트워크와의 연동 및 홈오토메이션 구축을 용이하게 하고 있다. 이를 위해서 이미 설치된 전력선망을 통한 디지털 가전기기의 홈오토메이션을 본 연구에서 구현하고자 한다. 이미 고성능 홈 네트워크 표준 후보로는 IEEE 1394, CEBus, X10, Loneworks 등이 많이 사용되고 있다.

그리고 이 표준에 맞춘 정보 가전기기들의 개발이 활발히 이루어지고 있다. 또한 이들 홈 네트워크 프로토콜과 인터넷과의 연동에 관한 표준으로는 IP over IEEE 1394가 제정되어 있는 실정이다. 이런 표준화와는 별도의 개념으로 인터넷과 홈 네트워크 및 가전기기들의 접속을 시험적으로 구현한 시스템들이 개발되어 있는 단계이다. 개발된 시스템으로는 TV와 웹과의 연동을 위한 인터넷 TV 시스템 등이 대표적인 예이고, 웹폰 같은 통신기기를 이용한 인터넷 접속 시스템도 개발되었다. 자바기반의 브라우저를 이용한 홈오토메이션 사용자 인터페이스 시스템도 연구 중에 있다. 현재 전력선망을 이용하여 사용 가능한 홈오토메이션 통신 프로토콜은 다음과 같은 것들이 있다.

① CEBus

CEBus는 10년의 기간에 걸쳐 집약된 기술로서 개발되었다. 그리고 수많은 회사들의 공동 작품이다. 그것은 수많은 다른 형태의 매체를 지원하는데, 그 매체들은 그들을 매개하는 버퍼 없이도 공존할 수 있다. CEBus는 CSMA/CD 프로토콜을 사용하며, 32바이트의 정보를 각각의 패킷에 담고 있었는데, 각각의 집들은 유일한 주소를 차례로 할당받는다. CEBus에 연관된, 그러나 배타적으로 CEBus 기본 개념을 사용하고 있지 않는 최근의 연구들은-유명한 것으로는 CAL과 P'n'P 프로토콜이 있다-확실히 이 통신망 프로토콜의 유명세를 넓히는 데 도움을 줄 것이다. 그러나 아직 시장에서 널리 사용되고 있지는 않다.

② X10

X10은 가정 자동화를 현실성 있게 만든 선구자적 시스템으로 되어 있다. 이 프로토콜의 장점은 전력선에 기반으로 하고 있는 것이어서 중복으로 케이블 공사를 할 필요가 없다는 데 있다. 이 시스템은 256개의 다른 주소를 가진 장치들을 허용하여, 하나의 장치가 다수의 수신 장치를 제어할 수 있다. 이 X10은 매우 성공적인 것이기는 하지만, 아직까지

단순한 동작관련 제어에만 사용되고 있다.

③ Lonworks

Lonworks는 가정용 시스템 시장의 유력한 경쟁자 중의 하나인 Echelon에 의해서 개발되었다. Lonworks는 2개로부터 32,000 장치들을 연결시켜 주는 것을 허용하는 아주 매력적인 통신망이다. 이 통신망에서는 중앙 제어장치가 필요 없으며, 각각의 통신을 하는 노드들은 동일한 프로토콜을 사용한다. 그리고 그 통신망의 매체에 대하여 자체에 탑재된 접속부를 제공한다. 각각의 노드들은 그 결과로 Neuron이라는 기본 칩으로 사용하고 있다. 이 통신망은 대부분의 매체를 지원하는 것이 검증되어 있고, 1.25Mbps라는 빠른 전송률을 허용한다.

④ IEEE 1394

IEEE 1394-1995 - "Firewire"로 더 잘 알려진 - 직렬 통신망 버스는 주로 디지털 오디오/비디오용 응용제품을 주목표로 하고 있었다. 이 통신망은 25MB/s라는 고속의 데이터 전송률을 허용하면서, 63개의 다른 오디오/비디오 응용장치를 단일 버스 브릿지에 연결할 수 있고, 4.5m 길이까지 사용할 수 있다. 이 통신망은 1394카드를 이용해서 PC에 접속할 수 있도록 하고 있다. 이러한 형태의 버스는 자동적으로 ID들을 할당해 주고 속도를 높이는 것을 다룰 수 있으므로 구매자가 좋아할 수 있는 장점을 가지고 있다. 1394카드는 다시 일반적인(custom) 칩 사용을 필요로 한다. IEEE 1394에 대한 더욱 자세한 내용은 2.3절에서 다루도록 한다.

2.1.3.6 원격 검침 시스템

원격 검침 시스템의 개발은 시간별 차등 요금제, 부하 예측 및 제어 등 전력회사의 수요관리 시스템에 대한 기반 조성에 필수적 수요·부하관리 효과의 증대를 가지고 온다. 실시간 정보에 의한 예측 및 경영전략 구현을 통해 효율적인 요금제도 원격 관리가 가능해진다.

각 나라의 에너지 관련 회사의 구조조정과 더불어 전기, 수도, 가스 등의 검침 업무를 자동화하고 있다. 이 중에는 이미 표준화 작업이 완성단계에 있다. 현재 가장 많이 사용되는 시스템은 무선, 전화, 고속 전력선 통신을 이용한 원격 검침 방식이다. 고속 전력 통신 방식의 대표적인 제조회사는 EMETCON 시스템의 Cannon Technology, System-10의 DCSI,

Turtle 에너지 관리 시스템사의 **Hunt Technologies** 등이 있으며, 최근의 **PLC** 기술의 발전과 더불어 새로운 제조회사들이 생겨나고 있다. 이들은 검침 단말기뿐만 아니라 발전소용 통신망을 개발하여 시스템을 상품화하고 있는 실정이다. 또한 **Nertec** 등의 여러 회사는 무선, 전화, PLC의 혼합 방식도 개발하고 있다.

2.1.3.7 저압 배전선 채널 환경 특성 분석

전력선 통신망에서는 고압의 송전선이나 고압의 배전선을 통신 채널로 이용하여 왔으며 본 연구에서 통신 채널로 이용하고자 하는 저압의 전력선과는 다른 환경을 보이고 있다. 최근 저압의 전력선을 통신 채널로 이용한 시스템들도 시도되어 왔다. 그러나 이들 시스템들은 가정 내의 국한된 범위 내에서의 정보 교환이 이루어지는 국부적인 시스템들이다. 전송 거리가 훨씬 길다. 따라서 시스템 설계 시 고려되어야 할 사항들이 많다. 사실 저압의 전력선 쪽이 통신 채널로서의 환경은 좋지 않다. 왜냐하면 각종 전기기기와 가전제품 및 사무기기로부터 발생되는 잡음들이 바로 전력선으로 송출되고 있으며 또한 부하가 전력선에 연결되어 있는 구성 형태들이 시간과 공간에 따라 상당하게 다르기 때문이다. 그러므로 전력선 통신 시스템을 설계할 때 고려하여야 할 전력선의 잡음 특성, 임피던스 특성 및 신호 감쇄 특성 등을 조사하여 전력선의 전송특성을 파악하여야 한다.

2.1.3.8 고속 전력선 통신망을 이용한 콘텐츠 서비스

① 엑스트라넷(**Extranet**)

프로젝트의 원활한 운영과 정보 공유 등을 위해 프로젝트 참여업체들을 하나로 묶을 수 있는 사이버 공간 상의 그룹웨어(**Groupware**) 공유 시스템을 개발한다.

단순한 홈페이지 구축/운영이라기보다는 각 해당 업체 간의 지식을 공유, 자체적인 개발에 적극적으로 활용해 프로젝트의 완성도를 높이고 또한 외부적으로는 프로젝트의 홍보를 담당해 전력선 통신망에 대한 적극적인 대국민 홍보에 일익을 담당한다.

기본적으로 엑스트라넷을 활용한 그룹웨어로 구성되며 **CGI**와 **JAVA** 및 보안 솔루션, DB 솔루션 및 **KMS**(지식관리시스템)를 결합해 완벽한 프로젝트 홈페이지를 구현한다.

② 멀티미디어 스트리밍 솔루션(**Multimedia Streaming Solution**)

전력선을 기간망으로 활용한 멀티미디어 스트리밍은 전화선이나 케이블모뎀을 통한 것과는 또 다른 차원에서 접근해야 하며 가장 최적의 스트리밍을 위한 다양한 변수들을 소화할 수 있는 솔루션을 찾아야 한다.

흔히 해당 분야의 솔루션은 이미 범용화된 상용 솔루션이 있으나 콘텐츠 서비스를 위해 독자적인 스트리밍 변수를 계산하고 개발해 해당 솔루션과 접목시키는 작업이 가장 중요하다. 전력선망 하에서도 VOD(주문형 비디오) 혹은 화상 커뮤니케이션 등을 구현할 수 있을 정도로 안정적인 스트리밍 기법을 개발하는 것이 중요하다.

③ 인터넷 쇼핑 솔루션(Internet Shopping Solution)

가족 중심 콘텐츠 중 가장 우선시되는 것은 가족 쇼핑몰이라고 할 수 있다. 일반적인 인터넷 쇼핑몰이 특화된 것은 일정한 상품의 카테고리 숍이라고 할 수 있으나 전력선 통신망 하에서 이루어지는 쇼핑몰은 가정생활에 직결되는 제품만을 모아 놓은 쇼핑몰이 절대적으로 필요하다는 소비자 욕구를 반영한 것이다.

쇼핑몰 운영과 입주업체 그리고 소비자 모두에게 안정적인 서비스를 제공하기 위해서는 보안성과 사용자 인터페이스 등을 유념하는 지불시스템의 개발이 중요하다.

④ 기타 솔루션

기타 각종 단말기와 연동하기 위한 표준으로 설정되어 있는 HDML의 버전 확장 및 기기별 포맷을 지원하기 위한 다양한 솔루션을 개발한다. 포털 사이트에 있는 기본 텍스트(TXT) 정보를 각 단말기에 디스플레이할 수 있는 핵심적인 언어 사양을 지원해야 하기 때문이다.

또한 XML 혹은 SMIL 같은 표준적인 콘텐츠 기술 언어도 꾸준히 버전업되어야 하며 이 부분은 국제적인 표준양식 제정과 함께 해당 기술을 추가로 연구해 단말기의 효용가치를 높이는 기반기술로 활용한다.

2.1.4 응용기술

2.1.4.1 전력선 기반의 응용 기술 동향

홈 네트워크/홈오토메이션 구축을 위해서는 전화선, 전력선, 무선의 RF, 블루투스(Bluetooth) 등 여러 가지 망 구현 기법이 개발되고 있다. 이러한 방법들 중에서 전력선의 경우는 새로운 추가 배선 작업이 필요 없다는 점과 데이터 전송과 전력 공급을 동시에 할 수 있다는 등의 장점들로 인해 최근 들어 많은 연구가 진행 중에 있다.

일반적으로 홈 네트워크 구현이 성공하기 위해서는 다양한 요구조건을 만족시켜야 한다. 즉, 홈 네트워크상의 플러그 & 플레이 기능, 자율적인 구성(self-configuration) 관리 기능, 값싼 케이블 구축과 쉬운 인터페이스 등 다양한 요구조건을 충족시켜야 한다. 특히 집안 전체의 통합 에너지 관리 문제 및 배선이 추가로 필요하지 않다는 측면에서는 전력선 통신이 홈 네트워크/홈오토메이션을 위한 강력한 후보 중에 한 방법이라고 볼 수 있다. 하지만 이 요구 사항을 만족하기 위해서 전력선 통신은 데이터 전송의 신뢰성 및 고속 전송 속도의 지원 문제가 먼저 해결되어야 한다.

전력선 기반의 댁내 망 구축의 또 다른 문제점 중의 하나는 서로 상호 통신을 위한 공통의 인터페이스를 공유하지 못하고 있다는 데 있다. 비단, 이것은 전력선 통신만의 문제가 아니라 홈 네트워크 시스템 구축의 공통적인 문제이다. 만약, 오디오/비디오, 에어컨, 세탁기, 전자레인지, 냉장고, 전등 등 가정 내에 존재하는 가전기기 및 관리 시스템을 전력선 통신을 통해 통합하여 운용할 수 있다면 전력 효율을 효과적으로 높일 수 있을 것이다. 이러한 이유에서 홈 네트워크 구축을 위한 여러 가지 홈 네트워크 미들웨어 및 표준들이 전력선 통신을 기반으로 한 여러 가지 작업들을 수행하고 있다.

일반적으로 전력선 통신은 주변 환기에 매우 큰 인덕턴스가 존재하여 매우 낮은 주파수 성분을 제외한 모든 주파수 성분을 감쇄시킨다. 이러한 이유로 높은 전송 속도를 얻는 데는 많은 어려움이 있기 때문에 전력선 통신은 대부분 홈오토메이션, 원격 제어 등의 응용 분야에서 낮은 데이터 전송 속도의 용도에 제한적으로 이용되어 왔다. 따라서 컴퓨터나 프린터간의 데이터 전송이나 인터넷 TV에서의 비디오 데이터의 전송과 같이 고속 멀티미디어 데이터 전송을 요구하는 응용분야에서는 사용되지 못하고 있다.

그러나 최근에는 고속 통신을 요구하는 정보 가전기기 쪽에 전력선 통신을 사용하기 위하여 전송의 안전성, 신뢰성을 확보하고, 다중 접속이나 다중화를 위해 부호 분할이 용이한, 그리고 간섭 및 방해에 강한 개선된 확산 스펙트럼 대역방식 및 다양한 통신 기법들이 적용되고 있다.

본 절에서는 홈오토메이션용 저속용 전력선 칩 및 모뎀 제품에 관해서 주로 소개한다. 그리고 이들을 이용해서 홈 네트워크/홈오토메이션에 응용할 수 있는 방법에 대해서 소개한다. 고속 전력선 통신 칩(1Mbps 이상)과 고속 전력선 통신 모뎀의 경우는 간단한 제품 소개 내용만을 기술한다.

2.1.4.2절에서는 홈오토메이션을 위한 저속 전력선용으로 사용되는 전력선용 트랜시버 칩에 대해서 몇 가지 제품의 예를 들어 설명을 하고, 3.1.4.3절에서는 상용화된 전력선 통신 모뎀을 기반으로 한 제품 및 이를 이용한 간단한 구축 사례를 소개한다.

2.1.4.2 Home Automation 응용 제품을 위한 저속 전력선용 칩

전력선은 심한 부가 백색 잡음(AWGN), 교류 고주파(Harmonic) 성분 잡음, 임펄스 잡음 등이 존재하는 매우 열악한 채널 환경을 가지고 있다. 이 잡음들은 전력선에 연결되어 있는 많은 전기 기구들로부터 기인한 것으로 연속 에러를 유발시켜 BER(비트 Error Rate) 성능을 심각하게 저하시키며, 전력선 모뎀이 충분히 안정적으로 동작하지 못하게 한다. 현재 상용화된 저속 전력선 모뎀은 주로 대역 확산 기술(Spread Spectrum Technology)을 사용하고 있기 때문에 시스템이 복잡해져 각 가정에 널리 보편화되기엔 가격이 비싸다. 또한 전력선 네트워크의 모든 노드 사이의 상호 작용과 트래픽 컨트롤을 해결하기 위해 구조가 매우 복잡해져 네트워크의 각 노드에 필요 이상의 비용을 가중시키고 있는 것이 현실이다.

① 저속 전력선용 칩의 현황

본 절에서는 홈 네트워크/홈오토메이션을 위한 저속의 전력선 트랜시버 칩 및 칩셋을 위주로 간단히 소개한다.

홈오토메이션을 위해 현재 여러 회사에서 칩셋 및 개발용 툴을 보안 및 전등 제어, 백색 가전의 통신에 적용한 사례를 소개하고 있다. 본 절에서는 그 대표적인 예로 저속용 전력선 통신용 칩셋 중에 가장 많이 사용되는 Adaptive Network사와 Itran사, 그리고 Intellon사의 저속 전력선 제품을 살펴본다.

(a) ANI: AN PLC 1000A (b) Itran: IT800 (c) Intellon: SSC P485

〈그림 2-4〉 PLC 트랜시버 칩의 예

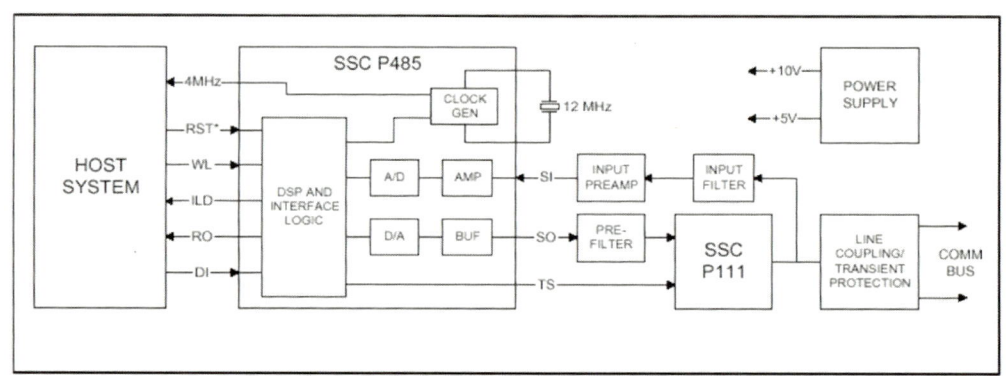

〈그림 2-5〉 Intellon사의 SSC485 인터페이스 회로도

<그림 2-4>에 (a)는 미국 Adaptive Network사의 AN1000이라는 전력선 통신 트랜시버 칩이다. Adaptive Network사가 생산하는 칩셋은, 확산대역 변조 방식, 적응동기화(Adaptive synchronization) & 등화(equalization), 에러제어 코딩, 토큰 패싱(token passing) 프로토콜을 복합적으로 사용한다. Adaptive Network사에서 생산해 낸 제품으로는 전송 속도에 따라 AN1000, AN192, AN48 등이 있다. AN1000(AN1000CS)은 전력선 물리층 제어기, DLP 데이터 링크 층과 응용층 프로세서 등의 세 칩들로 구성되어 있고, 100kbps의 전송 속도를 가지고 있다.

<그림 2-4>의 (b)는 이스라엘 Itran사의 IT800 PLC 트랜시버 칩이다. 미국의 전자 산업 협회 EIA(Electronic Industrial Association)-600(CEBus) 데이터 링크 층과 전력선 물리층과 호환되는 IT800 전력선 트랜시버 칩셋은 최저 3Kbps에서 최고 7Kbps의 속도를 지원하도록 설계되어 있다. 이 칩의 경우 직렬 인터페이스와 유럽의 Cenelec A 밴드를 만족시키는 전력선 인터페이스를 제공한다. 이 제품의 응용 제품들을 살펴보면 주로 보안 및 홈오토메이션에 사용됨을 알 수 있다.

<그림 2-4>의 (c)와 <그림 2-5>는 Intellon사의 SSCP485 PLC 트랜시버 칩 배치도이다. 이 칩 역시 저가의 전력선 응용 제품을 만들기 위해서 확산 대역 통신 방식을 사용하고 있다. 이 칩의 경우는 앞서 소개한 칩들과는 달리 사용자가 용도에 따라 전력선, TP 케이블 및 다른 미디어를 사용할 수 있도록 인터페이스를 제공하고 있다.

<그림 2-6>은 CEBus용 모뎀을 시판하는 Domosys사의 CEway칩을 위한 개발용 보드로, 이와 유사한 형태의 개발용 보드가 Intellon사에서도 제공되고 있다.

저속용 전력선 칩으로는 앞에서 소개된 칩 외에도 일본의 National Semiconductor사의

〈그림 2-6〉 Domosys사의 CEBus용 개발용 보드

단종된 전력선과 무선공용의 LM1893이라는 칩을 사용한 연구 사례도 있으며, 역시 National Semiconductor의 ICSS200X 계열의 제품도 사용되고 있다. 이 외에도 유럽 쪽의 제품 예로서는 ST Microelectronics의 반이중 동기식 FSK(Frequency Shift Key) 방식을 이용한 ST7536이라는 칩도 있다. 또한, 무선용 프로토콜을 변경해서 8비트 마이크로프로세서인 PIC을 이용해 간단한 전력선 모뎀을 만든 사례도 있다. 이 외에도 오래전부터 상용화되어 널리 사용되는 장치로는 Lonworks 프로토콜 기반의 PLT-22 트랜시버 장치와, X-10 프로토콜 기반의 트랜시버 칩셋도 있는데, 이 부분은 3.1.4.3절에서 모뎀 제품과 함께 설명한다.

② 고속 전력선 칩의 개발 현황

현재 전력선 통신용의 고속 통신 칩셋의 개발은 1Mbps 이상 속도의 제품들이 Itran사, Intellon사, Enikia사, 기인 텔레콤 등의 회사에서 모뎀 또는 칩셋의 형태로 현장에서 최종 테스트되고 있거나 출시를 눈앞에 두고 있다. CEBus 프로토콜 기반의 고속 모뎀 제품으로는 Itran사와 Intellon사에서 각자 제품 생산을 예정하고 있으며, IEEE 802.3인 이더넷(Ethernet) 프로토콜 기반의 고속 전력선 통신 제품으로는 국내회사인 Xelline(구: 기인 텔레콤)과 미국의 Enikia라는 회사에서 최종 필드 테스트 및 마무리 작업을 수행하고 있다. 이 외에도 많은 업체들이 고속 전력선 통신 분야에서 선두를 지키기 위해서 신기술들을 이용하여 많은 제품들을 발표하고 있다.

2.1.4.3 전력선용 모뎀 장치를 이용한 응용 구현 사례 연구

가전기기 네트워크화 추진의 필요성에 의해 가전 업체들이 향후 세계 시장에서 경쟁력을 가지기 위한 가전기기의 스마트화와 네트워크화를 통해 서비스를 제공하는 사업모델을 추구하고 있다. 또한, 인터넷의 발전으로 인한 기존의 전력선 기반의 홈오토메이션 개념의 변화로 인터넷 또는 무선 단말기를 이용해 가전기기를 저속 및 고속 전력선으로 연결하는 기술에 대한 연구들이 진행되고 있다.

본 절에서는 기존 연구를 토대로 여러 가지 전력선 칩 기반의 임베디드 장치를 이용하여 테스트 베드를 꾸미는 방법에 대해서 연구해 본다.

① CEBus(Consumer Electronic Bus)용 응용장치

CEBus는 Consumer Electronic Bus의 약자로 미국 EIA-600의 표준이다. CEBus는 제어 구조를 대상으로 각 오브젝트를 만들어서 조명과 같은 일부 제품에 대한 규격을 제시하고 있다. 그러나 CEBus의 경우 홈오토메이션(Home automation)을 대상으로 하는 저속 제어 데이터를 대상으로 하고 있고, 인터넷을 기반으로 사용자 중심 및 고속 멀티미디어 기기에 대한 사용 입장에서 접근하는 규격은 현재 정의하고 있지 않다.

〈표 2-2〉 CAL에 정의된 함수의 리스트

Node control	·Power ·On_offline ·Serial_no ·Manuf_name ·Manuf_model ·Product_class ·Product_name ·System_addr ·Unit_addr ·Group_addr ·Capability_class ·Reset ·Context List ·Configured ·Setup ·User_feedback ·Config_master ·Source_unit_addr ·Source_system_addr
Context control	·Object_list
Data channel receiver	·Medium ·Default_channel ·Current_channel
Data channel transmitter	·Medium ·Default_channel ·Current_channel ·Carrier_type

Binary switch	·Current_position ·Default_position ·Function_of_position ·Persistence ·Reporting_condition ·Dest_address ·Previous_value ·Report_header

CEBus는 가정 내 장치들 사이의 통신을 위해 집안의 120V, 60cycle의 전선을 사용한다. CEBus 전력선 통신 기술은 집안의 전력에서 발생하는 노이즈 등 방해 요인을 없애기 위해 확산 대역 기술을 적용하였다. 확산 대역 기술은 하나의 주파수를 이용하는 것보다, 여러 개의 주파수 범위에서 하나의 전송 신호를 확산하는 방식으로 사용한다. CEBus 전력선 통신은 100Hz에서 400Hz의 범위에서 이들 신호를 확산(spread)한다. 그러나 주파수 호핑(frequency hopping)이나 직접 시퀀스 확산(direct sequence spreading) 방법을 사용하는 것 대신에, CEBus는 이전의 사용한 주파수대와 상관없이 매번 신호를 받을 때마다 새로운 주파수로 동작한다. CEBus 프로토콜은 <표 2-2>와 같은 CAL(Common Applcation Language)에 정의된 함수를 이용해서 집안의 전구 및 스프링쿨러 등의 장치를 객체화할 수 있도록 되어 있다.

Domosys사의 제품은 두 가지의 CECom 장비[CECom 120V(P-CC-1000), CECom 240V(P-CC-2000)]가 있으며, CECom 120V(P-CC-1000)가 2개를 사용하여 간단히 테스트 베드를 구축할 수 있다. <그림 2-7>의 CECom 모뎀은 전력선의 패킷 모니터링이나 다른 네트워크 장치들에 대한 질의(querying) 같은 여러 가지 작업(task)들을 수행할 수 있다. CECom은 일반적으로 PC와 널 모뎀(null modem) 선을 이용한 모뎀이나, 시리얼 포트를 사용한 다른 디바이스들과 연결을 할 수 있다. S/W로는 MACS 펌웨어(Firmware)라고 불리는 Domosys사에서 제공하는 응용 펌웨어를 사용하고 있으며, 개발자에 의해 개발된 다른 펌웨어를 로드 할 수 있다.

CECom 모뎀은 Normal DLL mode로 사용하고, CEBus 노드로 동작이 가능하며, 호스트에서 받은

〈그림 2-7〉 CEBus 모뎀 – Domosys사의 CECom

패킷을 전송할 수 있으며, 해당하는 주소나 다른 그룹 주소에 패킷을 전송할 수 있도록 되어 있다.

<그림 2-8>의 Domometer는 전력 감시 및 부하 배분 등의 기능을 지원한다. 이 장치를 통하여 사용자는 원하는 디바이스의 에너지 절약 모드를 선택하면, 연결한 기기의 에너지 낭비를 제어할 수 있다.

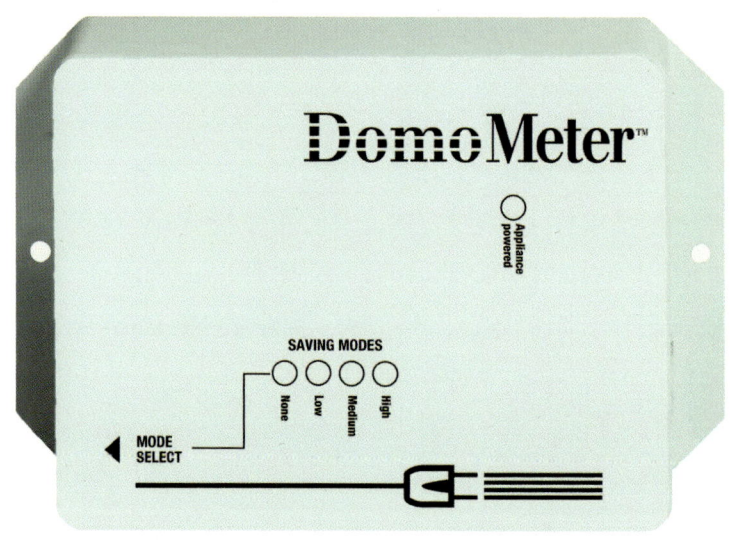

〈그림 2-8〉 CEBus용 장치–Domosys사의 Domometer

<그림 2-9>는 원격지역에서 웹브라우저를 통해 CEBus 장치를 컨트롤하고 브라우징할 수 있는 방법에 대한 것을 나타낸다. 댁내 망에 홈 서버가 있다고 가정하고, 이 홈 서버에는 CECom을 통해 댁내 전력선망과 연결되어 있다. 홈 서버에는 웹서버와 CECom을 컨트롤하는 서버 프로그램이 실행 중이며 이를 통해 인터넷에 연결된 원격 컴퓨터의 웹브라우저 상에서 컨트롤 및 브라우징이 가능하다. 그리고 댁내의 CEbus 장치는 <그림 2-9>와 같이 CECom을 통해 전력선망에 연결된 또 다른 PC를 사용한다.

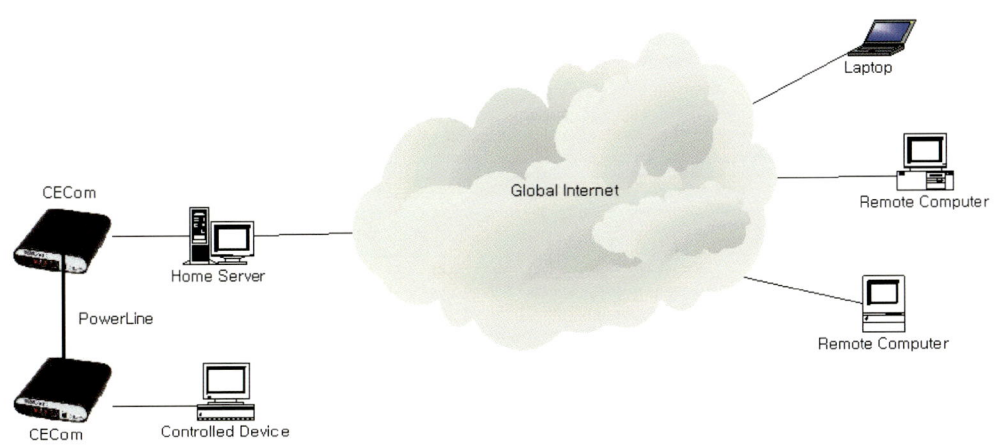

〈그림 2-9〉 일반적인 CEBus 모뎀의 테스트 베드 구축 예

홈 서버의 서버 프로그램과 원격컴퓨터의 클라이언트 프로그램은 <그림 2-9>과 같은 구조를 갖는다. 서버 프로그램은 클라이언트 프로그램과 통신을 위한 TCP/IP 모듈, CECom을 컨트롤하기 위한 CEBus ActiveX 모듈, 그리고 서버 프로그램의 상태를 모니터링할 수 있게 하는 인터페이스 모듈로 구성되어 있으며 각각의 모듈은 서로 필요한 데이터를 주고받는다. 클라이언트 프로그램은 서버 프로그램과 통신을 위한 TCP/IP 모듈과 사용자의 입력을 받고 CEBus 장치의 상태를 보여 주기 위한 모듈로 구성되어 있다.

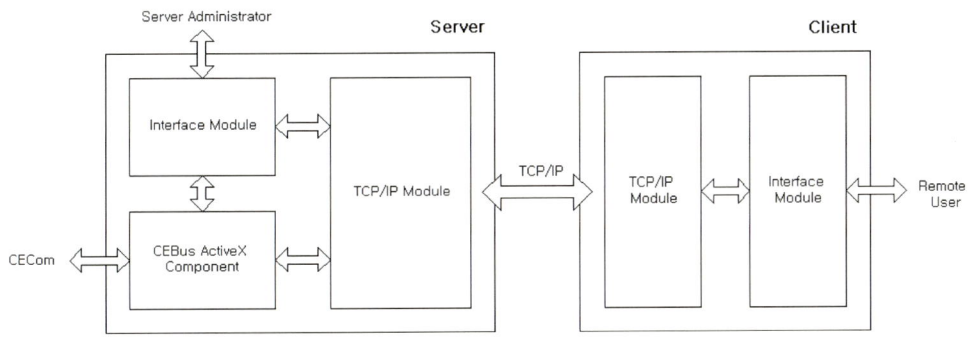

〈그림 2-10〉 CEBus용 모뎀을 이용한 연결 방법의 예

<그림 2-11>은 CECom 모뎀의 동작을 테스트할 수 있는 CETester 프로그램의 동작 예이다.

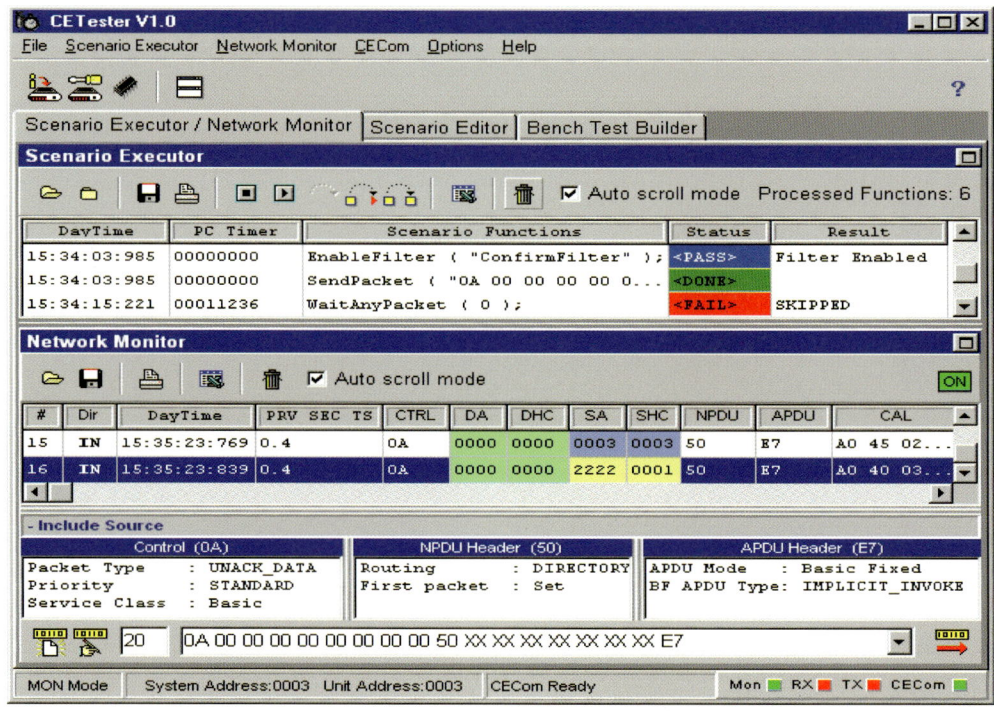

〈그림 2-11〉 CEBus – CETester 프로그램

② Lonworks 프로토콜용 응용 장치

Lonworks는 미국의 Echelon사의 빌딩 자동화용으로 개발된 프로토콜이다. Lonworks 프로토콜은 개방적이고 단위 디바이스가 서로 상호 운용 가능하고, 따라서 여러 벤더의 제품을 사용/대체할 수 있는 제어가 관련되는 모든 분야에서의 네트워크 구축을 위해서 개발되었다. Lonworks 프로토콜 호환 제품들은 단위 디바이스부터 상위 애플리케이션까지 한 벤더의 폐쇄적인 제품으로 시스템 설치부터 유지보수, 시스템 업그레이드까지 종속적인 네트워크를 구축하는 게 아니라, 각 분야별 디바이스 개발, 시스템 통합, 유지보수 등의 작업을 전문화하여 하나의 통합된 네트워크 시스템으로 구축하기 위해 각 제품들을 제공하고 있다.

<그림 2-12>는 가전기기와 같은 시스템에 적용하기 위하여 Lonworks 프로토콜 기반으로

〈그림 2-12〉 PLT-22 single inline package

만들어진 PLT-22 트랜시버 모듈이다. 이 모듈을 이용해서 응용 개발자는 전력선 기반의 시스템을 구축할 수 있다. <그림 2-13>은 PLT-22 모듈 및 Echelon사의 8비트 마이크로프로세서인 뉴런 칩의 내부 구성도를 나타내고 있다. Lonwork의 전력선 장치는 이러한 모듈이 결합되어 하나의 시스템을 이루도록 하고 있다.

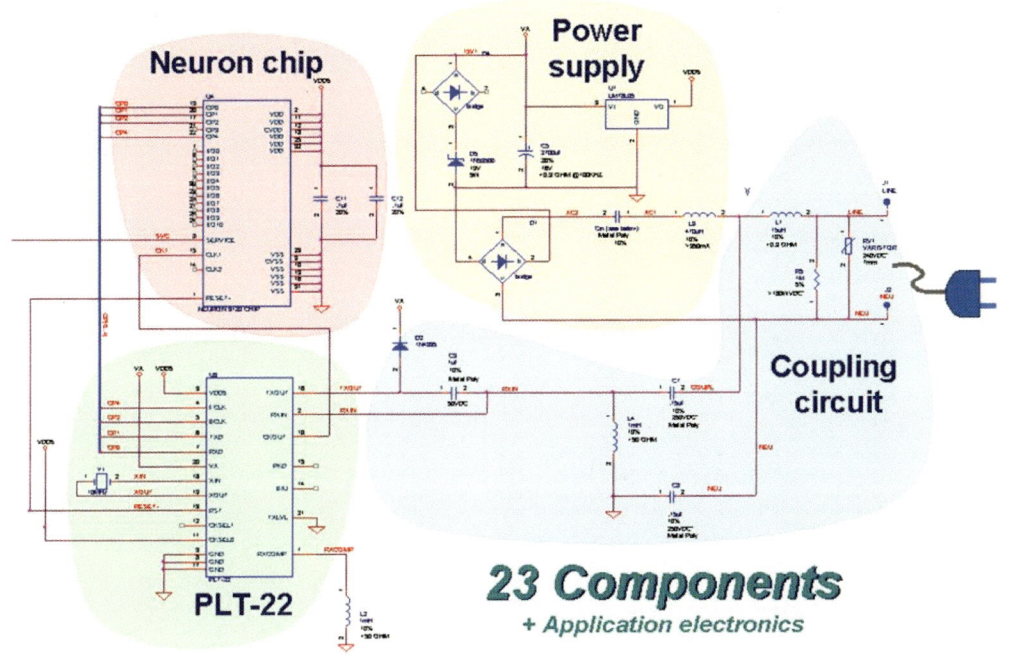

〈그림 2-13〉 각 PLT-22 Node 구성

Lonworks 장치 기반의 테스트 베드 구축 방법은 여러 가지 형태가 존재할 수 있다. 본 절에서는 <그림 2-14>와 같이 Nodebuilder를 이용해 간단한 온도 모니터링을 전력선 장치로 하는 방법에 대해서 설명한다. 개발과정은 먼저 PC에 PC NSS 인터페이스 카드를 설치하고 Nodebuilder 개발 툴을 인스톨한다. 이때, NSS Card, LTM-10 장비는 모두 Coupler를 통해 전력선과 연결되어 있어야 한다. 개발준비가 완료되면 Nodebuilder 개발 툴을 이용하여, LTM-10 모듈에 로딩할 프로그램을 작성한다. 툴을 이용하여 Compiler, Building, Loading의 과정을 단순히 처리할 수 있다. 프로그램은 Neuron C 프로그래밍이라고 명명된 단순화된 C 컴파일러로 되어 있으며, 시간과 이벤트의 개념이 추가되어 있다.

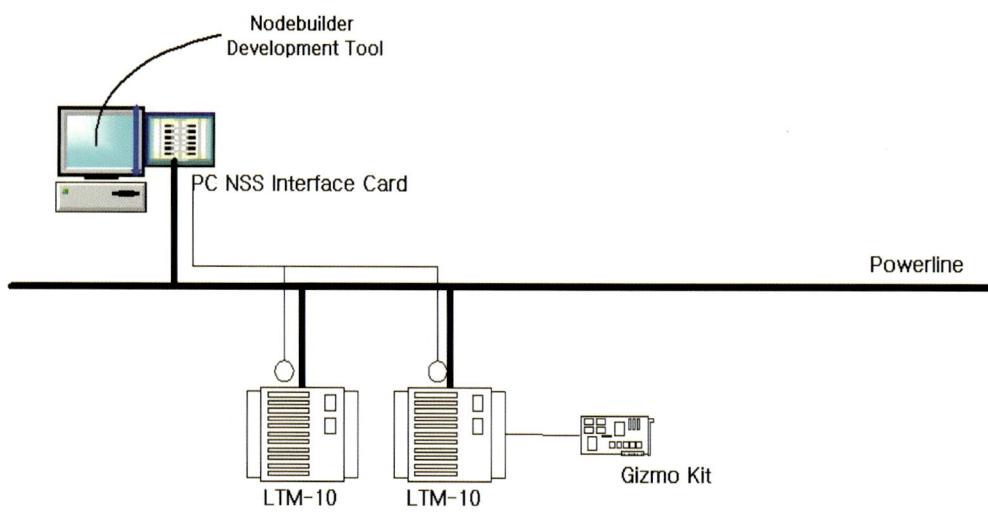

〈그림 2-14〉 간단한 Lonworks system 구성의 예

로딩 과정을 마치고 난 뒤, 바인딩 과정이 필요하다. 바인딩은 두 LTM-10 모듈이 서로를 Neuron ID를 통해 전력선 망에서 상호 인식이 가능하게 하고, 서로 전달할 망 변수의 연관관계를 설정하는 작업이다. 이 작업은 NetUtil 프로그램을 통해 이루어진다. NetUtil 프로그램은 Echelon사의 홈페이지에서 얻을 수 있다. 바인딩까지의 과정이 마치면, 두 LTM-10 기기는 통신이 가능하다.

<표 2-3>은 Lonwork 프로토콜 제품들을 지원하기 Lonmark Ver 1.0에 기술되어 있는 가전기기 관련 내용을 소개한다. 현재 가전기기에 대한 표준의 경우는 냉장고에 대한 예만을 제시하고 있다. 이 경우는 백색 가전 중의 하나인 냉장고의 디스플레이 용도로 만들어졌으므로, 사용자가 모니터링하고자 하는 냉장고 도어 패널에 표시되는 여러 가지 형태의 변수(온도, 습기 등)만을 정의하고 있다.

〈표 2-3〉 냉장고용 온도 조절기용 함수 정의 예

온도조절기	필수망 변수	• Temperature Setpoint Input • Space Temperature Output • Heat Control Output • Cool Control Output • Unit Status Output

		• Space Temperature Input
온도조절기	선택망 변수	• Occupancy Input
		• Application Mode Input
		• Setpoint Offset Input
		• Energy Hold Off Input
		• Effective Setpoint Output
		• Terminal Load Output
		• Terminal Fan
		• Energy Hold Off Output
	구성 설정	• Send Heartbeat
		• Occupancy Temperature Setpoints
		• Receive Heartbeat
		• Minimum Temperature Delta
		• Location Label
		• Heating Setpoint Upper Limit
		• Heating Setpoint Lower Limit
		• Cooling Setpoint Upper Limit
		• Cooling Setpoint Lower Limit

③ X-10 프로토콜 기반 응용 통신 장치

X-10은 저속의 전력선 통신 프로토콜로 과거부터 오랫동안 미국을 중심으로 사용되어 왔다. 오랜 기간 사용된 만큼 신뢰성은 이미 입증받았으며, 저속의 전력선 장치 및 칩셋을 개발할 경우 많은 개발자들이 참고로 하고 있는 프로토콜 중에 하나이다. X-10은 60bps의 저속으로, 보통 기기의 On/OFF 또는 전등의 밝기 조절 등이 제어대상이 된다. House Code 와 Unit(0-9)로 제어하려는 대상을 지정하여 사용할 수 있으며, 제품은 플러그에 꽂기만 하면 바로 사용할 수 있는 간단한 형태로 되어 있다.

본 절에서는 미국 Active Home사의 X-10 제품을 기준으로 소개한다.

일반적으로 X-10 제어기는 제어 신호를 내보내는 부분으로 RF 신호로도 조작이 가능 하며, House Code와 Unit Code로 조작하려는 기기를 지정할 수 있도록 되어 있다. X-10 PC 인터페이스 모듈은 PC에서 기기를 조작하려고 할 때 사용하며, 전력선에 연결되고 PC 에서는 RS-232C 시리얼 케이블로 연결된다. X-10 램프 모듈은 조작하려는 기기를 설치하 는 장치로 플러그에 꽂은 뒤, 조작하려는 기기를 램프 모듈에 있는 플러그에 꽂도록 되어 있다. <그림 2-15>는 마이크로소프트사가 주도하고 있는 홈 네트워크용 미들웨어인 UPnP(Universal Plug and Play) 개발 툴 킷과 X-10 장치를 이용한 테스트베드의 전체 구성 도이다. X-10 전등 모듈에 연결된 전등은 X-10 제어기가 연결되고 마이크로소프트사의 Window 계열 OS가 탑재된 PC상에서 조작 가능하도록 되어 있다.

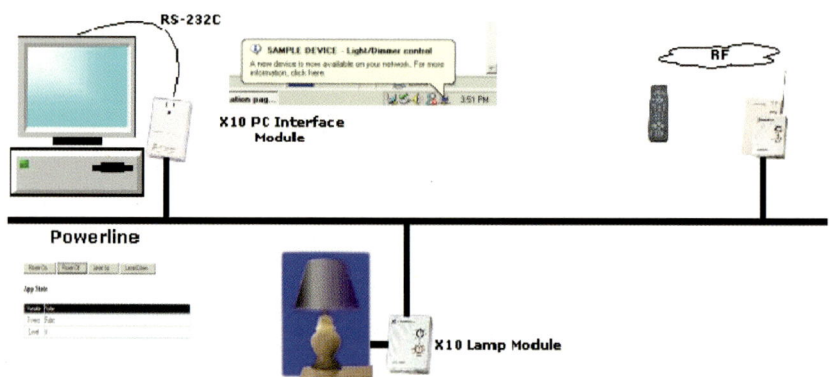

〈그림 2-15〉 홈 미들웨어용 개발 툴을 이용한 X-10 테스트

④ 시리얼 통신 인터페이스가 지원되는 전력선 모뎀의 테스트 베드 구축 예

직렬 인터페이스가 지원되는 전력선 통신 모뎀을 이용한 자바기반의 테스트베드 구축
은 <그림 2-16>에서와 같이 각각의 컴퓨터는 디바이스-서버-클라이언트로 구성할 수
있으며, 디바이스와 서버 간에는 전력선 기반의 데이터 통신을 하며, 클라이언트와 서버
는 일반적인 TCP/IP 통신을 하도록 꾸밀 수 있다.

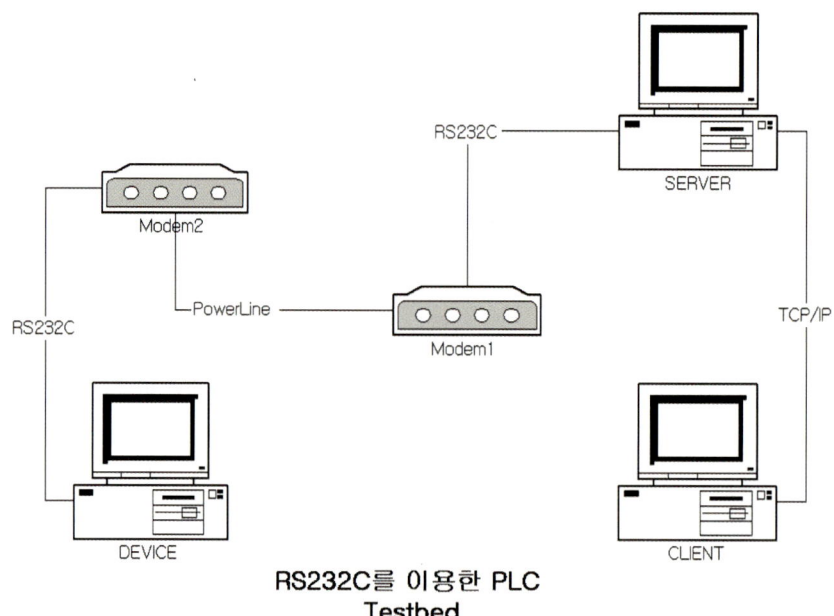

RS232C를 이용한 PLC
Testbed

〈그림 2-16〉 시리얼 인터페이스 기반의 전력선 모뎀을 이용한 테스트 사례

디바이스는 서버에게 자신의 상태를 데이터를 통하여 알릴 수 있고, 서버는 그러한 데이터들을 클라이언트에게 전달한다. 또한 서버는 클라이언트로부터 데이터를 받아서, 디바이스에게 그 데이터를 전달하기도 하며, 디바이스는 그러한 데이터의 정보에 따라 알맞은 동작을 할 수 있다.

<그림 2-18>의 테스트베드는, 시리얼 인터페이스를 지원하는 전력선 모뎀을 이용하여 전력선을 통한 데이터의 흐름을 알아보고, 데이터의 흐름을 제어함으로써, 전력선 모뎀을 이용한 네트워크 제어의 가능성을 보여 준다.

웹 브라우저를 통하여 서버에 접속하였을 때, 연결된 디바이스의 정보가 서버를 통하여 접속된 웹 화면에 나타나게 되며, 그러한 정보를 바탕으로 클라이언트(＝웹 브라우저)는 디바이스를 전력선을 통하여 제어할 수 있게 된다.

예를 들어, 세탁기와 같은 경우에는 웹을 통하여 서버에 접속하였을 때, 서버는 세탁기에게 정보를 요구하게 되며, 세탁기는 서버에게 다음과 같은 정보를 제공하게 될 것이다.

- 세탁기의 이름(name), 위치(location), 모델명(model), 만든 이(manufacturer)
- 현재 세탁모드, 동작 상태, 남은 시간, 물 수위
- 수온, 소비 전력, 세제종류(세제, 표백제, 섬유유연제) 등등이 있다.

이러한 세탁기의 초기 상태가 서버에게 전달이 되면, 서버는 그 데이터들을 클라이언트에게 TCP/IP 통신에 맞는 포맷으로 전달하게 될 것이다. 클라이언트가 볼 수 있는 포맷으로 전달이 되면, 그때부터 클라이언트는 서버를 통하여 디바이스에게 원하는 방법으로 정보를 전달할 수가 있다.

앞에서 설명한 전력선용 프로토콜 이외에도 이더넷 기반의 전력선 모뎀들이 있으나, 이 경우는 일반 랜 카드와 유사하게 사용하므로 테스트 베드 구축 예는 본 절에서 생략한다.

2.1.4.4 다양한 전력선 통신 시스템 응용 사례

전력선을 이용한 홈오토메이션 이외의 응용 시스템은 다양하지만 본 장에서는 차량 시스템과 가로등 제어 시스템, 원격 검침 등에 대해서 간단하게 설명한다. 이 외에도 화물선 내의 냉동 창고 간의 상태 모니터링, 잠수함에의 적용 등이 이루어진 사례가 보고되고 있다. 또한, 전력선 통신시스템을 이용한 자동제어 및 감시 시스템 기술을 응용하여 공장 자동화에 응용 가능한 연구가 진행되고 있다. 기존에 설치된 전력선을 이용하여 각종 생산 설비의 자동화 구현으로 중소기업에 공장 자동화 시스템을 확대 공급함으로써, 기업의 생산성 향상 및 원가 절감 등의 효과를 높일 수가 있다.

2.1.4.5 고속 전력선 통신 모뎀 시스템 개발

고속 PLC 모뎀 시스템은 홈 네트워킹, SOHO 네트워킹, 홈오토메이션, 홈 엔터테인먼트, Power line telephony, 분산 제어 시스템 등의 다양한 분야에 활용될 수 있기 때문에 고속 PLC 모뎀 시장은 홈 네트워킹, 홈오토메이션 산업의 시장 수요와 직접적인 관련이 있다.

또한 유럽을 중심으로 저전압 배전선망을 이용한 가입자망은 무선 가입자망을 대체할 새로운 가입자망으로 급속히 성장하고 있다. 선진국에는 전력선을 통한 고속의 멀티미디어 서비스 제공, 개도국에는 전화 가입자망 제공이라는 막대한 잠재 시장이 예상돼 전 세계적인 관심이 집중되고 있다. 이와 같이 PLC 모뎀 칩셋 시장과 직접적인 관련이 있는 홈 네트워킹과 홈오토메이션 산업은 가전, 컴퓨터, 통신, 반도체 간 긴밀한 협조 체제하에서만 발전 가능하며, 핵심 부품 개발을 위한 반도체 부문과 단말기 개발을 위한 가전이나 통신 및 컴퓨터 부문의 총체적 협조가 요구된다. 따라서 정보 가전 분야의 새로운 수요창출, 인터넷을 비롯한 통신 분야의 발전, 수입원 확대와 사업 다각화를 모색하고 있는 컴퓨터 업계와 네트워크 장비의 시장 확대를 가져올 수 있을 것으로 예상된다.

이상과 같이 본 연구를 통한 고속 PLC 모뎀 시스템 개발은 다양한 분야에 활용 가능하며 산업 전반에 걸쳐 큰 파급 효과를 가져다줄 수 있다.

2.1.4.6 MAC 설계 및 구현 기술

MAC은 하나의 전송 매체를 다른 여러 개체들이 공유하여 동시에 사용할 수 있도록 해주는 네트워크 및 통신에서 가장 기본적이며, 중요한 기술이다. 따라서 MAC의 디자인이 어떻게 되느냐가 그 통신망의 성능을 결정짓는다.

최적화된 전력선망의 MAC은 전력선의 속성상 갖게 되는 가격 경쟁력뿐만 아니라 성능에서도 다른 망에 견줄 수 있는 경쟁력을 갖게 되므로 이는 곧 정보화 사회에서 가장 필수적인 전국적 규모의 통신망을 제공할 수 있다는 뜻이 된다. 이로 인해 통신 관련 하드웨어 업계와 정보 서비스 제공업계의 시장 성장이 자연스럽게 이루어지며, 경제적인 발전뿐만 아니라 기술력도 이에 따라 함께 성장하게 된다. 이것은 소비자들이 양질의 통신 서비스를 저렴한 비용으로 받게 된다는 것을 의미하므로 결국 업계와 소비자 모두에게 이익을 가져다준다고 할 수 있다. 이 외에도, 전력선 통신망에 대한 세계적인 수요를 고려해 보면 국가적인 차원에서의 이점도 상당하다고 할 수 있다. 즉 기술적인 면뿐만 아니라 경제적인 면에서의 이익도 상당히 클 것으로 예상된다.

2.1.4.7 댁내 망 트래픽 특성 분석과 네트워크 설계

고속 전력선 통신망뿐만 아니라 최근의 가입자망이나 댁내 망으로 연구되고 있는 대부분의 기술들이 주로 물리계층의 동작에 집중되어 있다. 이는 물리계층의 종류, 즉 전화선이나 케이블망, 무선망, 전력선망 등 다양한 망들에 대해 경쟁적으로 적용 가능성을 검토하고 있기 때문이기도 하지만, 그만큼 프로토콜 스택상의 하위계층의 기능들이 구성되어 정상적으로 동작을 하게 되면 이를 추상화하여 상위계층에 제공하기 때문에, 상위계층에 대한 절박한 연구의 필요성을 덜 느끼기 때문이라고 볼 수 있다.

하지만, 고속 전력선 통신망의 경우에는 다른 가입자망 혹은 댁내 망과는 달리 그 물리적인 망 구성이 고정되어 있는 경우가 많으므로, 그와 같은 상황에서 이를 어떻게 논리적으로 잘 구성하여 동작시키느냐 하는 것은 망의 성능 및 제공 서비스의 품질과 밀접한 관련을 갖고 있다. 따라서 망의 최적 구조를 설계하고 동적으로 설정을 변경하는 기능 등은 물리계층 기술의 개발 못지않게 중요하다.

이러한 기술들은 MAC계층의 동작 기술에 따라 그에 최적화된 구조를 설계하는 기능을 가지고 있으므로, 전력선 통신망뿐만 아니라 다른 가입자망이나 댁내 망 구조에서도 현재까지 개발된 기술을 보완하여 사용할 수 있다. 트래픽 특성에 대한 분석, 통계화, 예측을 통한 트래픽 제어 기술의 경우에도 고속 전력선 통신망에 특화된 서비스가 아닌 일반적인 서비스들에 관해서는 다른 종류의 망에 대해서도 이의 적용이 가능하다. 결론적으로 현재까지의 개발 기술들은 어느 정도 일반성을 갖고 있기 때문에, 고속 전력선 통신망에 최적화된 형태로 개발되지만 어느 정도의 보완과 수정을 통해 일반적인 용도로도 사용이 가능하므로 그 파급효과는 매우 크다고 할 수 있다.

2.1.4.8 원격 검침 시스템의 기술

고속 전력선 통신망을 이용한 원격 검침 시스템의 개발은 에너지 관련 회사에게 있어서는 중대한 문제이다.

원격 검침 시스템의 개발은 시간별 차등 요금제, 부하 예측 및 제어 등 전력회사의 수요관리 시스템에 대한 기반 조성에 필수적 수요·부하관리 효과의 증대를 가지고 온다.

Real Time 정보에 의한 판매분석·예측 및 경영전략 구현을 위해 다양한 요금제도 시행(Real Time 요금제)이 이러한 기술로 인해 가능해진다.

직원 검침인력 부족 해소 및 정확한 요금계산으로 민원사전예방, 현재 어려운 요금계산방식의 전철/모자거래/협정대상 고객 문제 해소 등을 통해 효율적인 고객관리를 할 수 있다. 또한 다양한 고객 전력사용정보 PC통신 제공(매 15분 간격 Data), 요금제도의 선택 사용 권리 등을 통해 사용자에게 여러 가지 서비스 혜택을 줄 수 있다.

2.1.4.9 정보 서비스 및 콘텐츠 분야의 기술

콘텐츠 비즈니스의 경우 반드시 하나의 인프라에 종속되던 폐쇄적 운영형태에서 인터넷이라는 오픈 공간에서 멤버십 형태의 운영을 통해 시장을 급격히 넓혀 나갈 수 있다는 장점이 존재한다.

멀티미디어와 같이 초고속망의 절대적인 의존을 보이는 광대역 서비스를 제외한다면 대부분의 콘텐츠 비즈니스는 인터넷 기반으로 개발/운영되어 확장된 개념의 서비스가 가능해진다는 결론에 도달한다.

즉, 초기에는 전력선 통신망의 대역폭 검증과 차별화된 서비스 포맷으로 사용자에게 제공되지만 장기적으로는 인터넷을 기반으로 어떠한 단말기 혹은 어떠한 장소, 어떠한 조건하에서도 활용이 가능해지므로 해당 콘텐츠의 활용성과 파급효과는 크다고 할 수 있다.

전력선은 가정을 기반으로 구성되며 Local Area의 역할이 절대적이므로 서비스 포맷을 가정중심, 지역중심으로 특화시킨다면 그에 따른 수용자 측 가치와 사업자 측 가치 그리고 운영자 가치를 모두 향상시켜 주는 중요한 매개(Media)가 된다는 것이 특징이다.

2.1.4.10 고속 전력선 통신망을 이용한 홈오토메이션의 기술

컴퓨터(PC)가 통신과 교육, 오락을 위한 댁내에서의 영향력 있는 기반으로 자리를 굳혀 가고 있는 가운데, 인터넷은 정보 접근의 기본적인 수단으로 사용되어 많은 새로운 디지털 기기들이 디지털 네트워크 위에서 음성과 데이터의 통신을 개발할 것이 분명해졌다. 외부의 정보와 광대역 오락 소스들로부터의 고속의 접속이 필요한 것과 마찬가지로 댁내에서의 기기들 간의 고속의 디지털 데이터 전송에 대한 요구가 급속히 증가하고 있다. 회사에서는 이러한 요구를 LAN(Local Area Network)을 통해 해결하였지만 댁내에서는 전통적인 LAN에 의해 요구되는 새로운 전선의 배선으로 인한 복잡성과 비용으로 그다지 사용되지 않는다. 이에 따라 전력선에 기반한 네트워크가 댁내의 정보 가전기기 및 PC 네트워크에서 경제적으로 가장 실행 가능한 접근의 하나로 나타나게 되었다.

전력선 통신망을 이용한 정보 가전기기 및 PC 관련 기기의 홈 네트워킹 및 홈오토메이션 기술이 가능하다면 정보 서비스 회사 서비스 품질 및 가전기기 제조업체의 경쟁성이 높아질 수 있다. 또한 가정 내의 전기 기기를 PC 및 정보 가전 기기 등을 통해 최적제어를 함으로써 가정 내의 에너지 효율을 최적화시킬 수 있다.

이를 위하여 Windows CE나 Java 등과 같은 정보 가전용 운영 체제 기술 등이 발전함에 따라 댁내에서 고화질의 영상, 비디오 화상 회의, 디지털 영화, 댁내 전자제어 시스템 등의 필요성이 대두되고, 이를 위해 가전기기들이 점차 디지털화되고 네트워크 기술이 탑재됨으로써 이들을 연결하는 기술과 홈오토메이션 기술이 발전하게 됨에 따라 홈오토메이션, 홈 네트워킹 산업의 성장 가능성이 높아지게 될 것이다.

2.2 HomePNA 기술 소개

〈그림 2-17〉 Linksys사의 HomePNA 장비

<그림 2-17>은 Linksys社의 HomePNA 장비의 그림이다. Home Phoneline Networking Alliance(HomePNA)는 하나의 통합된 전화선을 이용한 네트워크 표준의 채택을 유도하고 상호 호환 가능한 통합 홈 네트워크를 판매하려는 회사들의 모임이다. 3Com, Intel, Tut System, AMD, AT&T, IBM, Lucent, Epigram 등의 회사가 회원으로 가입되어 있으며 하나의 통일된 전화선을 이용한 네트워크의 산업 표준을 채택하고 상호 운용이 가능한 댁내 네트워크 기기에 대한 시장을 빠르게 형성하기 위해 노력하고 있다.

2.2.1 HomePNA의 연구 배경

개인용 컴퓨터(PC)가 통신과 교육, 오락을 위한 댁내에서의 영향력 있는 기반으로 자리를 굳혀 가고 있는 가운데, 인터넷은 정보 접근의 기본적인 수단으로 사용되어 많은 새로운 디지털 기기들이 디지털 네트워크 위에서 음성과 데이터의 통신을 개발할 것이 분명해졌다. 외부의 정보와 광대역 오락 소스들로부터의 고속의 접속이 필요한 것과 마찬가지로 댁내에서의 기기들 간의 고속의 디지털 데이터 전송에 대한 요구가 급속히 증가하고 있다. 회사에서는 이러한 요구를 LAN(Local Area Network)을 통해 해결하였지만 댁내에서는 전통적인 LAN에 의해 요구되는 새로운 전선의 배선으로 인한 복잡성과 비용으로 그다지 사용되지 않는다. 이에 따라 전화선에 기반한 네트워크가 댁내의 PC 네트워크에서 경제적으로 가장 실행 가능한 접근의 하나로 나타나게 되었다.

2.2.2 HomePNA의 구조 및 프로토콜

HomePNA는 초기에 가능한 기술로 1Mbps의 전송속도를 가능케 하고 이후에 보다 좋은 성능과 기능을 가지는 기술을 초기의 것과 호환성 있게 개발하려고 한다. 이러한 기술 개발 전략이 초기의 댁내 사용자에게 값싸고 사용하기 쉬운 네트워크를 제공할 수 있을 것으로 기대하고 있다.

고속의 네트워크를 전화선을 사용하여 이루려고 하는 기술에 대한 노력이 없는 것은 아니다. 업무용의 사무실 환경에서는 10Mbps의 이더넷 기술이 데이터 전송을 위해 설계된 Category 3과 Category 5의 꼬임 쌍선(TP: twisted pair)을 기초로 사용되었다. 그러나 북미의 많은 집의 배선은 데이터의 전송을 고려한 것이 아니다. 저비용으로 고성능의 프로세싱이 가능해지면서 전화선 위에서 안정적인 고속 통신이 가능해졌다.

댁내의 전화선을 이용하여 네트워크를 구축하려면, 우선 임의의 배선 토폴로지에 대해 안정적으로 동작해야 한다. 댁내에서 전화나 팩스와 같은 기기를 전화선에 연결하면 그것이 토폴로지의 가지(branch)가 되어 결국 댁내의 배선 임의의 토폴로지를 갖는다. 또 임의의 토폴로지는 신호 감쇄에 대한 사양이 없으므로 네트워크를 구축할 때에 높은 신호 감쇄를 고려해야 하며 댁내의 히터, 에어컨, 전화 같은 가전기기로부터의 모든 임의의 신호 잡음에 대한 대비도 필요하다. 고정되지 않고 바뀌는 전송선의 특성도 고려 대상이다. 단순히 전화를 움직인 것이 전송선의 특성을 바꿀 수 있고 이것이 데이터 전송에 간섭을 줄 수 있고 반대로 데이터의 전송이 전화나 팩스의 동작에 간섭을 줄 수 있으므로 이들을 고려한 네트워크가 적절히 설계되어야 한다. 마지막으로 앞의 제한과 조건 아래에서 데이터의 전송을 최대화해야 한다.

댁내의 전화선 네트워크는 전선(powerline)으로 구축된 네트워크나 RF 무선 네트워크와 함께 사용할 수 있다. 또한 USB나 P1394를 사용하는 기기와도 함께 사용할 수 있고 광대역 연결자로서 ADSL를 연결시킬 수도 있다. <그림 2-18>에서 HomePNA를 이용한 홈 네트워크 구조를 나타내었다.

앞서 언급했듯이 HomePNA는 댁내의 전화선을 이용한 하부구조를 제안하였다. 그리고 현재의 이더넷과 같은 드라이버 모델을 사용하여 PnP의 동작을 지원한다. 이때의 인터페이스 카드(NIC: Network Interface Card)는 100달러 미만이 가능하다.

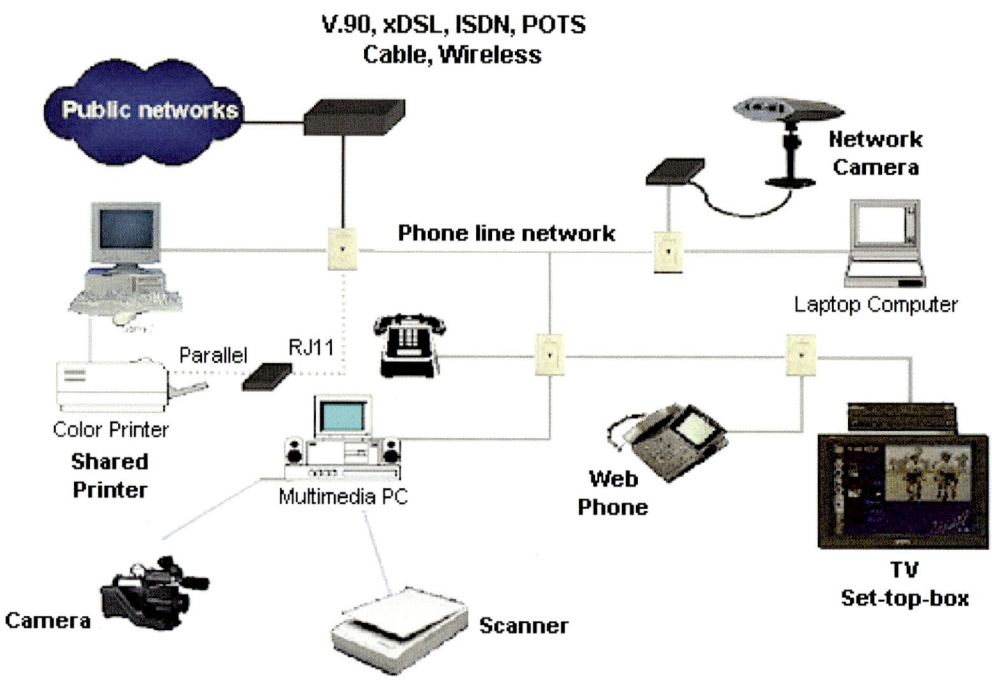

V.90, xDSL, ISDN, POTS
Cable, Wireless

Public networks

Phone line network

Network Camera

Laptop Computer

Parallel RJ11

Color Printer
Shared Printer

Multimedia PC

Web Phone

Camera

Scanner

TV Set-top-box

〈그림 2-18〉 고속 전력선망을 이용한 홈 네트워크의 예

HomePNA는 1Mbps의 전송속도를 500feet 이하의 거리에서 지원하며 다음번의 표준으로 10Mbps의 전송속도로의 확장에 대한 연구가 진행 중이다. 또, 댁내에서만 이루어지는 전화선을 사용하기 때문에 이웃과의 네트워크가 단절되어 있어서 보안이 보장된다.

댁내의 전화선을 이용한 네트워크에 대한 또 하나의 요구사항은 같은 전화선을 이용하여 전화 서비스와 댁내 네트워크 기능을 동시에 구현하는 것이다. 하나의 전선을 사용하여 여러 서비스를 동시에 제공하는 가장 보편적인 방법은 주파수 분할 다중화(Frequency Division Multiplexing: FDM)를 사용하는 것이다. FDM을 사용하면 각 통신 서비스는 서로 다른 주파수 대역폭을 할당받는다. 주파수를 선택하는 필터를 사용하여 서로 다른 서비스와의 간섭 없이 통신 서비스를 이용할 수 있다. 전화 서비스를 위한 대역이 약 4kHz이고 ADSL과 같은 xDSL 서비스가 25kHz~1.1MHz를 차지한다. 따라서 전화선을 이용한 네트워크는 2MHz 이상의 대역에서 동작한다. 그러므로 사용자는 전화와 ADSL 서비스와 홈 네트워크를 동시에 사용할 수 있다. <그림 2-19>에서 전화, xDSL, 홈 네트워크의 주파수 대역을 그림으로 나타내었다.

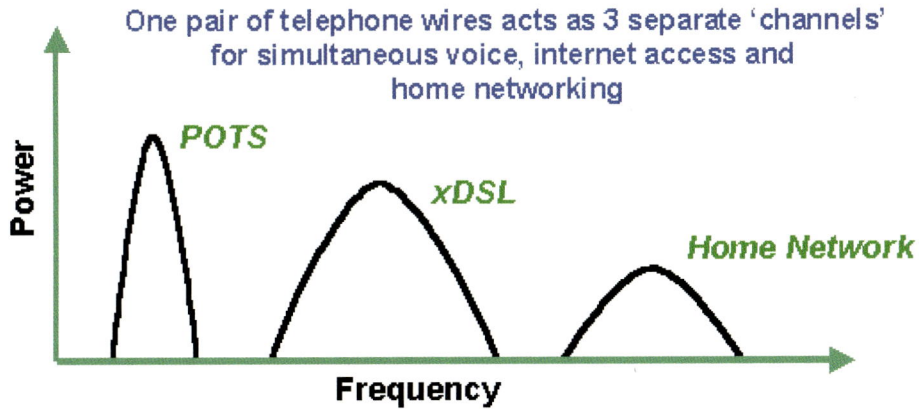

Compatible with Voice and xDSL

One pair of telephone wires acts as 3 separate 'channels'
for simultaneous voice, internet access and
home networking

POTS

xDSL

Home Network

Power

Frequency

〈그림 2-19〉 전화 서비스, xDSL, 댁내 네트워크의 주파수 대역

2.2.2.1 1Mbps HomePNA : Tut System사의 HomeRun

1Mbps의 전송속도를 갖는 Tut System의 HomeRun은 ISDN, xDSL 같은 다른 통신 서비스를 고려하여 설계되었다. 1Mbps 기술은 5.5~9.5MHz 대역의 주파수를 사용하며, 5.5MHz 이하의 주파수에 대해서는 감쇄가 빠른 필터를 사용하여 Universal ADSL 같은 다른 DSL 서비스들이나 전화 서비스와의 간섭이 없도록 하였다.

1Mbps HomeRun을 간단히 설명하면 전화선을 사용하는 1Mbps 이더넷이라고 할 수 있다. 즉 IEEE 802.3 CSMA/CD(Carrier Sense Multiple Access/Collision Detect) 방법을 사용하여 공통의 매체를 여러 사용자가 접근할 수 있도록 되어 있다. 따라서 HomePNA 네트워크는 현재의 이더넷에서 사용할 수 있는 소프트웨어, 응용 기기, 하드웨어 등을 사용할 수 있게 해 준다. 그 밖에 높은 전송 속도를 가지기 위해 하나의 펄스에 여러 개의 데이터를 인코딩하여 전송한다.

댁내의 임의의 토폴로지에 대해 데이터를 전송하는 기능은 HomeRun의 핵심 기술이다. Time Modulation Line Coding Method에 의해 구현되어 변화하는 잡음에 적응하는 기능을 가지는 적응 회로를 이룬다. 각 네트워크 접면에서 수신 측의 회로는 전선에서 변화하는 잡음에 적응하고 전송 회로는 출력 신호를 세기를 조절할 수 있다. 전송 측과 수신 측은 계속하여 상태를 감시하고 거기에 따라서 설정을 조절한다.

현재 Tut System사의 HomeRun 상품은 RJ-11 잭을 사용하여 쉽게 네트워크와 연결할 수 있고, 1Mbps의 이더넷 호환 네트워크를 구성한다. 500ft까지의 거리에 있는 25개의 PC들을 연결할 수 있다.

2.2.2.2 10Mbps HomePNA

댁내의 전화선을 이용하여 전송 가능한 최대의 전송 속도는(20~30MHz의 주파수를 선택적으로 사용하였을 때) 100Mbps이다. 따라서 HomePNA는 1Mbps를 사용하는 기기와의 호환성을 유지하면서 이후에 100Mbps로의 업그레이드가 가능한 10Mbps의 홈 이더넷 network 기술을 개발하고 있다.

홈 이더넷은 전송 속도에 적응하며 전화선 통신 채널의 전기적인 성격의 변화에 순간적으로 반응할 수 있다. 여러 세대의 홈 이더넷이 동일한 전화선에서 어울릴 수 있다. 홈 이더넷은 응용에 따라 오류 제어와 멀티미디어 QoS(Quality of Service)에 어울리는 성능 선택을 지원하는 홈 네트워크를 목표로 하고 있다.

대표적인 10Mbps HomePNA 장치로는 Intel에서 시판하고 있는 브로드컴사의 칩을 탑재한 PCI용 네트워킹 모뎀이 있다.

2.3 IEEE 1394 : High Performance Serial Bus 기술 소개

2.3.1 개요

IEEE 1394는 Microcomputer Standard Committee의 요청에 의해서 1986년에 IEEE 1014 규격에 포함되기 시작하여 1995년 IEEE 1394라는 규격으로 완성되었다. 이 경우 PC가 여러 기타 주변기기 및 멀티미디어들을 제어하는 방식이다. 현재 일본 소니 같은 몇몇 업체에서는 IEEE 1394 직렬 버스 인터페이스에 대해서 기술적으로는 구현 완성된 상태이고 데스크톱 및 노트북 컴퓨터, VOD용 Set-Top Box, VCR, 캠코더, 디지털TV, 각종 멀티미디어 장비, 프린터와 스캐너, 하드디스크, CD-ROM, 광디스크, DVD와 같은 완제품의 전시회를 통해 시제품을 선보이고 있다. 우리나라의 경우는 IEEE 1394를 적용한 디지털 TV개발에 최근에 성공한 수준이다.

댁내 망 통합으로서 IEEE 1394 인터페이스의 가장 큰 장점은 빠른 전송 속도이다. 모드에 따라 93.304Mbps, 196.608Mbps, 393.216Mbps 세 가지 속도를 지원할 수 있다. xDSL 중에서 가장 빠른 하향 전송속도를 가지는 52Mbps VDSL이나 MCNS의 DOCSIS 표준에서 정한 최고 36Mbps 디지털 CATV의 디지털 오디오나 동화상 서비스를 전송하기에도 무리가 없다. 디지털 CATV는 물론 VDSL 서비스를 동시에 지원 가능하다. 차세대 B-ISDN의 155Mbps 전송 속도 역시 지원할 수 있다.

IEEE 1394에서 고속 모드는 그보다 낮은 저속 모드에 대해 호환성을 갖는 특성이 있다. 즉, 196.608Mbps 모드는 93.304Mbps로도 동작할 수 있고, 393.216Mbps 모드는 93.304Mbps와 196.608Mbps의 두 가지 모드 가운데 어떤 것으로나 동작할 수 있다. 가령 393.216Mbps 속도의 서비스와 196.608Mbps 속도의 서비스, 그리고 93.304Mbps 속도 서비스가 동일한 1394 인터페이스 케이블에 접속되어도 이들 서로 간의 통신이 가능하다. 데이터를 주고받을 주변기기끼리 속도를 맞춰 가며 동작하기 때문이다.

<그림 2-20>은 주변기기 사이의 IEEE 1394 버스를 이용한 케이블 연결 모형도이다. IEEE 1394도 USB와 비슷한 방식으로 케이블을 통해 전원을 공급받는다. 그러나 IEEE 1394에서는 어느 한 기기의 전원이 꺼지더라도 그와 연결된 다른 기기의 전원은 계속 공급된다는 점이 USB와 다르다. <그림 2-20>에서 보는 바와 같이 IEEE 1394 직렬버스는 트

리(Tree) 형태를 취하고 있는데, 주변기기끼리 직렬로 서로 연결되어 있어서 하나의 기기의 전원이 나가도 케이블을 통해 다른 기기로 전원이 계속 공급된다.

IEEE 1394는 교신성 데이터 통신 기능이 우수하다. 차후에 기술하겠지만 6가닥의 전선이 한데 어울려서 하나의 접속회로를 이루는데, 이들 가운데 2가닥은 +, −의 전원이고 나머지 4가닥의 신호선은 데이터와 제어 신호를 위한 것으로써 쌍방향 통신을 직접적으로 제어할 수 있는 루틴을 가지고 있다.

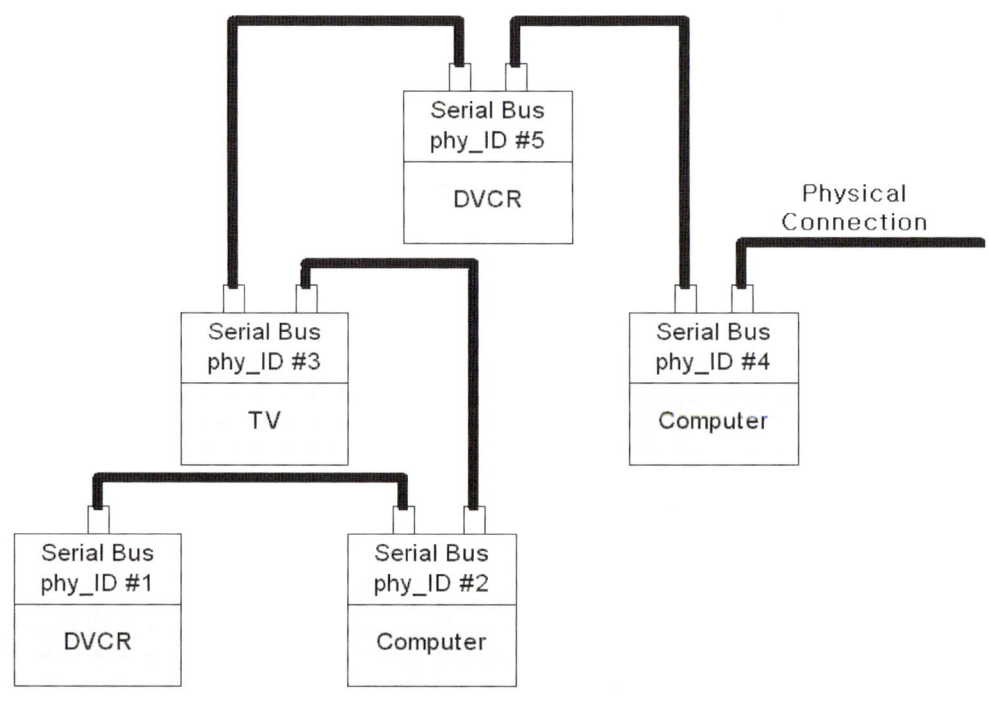

〈그림 2-20〉 멀티미디어 기기 간의 케이블 연결의 예

PnP기능을 지원하며 케이블로 연결된 여러 시스템 가운데 부착/제거 등의 변화가 생기면 즉시 그 상황에 맞는 제어신호를 발생시키고 그에 대처하도록 구성되어 있다. 브릿지 탭을 많이 이용할 경우 신호의 반사 등으로 인하여 채널특성이 나빠지므로 IEEE 1394는 최대 63개까지의 노드만 허용하도록 제한하고 있다.

IEEE 1394 인터페이스에서 데이터를 전송하는 방법으로 비동기식 전송과 동기식 전송의 두 가지 모드를 모두 지원된다. 비동기 전송에서는 데이터와 계층 정보를 명시된 어드레스로 전송한다. 그에 비해 동기식 전송에서는 데이터를 보낼 때 어드레스를 사용하지 않고, 채널번호를 포함시켜서 전송한다. 이런 동기 전송은 동화상이나 음성 정보처럼 시간적인 제약이 많은 멀티미디어 정보를 전송할 때 사용된다. 그리고 비동기 전송은 실시간으로 동작하지 않아도 되나 확실한 전달이 필요한 정보를 전송할 때 이용된다.

IEEE 1394의 단점으로 케이블의 총 전체 길이가 72m 이내로 제한되어 있고 직접 연결된 두 기기 간에는 거리가 4.5m 이내로 한정되어 있다. 보다 먼 거리의 멀티미디어 간을 연결하기 위해서는 IEEE 1394용 리피터가 필요하다. 리피터를 사용할 경우 지연에 따른 문제가 발생할 수도 있다. 참고로 길이 제한이 있는 것은 신호 전파 지연 때문이다.

본 절에서는 IEEE 1394 중에서 물리계층(PHY)에 대한 규격에 대해서 상세히 다루고 이것을 기반으로 4장 3절에서 댁내로 제공되는 서비스들을 IEEE 1394 직렬 버스에 연결, 단말에 분배하는 하드웨어적 고려를 한다.

2.3.2 규격

<그림 2-21>은 주변기기 간의 물리적 연결을 나타낸다. 버스 초기화 과정을 거치고 트리 인식 과정을 통해 루트 노드가 결정되고 멀티미디어 기기가 self-ID 패킷을 전송한 후 전송 속도와 노드 번호를 할당받는다. self-ID 패킷의 PHY-SPEED는 두 비트를 할당받고 있는데, 00은 93.304Mbps, 01은 196.608Mbps(93.304Mbps 가능), 10은 393.216Mbps(93.304Mbps, 196.608Mbps 가능)을 나타낸다. 그리고 각 노드 번호에 맞게 데이터 송수신이 순차적으로 이루어진다.

IEEE 1394 케이블은 광케이블을 이용한 전송 방식이 연구 중에 있지만, 현재는 꼬임 쌍선을 기본으로 한다. <그림 2-21>은 케이블 인터페이스를 나타낸다.

TPA/TPA*와 TPB/TPB* 두 쌍의 꼬임 쌍선이 상호 보상적으로 동작을 하면서 데이터 송수신과 버스 제어를 하게 된다. TPA/TPA*와 TPB/TPB*는 양방향 차등전압으로 데이터 비트와 중재 정보를 가진 신호를 가진다. 여기서 차등전압을 사용하는 것은 수백 Mbps와 같이 고속의 전송속도를 지원하기 위해서이다. 일반적으로 공통모드 전압을 사용하는 회선의 경우, 지면접지와의 인덕터, 커패시터 성분, 그 외 열저항 성분 때문에 고속의 데이터를 지원할 수 없다.

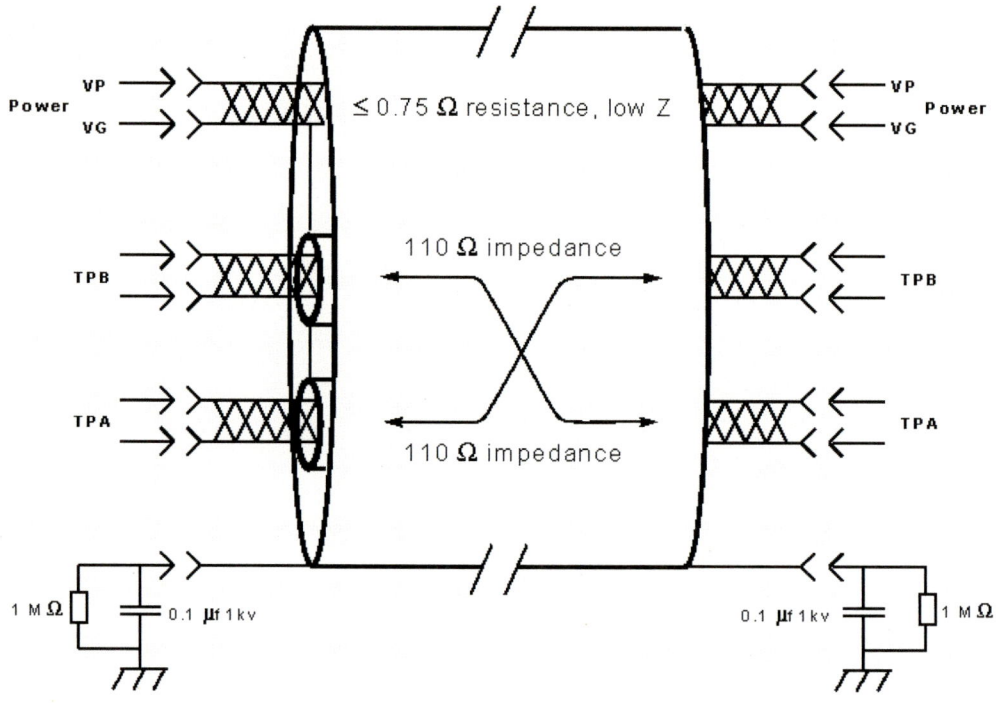

〈그림 2-21〉 IEEE 1394 케이블 인터페이스

하지만 차등전압의 경우 서로 공통의 잡음 성분을 겪기 때문에 차등에 의해 상쇄되어 고속까지 지원할 수 있다. TPA/TPA*와 TPB/TPB*는 1, 0, Z의 값을 가지는데, 여기서 Z는 아이들(idle) 상태를 나타낸다. 보통 TPA/TPA*가 1의 값을 가지면 TPB/TPB*는 0의 값을 가지는 등 서로 쌍으로 값을 갖는데, Z값은 TPA/TPA*와 TPB/TPB* 두 선이 모두 논리 1의 값을 가지는 경우를 말한다. 이 신호는 리셋 신호로 사용된다. VP와 VG는 전원공급 선으로 8볼트 내지 40볼트 직류전압을 1.5암페어까지 전달할 수 있다. 이는 연결되어 있는 장치의 전원이 꺼지거나 고장 난 상태에서도 인터페이스의 물리적인 특성을 유지할 수 있게 해 주는 중요한 구실을 한다. 그리고 따로 전원장치가 없는 주변기기에 전력 공급 역할을 하기도 한다. 때문에 전력소모가 작은 주변기기는 전원장치를 내부에 가질 필요가 없다. <그림 2-22>는 두 개의 꼬임 쌍선과 전력을 공급하는 VG선으로 구성되는 케이블 라인 드라이버 구조를 보여 준다.

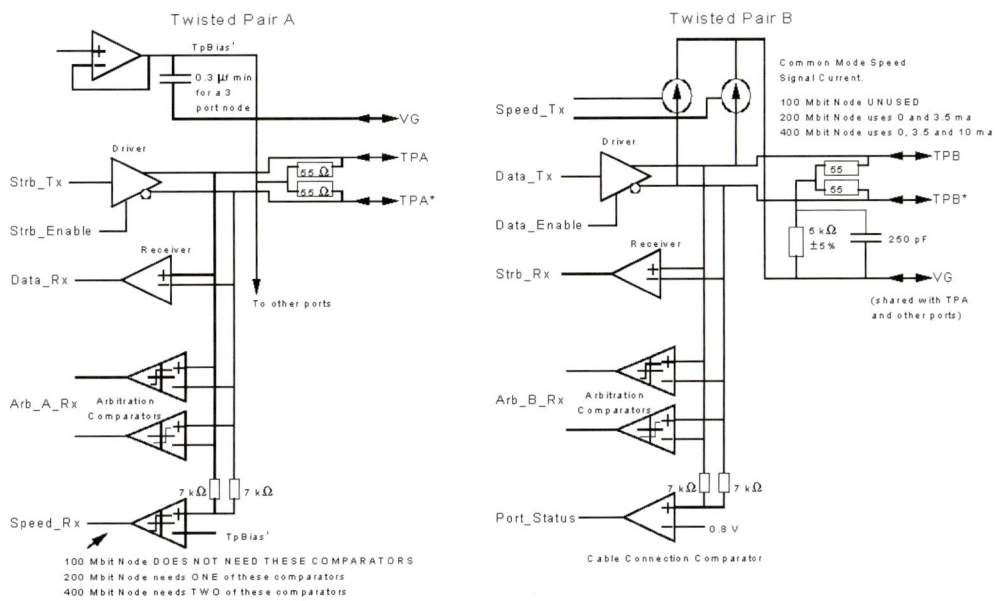

〈그림 2-22〉 케이블 라인드라이버 구조

　각 선마다 데이터 신호, 중재 신호 그리고 신호 선택에 관련된 스트로브 신호를 담고 있는 회로를 가지고 있다. TPA/TPA*는 스트로브 부호화 및 중재와 데이터 수신에 사용되고, TPB/TPB*는 데이터 송신에 사용된다. TPA/TPA*는 Strb_Tx신호를 송신해서 원하는 Data_Rx, Arb_A_Rx, Speed_Rx 신호를 선택 수신한다. Speed_Rx는 98.304, 196.608, 393.216Mbps 중에서 지원 가능한 전송속도 값을 가지고 있다. 그리고 TPB/TPB*는 Data_Tx, Speed_Tx 신호를 송신하고, Strb_Rx, Arb_B_Rx, Port_Status 신호를 수신한다. Strb_Tx, Data_Tx, Strb_Enable, Data_Enable 신호는 중재 신호를 만드는 데 사용된다. 한편 Arb_A_Rx, Arb_B_Rx 는 비교기(comparator)로 구현할 수 있다. 왜냐하면 앞에서 기술했듯이 Arb_A_Rx, Arb_B_Rx 는 0과 1의 값을 가질 수 있는데, 두 경우 모두 같은 값을 가질 수 없고, 같은 값을 가진다는 것은 현재 idle상태를 나타내는 경우를 나타내므로 비교기로만으로 간단하게 구현될 수 있다. TpBias 신호는 TPB/TPB*의 Port_Status의 신호를 판별해서 현재 포트가 연결되어 있는지를 확인하고, 연결이 확인되었을 경우 TPA/TPA*가 그 연결상태를 다른 포트들에게 알려 주는 데 사용하는 신호이다. 앞에서 Strb_Tx, Data_Tx, Strb_Enable, Data_Enable 신호를 이용해서 중재 신호를 만든다고 기술하였다. 데이터 신호와 중재 신호의 신호 레벨은 <표 2-4>와 같고, 중재 신호의 규칙을 정리하면 <표 2-5>, <표 2-6>과 같다.

신호	93.304Mbps		196.608Mbps		393.216Mbps		단위
	Max	Min	Max	Min	Max	Min	
중재신호 (Arb_A, Arb_B)	260	173	262	171	265	168	mV
데이터 신호 (Data_Rx, Strb_Rx)	260	142	260	132	260	118	mV

〈표 2-5〉 TPA/TPA* 중재 신호 생성

필요한 신호		기능	생성된 중재신호 Arb_A_Tx
Strb_Tx	Strb_Enable		
−	0	TPA/TPA*가 diable된 상태	Z
0	1	TPA/TPA*가 enable된 상태 스트로브는 diable된 상태	0
1	1	TPA/TPA*가 enable된 상태 스트로브는 enable된 상태	1

<표 2-4>에서 생성된 신호들의 조합으로 버스의 여러 상태를 나타낼 수 있다. 대표적으로 (Arb_A_Tx,Arb_B_Tx)=(Z,Z)인 경우 idle 상태를, (Arb_A_Tx,Arb_B_Tx)=(0,1)은 데이터 패킷 전송 직전에 보내는 신호이고, (Arb_A_Tx,Arb_B_Tx)=(1,0)은 데이터 패킷 전송 직후에 보내는 신호이며 (Arb_A_Tx,Arb_B_Tx)=(1,1)은 버스를 물리적으로 초기화할 때 사용되는 신호이다.

〈표 2-6〉 TPB/TPB* 중재 신호 생성

필요한 신호		기능	생성된 중재신호 Arb_B_Tx
Data_Tx	Data_Enable		
−	0	TPB/TPB*가 diable된 상태	Z
0	1	TPB/TPB*가 enable된 상태 데이터값이 0인 상태	0
1	1	TPB/TPB*가 enable된 상태 데이터값이 1인 상태	1

본 절의 마지막 부분에서 상세하게 다루어지는 케이블 연결 상태 설정에 사용하는 중재 신호에 대해서 그 규정을 정리하면 <표 2-7>, <표 2-8>과 같다.

<표 2-7> 송신되는 중재 신호에 의한 상태 결정

Ar비트ration transmit		Line state name	Comment
Arb_A_Tx	Arb_B_Tx		
Z	Z	IDEL	sent to indicate a gap
Z	0	TX_REQUIEST	sent to parent to request the bus
		TX_GRANT	sent to child when bus is granted
0	Z	TX_PARENT_NOTIFY	sent to parent candidate during tree_ID
0	1	TX_DATA_PREFIX	sent before any packet data and between blocks of packet data in the case of concatenated subactions
1	Z	TX_CHILD_NOTIFY	sent to child to acknowledge the parent_notify
		TX_IDENT_DONE	sent to parent to indicate that self_ID is complete
1	0	TX_DATA_END	sent at the end of packet transmission
1	1	BUS_RESET	sent to force a bus reconfiguration

<표 2-8> 수신되는 중재 신호에 의한 상태 결정

Ar비트ration receive		Line state name	Comment
Arb_A_Rx	Arb_B_Rx		
Z	Z	IDEL	the attached peer PHY is active
Z	0	RX_PARENT_NOTIFY	the attached peer PHY wants to be a child
		RX_REQUEST_CANCEL	the attached peer PHY abandoned a request (this PHY is sending a grant)
Z	1	RX_IDENT_DONE	the child PHY has completed its self_ID
0	Z	RX_SELF_ID_GRANT	the parent PHY is granting the bus for a self_ID
		RX_REQUEST	a child PHY is granting the bus for a self_ID
0	0	RX_서비스 항목_CONTENTION	the attached peer PHY and this PHY both want to be a child
		RX_GRANT	the parent PHY is granting control of the bus
0	1	RX_PARENT_HANDSHAKE	attached peer PHY acknowledges parent_notify
		RX_DATA_END	the attached peer PHY has finished sending a block of data is about to release the bus
1	Z	RX_CHILD_HANDSHAKE	attached peer PHY acknowledges TX_CHILD_NOTIFY (the peer PHY is a child of this PHY)
1	0	RX_DATA_PREFIX	the attached peer PHY is about to send packet data or has finished sendign a block of data and is about to send more
1	1	BUS_RESET	sent to force a bus reconfiguration

IEEE 1394 규격에 각 신호들이 가질 수 있는 값에 대한 규격이 정해져 있다. 98.304,

196.608 그리고 393.216Mbps 등 세 가지의 고속 전송속도를 지원하기 위해서 우선 TPA/TPA*와 TPB/TPB*의 차등모드 출력 전압은 최대 265mV와 최소 172mV를 만족시켜야 하고, 공통모드 전압의 경우 TPA/TPA*는 최대 2.015V, 최소 1.030V을, TPB/TPB*는 최대 2.515V, 최소 0.523V를 만족시켜야 한다. TPB/TPB*는 포트의 연결상태를 나타낸다고 앞에서 기술했는데, 공통모드에 대해서 0.6V보다 작을 경우 현재 포트가 연결되어 있지 않음을 나타내고 1.0V보다 클 경우 포트가 연결되어 있음을 의미한다. 두 전압 사이의 값일 경우 Port_Status가 정의되지 않는다. 신호선의 특성저항은 차등모드(differential mode)에 대해서는 110±6Ω을, 공통모드(common mode)에 대해서는 33±6Ω를 만족시켜야 한다. 신호의 감소는 주파수 영역에서 100MHz 지점에서는 2.3dB, 200MHz 지점에서는 3.2dB, 400MHz 지점에서는 5.8dB보다 작아야 한다. 그리고 신호 전파 시간은 TPA/TPA*와 TPB/TPB* 모두 5.05ns/m보다 작아야 하고(393.216Mbps 전송속도의 경우 비트 cell time은 2.54ns에 해당한다), 신호 전파 스큐는 400ps보다 작아야 한다. 그리고 1MHz에서 500MHz까지 측정할 수 있는 네트워크 분석기로 측정한 TPA/TPA*, TPB/TPB*의 Crosstalk는 −26dB보다 작아야 한다. 전력선 VP와 VG의 차등모드 특성저항은 65Ω보다 작아야 하고, 각각의 전력선의 4.5m 길이에 대해 DC 저항은 0.333Ω보다 작아야 한다. 절연된 케이블과 지면접지 사이의 AC 커플링은, (1±0.1)MΩ의 저항성분과 60Hz의 교류에 대해 25kΩ 이상의 특성저항을 가지는 커패시터 성분으로 이루어져 있다. 저전력 소비를 하는 주변기기는 내부적으로 전력 공급원을 가지고 있지 않을 경우가 많다. 이럴 경우 버스의 전력선을 통해 전력 공급이 된다. 전력 공급 회로도는 <그림 2-23>과 같다.

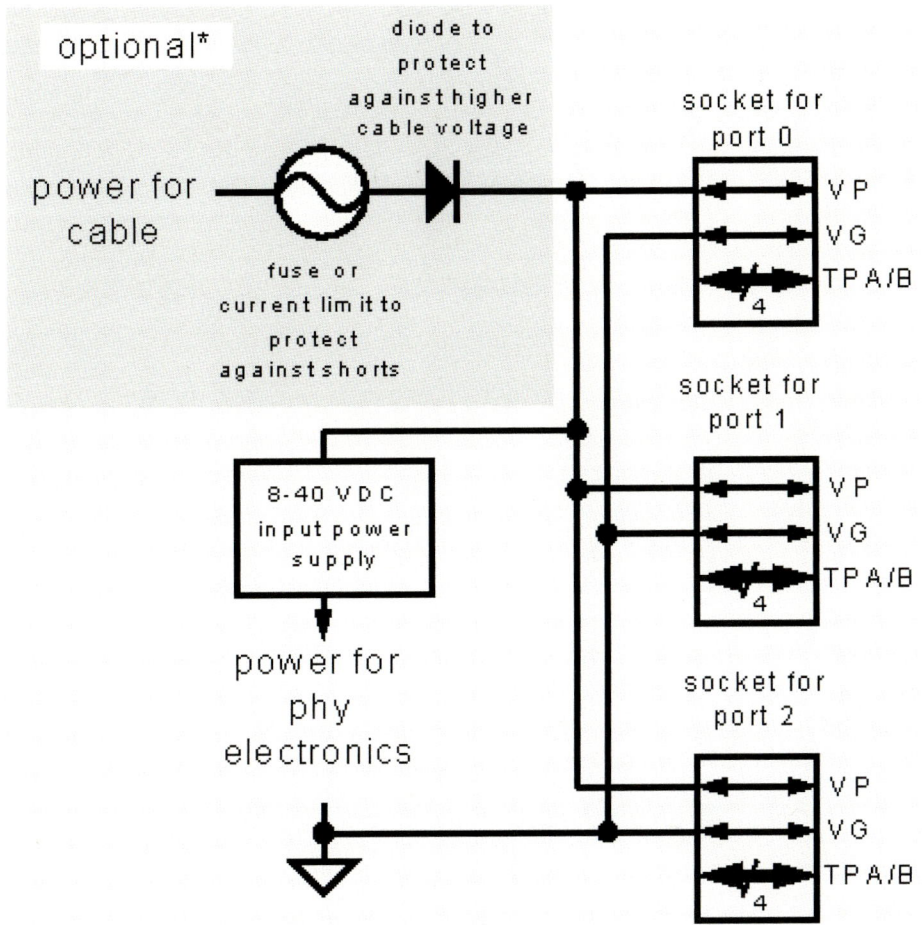

〈그림 2-23〉 전력 공급 인터페이스

주목할 만한 점으로 버스의 전력선이 물리는 노드와 전력 공급을 받는 주변기기의 노드 사이에 다이오드가 연결이 되어 있어서 자체 전력 공급을 받는 주변기기의 경우 높은 전압을 유지하므로 다이오드가 컷-오프 되어서 전력공급이 이루어지지 않고, 반대의 경우 전력이 공급되는 구조를 가지고 있다. 포트당 공급되는 최대 전류크기는 1.5A에 해당하고, 최소 전압은 8VDC, 최대 전압은 40VDC에 해당한다.

그 외의 규격으로 데이터 신호의 최대 rise/fall time은 93.304Mbps의 경우 3.2ns, 196.608Mbps의 경우 2.2ns, 그리고 393.216Mbps의 경우 1.2ns가 되어야 한다. 지터와 스큐에 대한 규격은 <표 2-9>와 같다.

신호	93.304Mbps		196.608Mbps		393.216Mbps		단위
	지터(Max)	스큐(Max)	지터(Max)	스큐(Max)	지터(Max)	스큐(Max)	
송신 신호	0.80	0.40	0.25	0.15	0.15	0.10	ms
수신 신호	1.08	0.80	0.50	0.55	0.315	0.50	7ms

<그림 2-24>는 포트1에서 수신한 데이터를 다른 포트들로 송신하는 과정을 나타낸다.

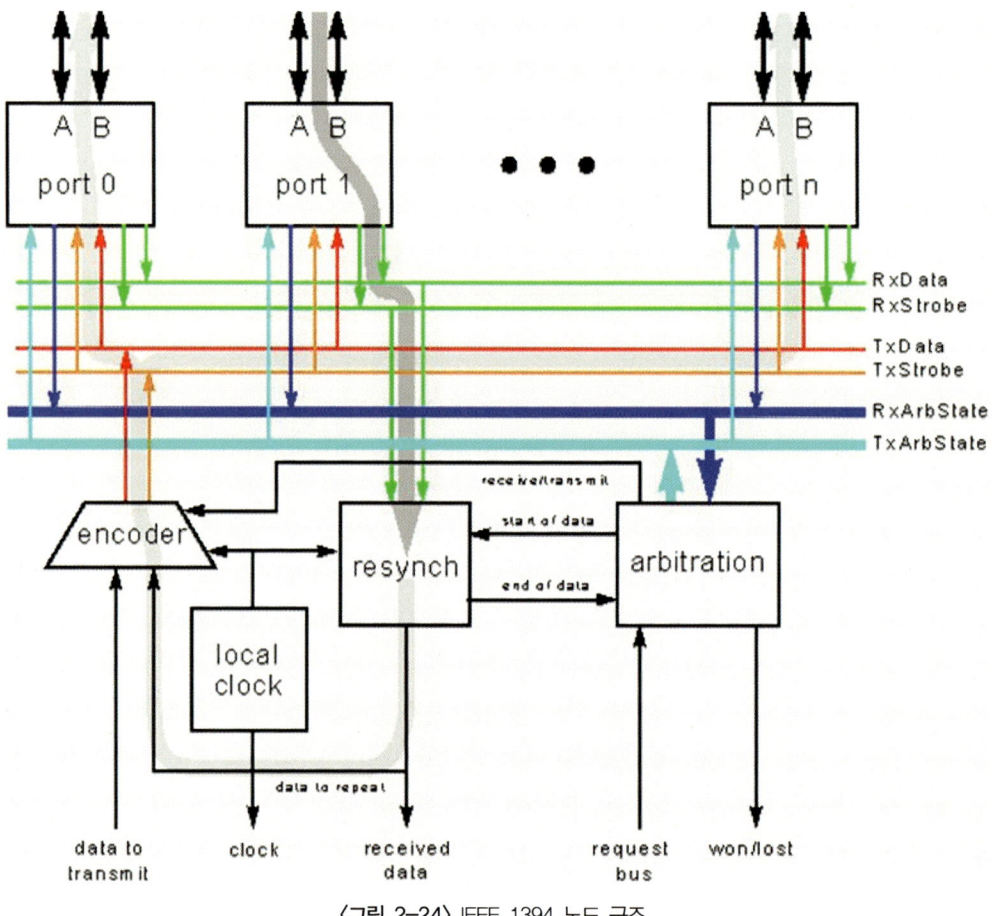

〈그림 2-24〉 IEEE 1394 노드 구조

그림 전체는 하나의 노드에 해당한다. 중재 논리에 의해서 노드1에게 점유권이 이미 주어진 상태이다. 포트1을 통해서 데이터를 수신한다. 수신된 데이터는 자체 지역 클록으로 재동기화시키고 부호화하여 버스에 실리게 된다. 다른 포트들은 RxStrobe신호를 이용하여 그 데이터를 수신하게 된다. 재동기화된 신호를 부화화하기 전에 링크계층으로 보내서 패킷으로 만든 후에 그 패킷 데이터를 부호화하여 버스에 실어 보낼 수도 있다.

버스를 비동기적으로 제어하기 위해서 패킷을 주고받는데, 하나의 패킷은 64비트로 이루어져 있다. 동기전송의 경우 널 데이터를 전송하게 된다. 패킷에는 self-ID 패킷, link-on 패킷 그리고 PHY-configuration 패킷이 있다. self-ID 패킷에는 10(self-ID임을 나타내는 초기비트), phy_ID(노드 번호), link-active(현재 링크가 on되어 있는지에 대한 신호), sp(전송속도), PHY_DELAY(리피터를 사용할 경우 허용되는 최대 지연시간), pwr(버스의 공급되는 전력크기-15W, 30W, 45W), p0……p26(포트번호) 필드 등으로 이루어져 있다. link-on 패킷은 자동적으로 인식되어 power-on되지 않는 노드를 on시킬 때 사용되는데, 01(link-on 패킷임을 나타내는 초기 비트)과 phy_ID(노드번호) 필드로 이루어져 있다. link-on 패킷을 효과적으로 이용하는 방법으로 IEEE 장비를 작동시키는 것만으로도 켜고 끌 수 있다. 예를 들어 모뎀을 통해 전화가 오면 자동적으로 PC가 켜져서 전화를 받을 수 있게 된다. PHY-configuration 패킷은 버스 초기화 이후 특정 노드를 루트 노드로 할당하고, 나머지 포트들에 대해서 차례로 번호를 할당할 때 사용된다. 00(PHY-configuration 패킷임을 나타내는 초기 비트)과 R(이 비트가 set이면 이 노드가 root임을 나타낸다) 필드 등으로 이루어져 있다. 그 외에 노드나 포트에 대한 관리는 각각의 변수가 있는데, 노드변수는 중재과정에서 사용되는 arb_enable, 루트, physical ID, receive_port, parent_port와 같은 값이 쓰이고, 포트변수 역시 중재과정에서 사용되는 child, connected, child_ID_complete, max_speed와 같은 값들이 쓰인다.

케이블 연결 상태 결정은 버스 초기화, 트리 인식, 자기 인식, 일반 중재 과정으로 이루어져 있다. 케이블의 연결 상태를 결정하는 과정은 <그림 2-25>, <그림 2-26>, <그림 2-27>과 같다.

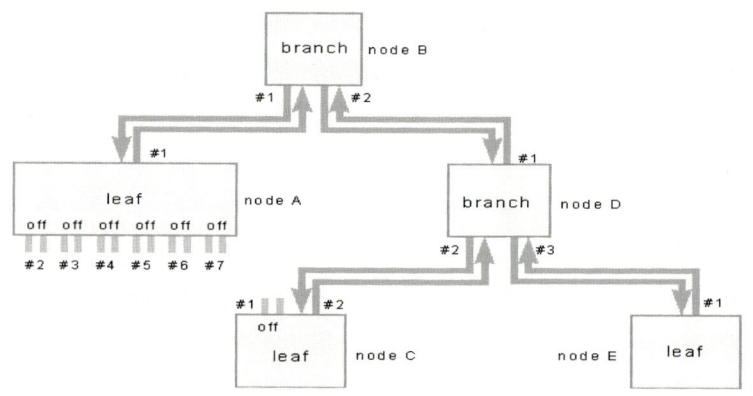

〈그림 2-25〉 버스 초기화 이후의 케이블 상태

버스에 새로운 노드가 추가되면 리셋신호가 모든 이전의 노드 상태를 지운다. 버스 초기화가 이루어지면 가지와 리프(leaf) 상태로만 결정된다. 가지는 하나 이상의 다른 노드와 연결된 상태이고, 리프는 하나의 다른 노드만 연결된 상태를 말한다. A노드의 **off**는 중재 과정에 사용되지 않는 포트를 말한다.

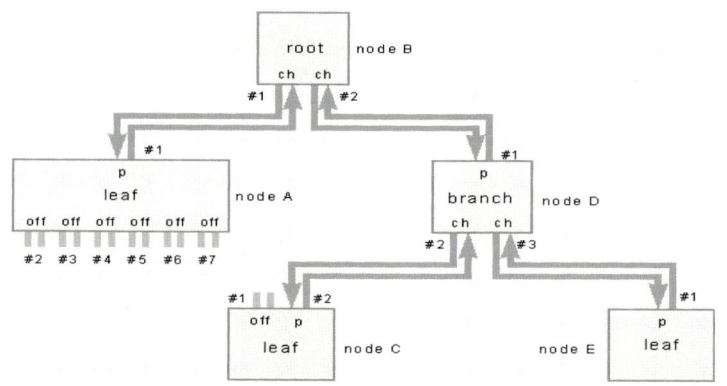

〈그림 2-26〉 트리 인식이 이루어진 후의 상태

임의의 노드가 루트 노드로 결정이 되면 가까운 순서대로 다른 노드의 번호가 결정된다. 루트 방향으로 연결된 포트를 부모 포트라고 하고 반대반향으로 연결된 포트를 자식 포트라고 한다. 주목할 점은 어떤 노드라도 루트 노드가 될 수 있다.

PHY-configuration 패킷에 의해 루트 노드를 임의로 결정할 수 있고, 그것에 따라 버스의 연결상태가 결정된다.

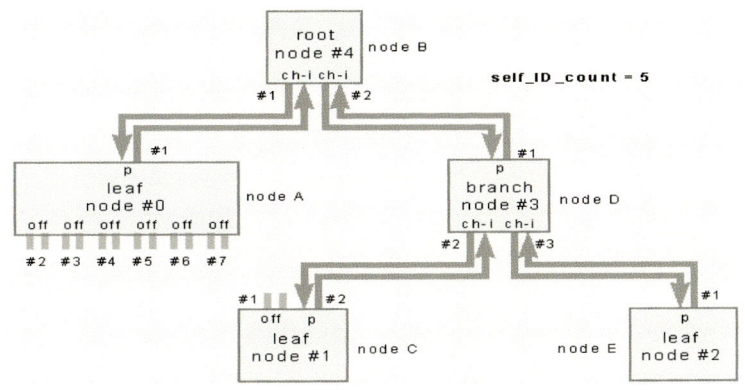

〈그림 2-27〉 자기 인식이 이루어진 후의 상태

각 노드의 자기 주소(self_ID) 패킷이 정해지는 과정이다. 링크 계층을 활성화시키는 데 필요한 전력크기, 속도정보, 포트의 연결 상태, 전송 속도 정보 등이 정해진다. 위의 과정을 통하여 케이블의 연결 상태가 결정된다. 그러면 패킷을 전송하는 예를 들어 중재 과정이 어떻게 이루어지는지 살펴본다.

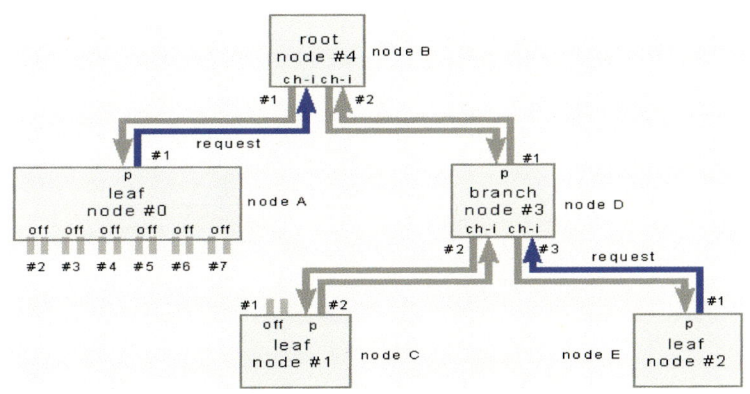

〈그림 2-28〉 중재 첫 번째 단계

A노드와 E노드가 동시에 상위 노드에 패킷전송을 위한 요청 신호를 보낸다고 가정한다. E노드의 상위인 D노드는 그 위의 상위노드로 요청 신호를 보내고, 아래의 하위노드에게는 버스사용을 금지하는 **data_prefix** 신호를 보낸다.

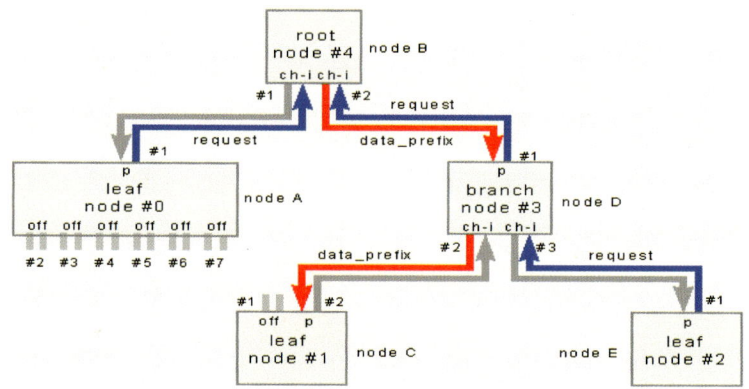

〈그림 2-29〉 중재 두 번째 단계

　같은 방식으로 B노드는 상위노드로 요청 신호를 보내야 하지만 루트 노드이므로 보내지 않고, 다른 하위노드(D노드)에서 data_prefix신호를 보낸다. 루트 노드는 A노드에게 허용신호를 보낸다. data_prefix신호를 받은 D노드는 하위노드에게 data_prefix신호를 보낸다.

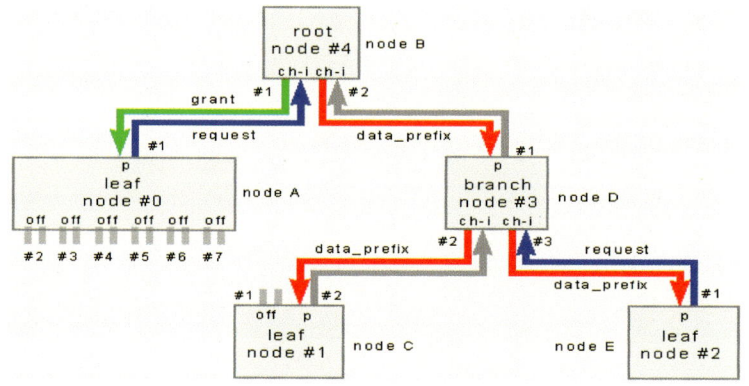

〈그림 2-30〉 중재 세 번째 단계

　data_prefix신호를 받은 E노드는 요청을 유보한다. A노드는 data_prefix신호를 보내서 데이터 전송을 시작하겠다는 것을 다른 노드들에게 알린다.

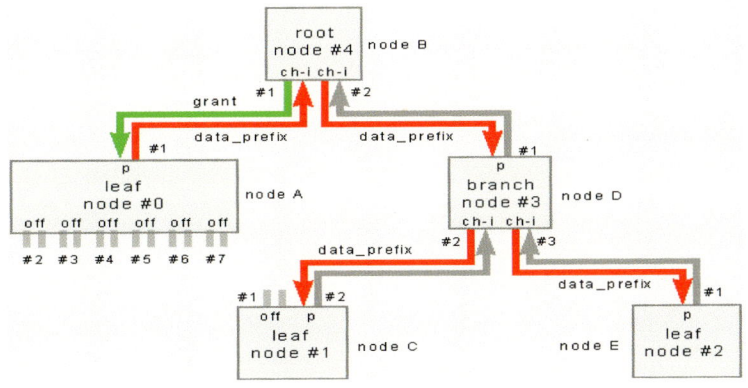

〈그림 2-31〉 중재 네 번째 단계

A노드로부터 data_prefix를 받은 루트 노드 역시 버스의 사용이 금지된다. 이때부터 A 노드는 버스를 점유하고 포트1을 통해 데이터 전송을 시작한다.

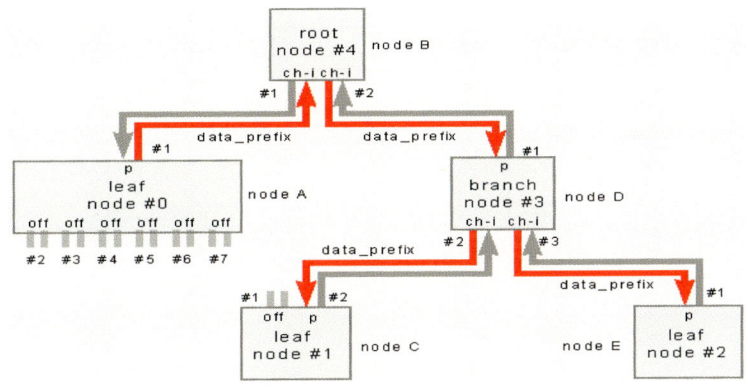

〈그림 2-32〉 데이터 전송 시작

이상에서 살펴본 물리 계층의 기능 및 동작을 종합하면 <그림 2-33>과 같다. IEEE 1394 프로토콜은 물리계층, 링크계층, 트랜잭션 계층으로 구성되어 있다. IEEE 1394 프로토콜의 트랜잭션 계층에서는 IEEE 1394의 버스 트랜잭션을 제공하기 위한 요청 및 응답 프로토콜을 처리하며, 링크계층에서는 서비스 데이터를 IEEE 1394 패킷으로 변환시킨다.

PH_DATA request, PH_CLOCK.indicate, PH_DATA.indicate, PH_ARB.request, PH_ARB.confirm 과 같은 신호는 트랜잭션 계층에서 만들어진다. 링크계층은 동기 전송 혹은 비동기 전송을 결정하여 각 전송 방식에 맞는 패킷 형식으로 변환한다. 물리계층은 트랜잭션 계층의 데이터 요청에 따라 버스를 중재, 노드의 중재권을 할당받고, 그 노드의 정해진 포트로 수신된 데이터를 자체 내부 클록에 맞추어 수신하거나, 송신할 데이터를 자체 지역 클록에 맞추어 부호화를 한 후에 버스를 통해 다른 포트로 보내게 된다.

IEEE 1394의 경우 그 실시간성과 고속 지원 가능성으로 멀티미디어 통신 외에도 로봇이나 메카트로닉스, 그리고 산업용 응용 장치에도 활용될 수 있다.

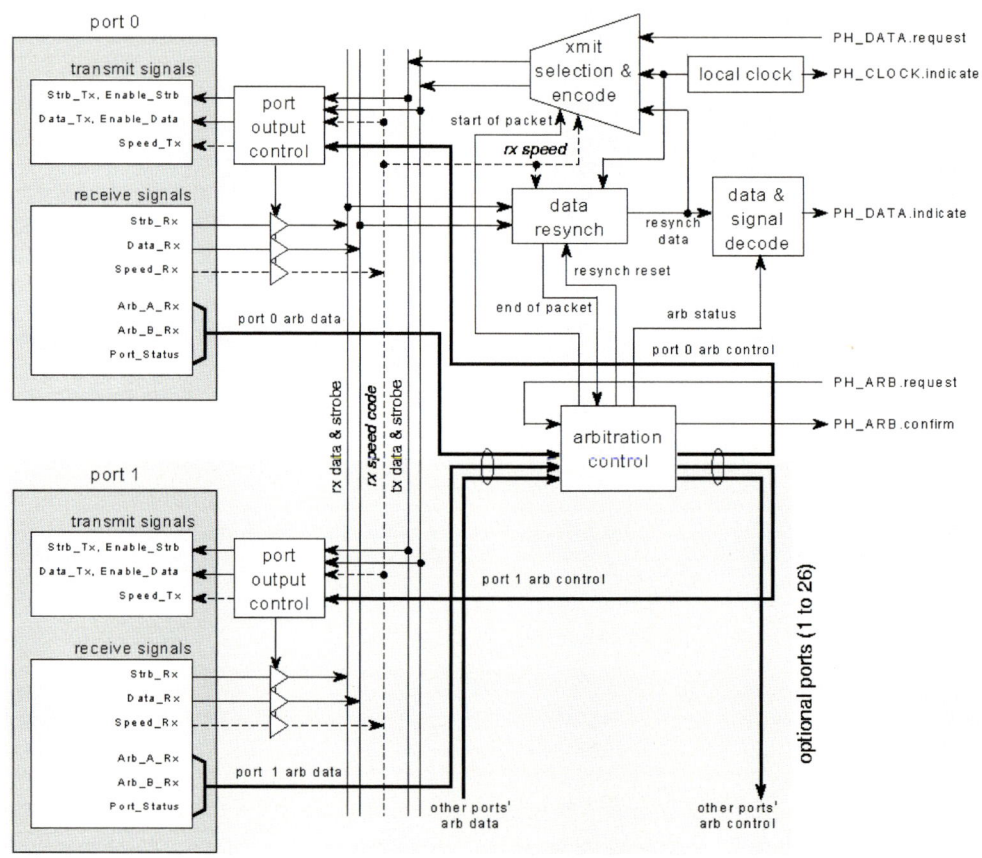

〈그림 2-33〉 IEEE 1394 물리 계층 전체 블록

2.4 범용 직렬 버스 통신: USB 기술 소개

2.4.1 개요

PC와 주변 기기를 중심으로 한 네트워크 기술로 개발된 USB 기술은 인텔사에서 제안되어 Compaq, DEC, IBM, Microsoft 등 여러 컴퓨터 관련 회사들을 중심으로 제정된 표준안이다. 1996년 1월에 1.0 버전이 출시되었으며, PC용 주변 기기들을 최대 127개까지 연결 가능한 범용 인터페이스 표준이다.

<그림 2-34>는 USB의 물리적인 연결 형태를 나타낸다. 그림에서 보는 바와 같이 USB는 계층구조의 트리를 통해 연결된다. USB 주변장치에는 하나의 포트가 있으며 포트에 연결된 허브를 통해서 다시 상하층의 USB 디바이스들이 연결되는 구조이다. 각각의 주변장치 내부는 데이터 신호의 송수신하고 버스를 제어할 수 있는 루틴을 가지고 있다. 하지만 보통의 경우 USB 케이블로 연결된 허브와 함께 주변장치가 하나의 복합장치를 이루어 데이터 송수신 및 버스 제어를 하게 된다. 하지만 우선적으로 버스 초기화 시에 호스트로부터 자원을 할당받아야 이런 기능들이 가능하다.

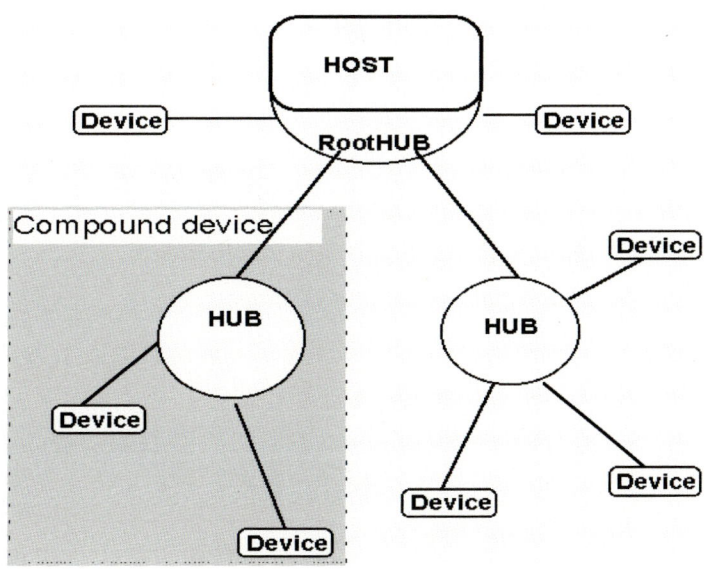

〈그림 2-34〉 호스트와 주변기기와의 연결

USB 연결을 위한 케이블 인터페이스는 <그림 3-35>와 같다. 그림에서 보는 바와 같이 데이터 선 두 개와 전원 선으로 구성되어 있다. 연결포트는 기존의 키보드나 PS/2 마우스처럼 원형 포트로 되어 있지만, 네 개의 선이 나오는 4핀으로 만들어진다. USB 장비들의 전원 공급도 IEEE 1394와 같이 USB 포트의 케이블을 통해서 이루어질 수 있다. USB 주변장비는 케이블과 맞물린 포트를 통해서 전원을 공급받게 된다. 많은 전력을 소모하는 장비일 경우는 별도로 전원을 공급받을 수 있도록 설계할 수 있다. 공급전원 VBus는 + 5V의 값을 가진다.

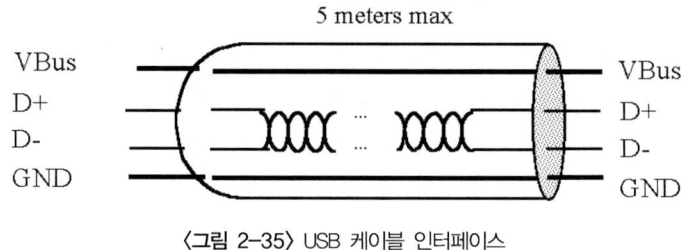

〈그림 2-35〉 USB 케이블 인터페이스

그 외 USB의 특징으로 IEEE 1394와 같이 PnP기능을 제공하고 있어 주변 장치의 연결이 용이할 뿐만 아니라 PC를 끄지 않고도 주변 장치의 설치와 제거가 가능한 특징을 갖고 있다. USB는 최대 12Mbps의 전송속도를 지원하고 양방향 비동기식(asynchronous) 전송과 등시방식(Isochronous) 전송이 모두 가능하다. 작은 비용으로 구현 가능할 수 있기 때문에 현재로는 컴퓨터 backplane에 연결되어 있는 여러 포트들을 직렬화 하는 것에만 주로 사용되고 있다.

2.4.1절에서는 USB의 개요 및 토폴로지에 대해서 기술하였고, 이하부터는 USB의 물리 계층에 대해서 기술한다.

2.4.2 규격

USB 1.0은 최고 12Mbps의 전송속도를 지원한다. 이것이 가능한 것은 IEEE 1394처럼 차등 출력 드라이버 방식을 사용하기 때문이다. 공통 모드 방식의 경우 단잡음, 열잡음, 지면접지와 라인 드라이버 사이의 코일/커패시터 성분 등과 같은 잡음 성분의 영향이 많기 때문에 고속 지원에 한계가 있다. 하지만 차등모드 방식은 두 선 사이의 신호레벨 차이에 의존하는데, 두 선이 공통의 잡음을 겪기 때문에 차등에 의해서 그 영향이 사라진다. 라인 드라이버는 12Mbps와 1.5Mbps 두 가지 전송속도를 지원한다. 일반적으로 12Mbps는 모든 허브의 주변기기에서 호스트까지의 상향 데이터 전송에 이용되고, 1.5Mbps는 호스트에서 주변기기까지의 하향 데이터 전송에 사용된다. 각각의 전송속도에 대한 라인 드라이버의 특성을 정리하면 <표 2-10>과 같다. 길이의 제한이 있는 것은 신호 전파 지연에 따른 것이다. 일반적으로 허용되는 최대 지연 시간은 30ns이다(12Mbps의 경우 비트 셀 타임은 83ns가 된다).

〈표 2-10〉 USB 라인 드라이버의 특성

	라인의 종류	라인의 길이	라인의 특성저항	드라이버의 등가저항	신호의 rise/fall time
12Mbps	차폐 꼬임 쌍선	최대 5m	90Ω±15%	29Ω~44Ω	4ns~20ns
1.5Mbps	비차폐 쌍선	최대 3m	90Ω±15%	29Ω~44Ω	> 75ns

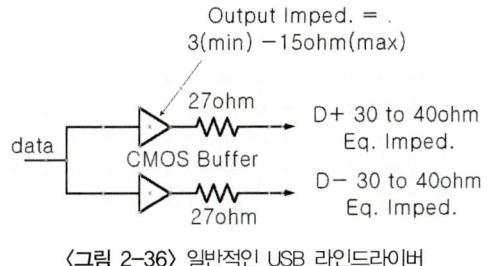

〈그림 2-36〉 일반적인 USB 라인드라이버

<그림 2-36>은 일반적인 USB 라인 드라이버를 나타낸다. 드라이버의 저항은 CMOS 드라이버에 의해서 조정이 된다. 꼬임선은 서로 꼬여 있기 때문에 같은 잡음을 겪을 확률이 많아져 12Mbps의 고속 전송에 사용되고, 꼬이지 않은 선은 잡음 확률이 떨어지기 때문에 1.51Mbps의 저속 전송에 사용된다. 신호의 상승/하강(rise/fall) 시간은 RFI(Radio Frequency Interference)와 상관이 있다. 상승/하강 시간이 클수록 RFI 방출이 작아진다. <표 2-10>에서 정해진 상승/하강 규격은 시간 미국 FCC단체에서 규정하고 있는 RFI 클래스 B 규격을 맞추기 위함이다.

수신단의 경우 신호의 스윙은 0.8~2.5V이다. 즉 수신단은 TTL 입력으로 들어오는 신호가 0.8V와 2.0V 두 지점에서 스위치를 cut-off와 포화 상태로 전환시킨다. Differential "1"은 {(D+) − (D−) > 200mV, (D+,−) > (DSE)}이고 Differential "0"은 {(D+) − (D−) < 200mV, (D+,−) > (DSE)}인 상태이다. 데이터의 처음과 끝을 나타내는 Start of Packet/End of Packet, 그리고 주변기기의 연결상태를 나타내는 끊음, 연결 그리고 데이터 전송을 유보시키는 정지/재시작 등과 같은 버스 상태에 관한 신호 레벨들을 정리하면 <표 2-11>과 같다.

Bus State	신호 레벨	
	송신단	수신단
차등 전압 1	(D+) − (D−) > 200 mV and D+ or D− > V_SE(min)	
차등 전압 0	(D+) − (D−) < −200 mV and D+ or D− > V_SE(min)	
Data J State		
1.51Mbps	차등 전압 0	
12Mbps	차등 전압 1	
Data K State		
1.51Mbps	차등 전압 1	
12Mbps	차등 전압 0	
Idle State		
1.51Mbps	차등 전압 0 and D− V_SE(max) and D+ V_SE(min)	
12Mbps	차등 전압 1 and D+ V_SE(max) and D− V_SE(min)	
Resume State		
1.51Mbps	차등 전압 1 and D+ V_SE(max) and D− V_SE(min)	
12Mbps	차등 전압 0 and D− V_SE(max) and D+ V_SE(min)	
Start of Packet(SOP)	Idle → K State	
End of Packet(EOP)	D+ and D− V_SE(min) for 2 비트 times followed by Idle for 1 비트 time	D+ and D− V_SE(min) for 1 비트 time followed by J State
Disconnect(상향)		D+ and D− V_SE(max) for 2.5us
Connect(상향)		D+ or D− V_SE(max) for 2.5us
Reset(하향)	D+ and D− V_SE(min) for 10us	D+ and D− V_SE(min) for 2.5us (recognized within 5.5us)

비연결과 연결은 상향에만 가능하고, Reset은 하향에만 가능하다. 비연결신호와 연결신호가 어떻게 만들어지는지는 주목할 만하다. 주변기기로 연결되는 허브 포트는 <그림 2-37>과 같이 구성된다. 주변기기 포트가 연결이 안 된 상태에서는 D+를 어느 임계값 이하의 전압으로 강하시킨다. 이 신호를 받았을 경우 호스트는 현재 연결이 안 된 상태로 인식한다. 반면에 주변기기 포트는 연결되어 있지만 데이터 신호가 전송되지 않는 상태에서는 D+는 pull-up저항에 의해 2.8V로 상승이 되고 D−는 접지가 되는 평형상태(quiescent bias condition)가 된다. 이 신호를 받은 호스트는 현재 아이들상태로 인식한다. 그리고 연결 절차를 통해 연결상태를 유지하게 된다. <그림 2-38>과 <그림 2-39>는 호스트가 인식하게 되는 비연결신호와 연결신호를 나타낸다.

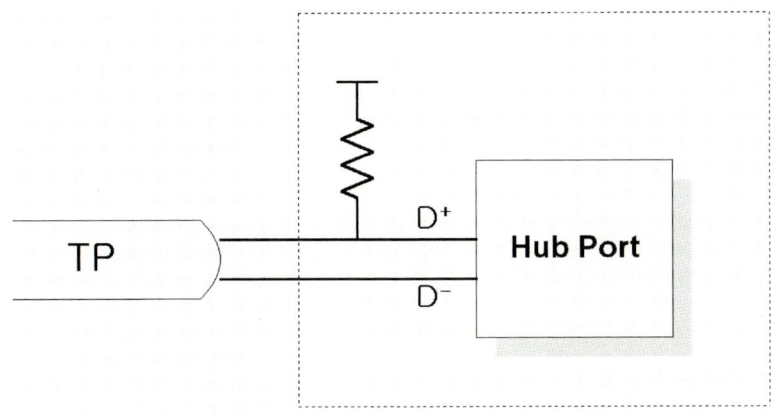

〈그림 2-37〉 케이블과 허브포트와의 연결

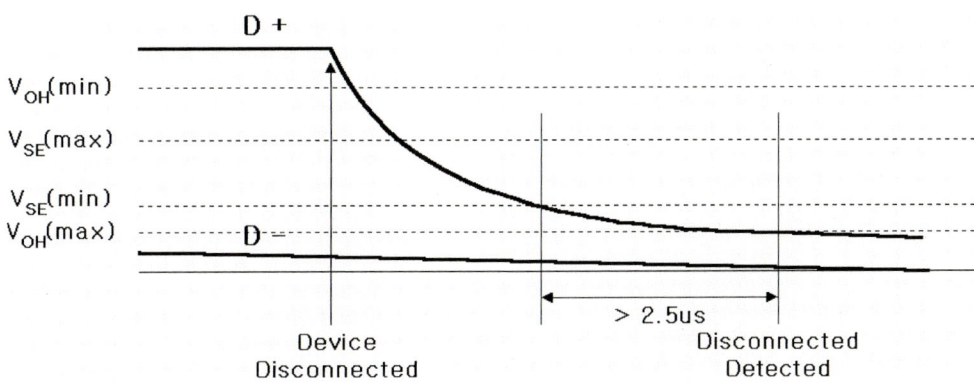

〈그림 2-38〉 호스트의 주변기기 비연결 인식신호

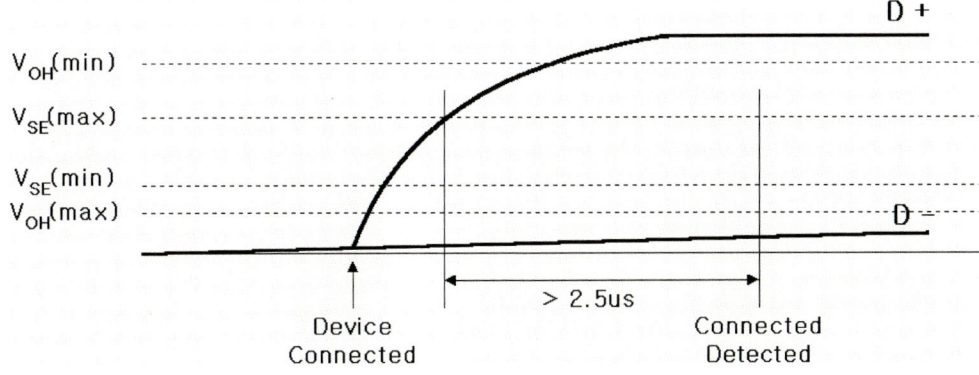

〈그림 2-39〉 호스트의 주변기기 연결 인식신호

이진데이터에 대한 부호화는 NRZI부호화 방식을 사용한다. NRZI이란 0비트에서만 신호레벨이 토글되는 방식을 말한다. 하지만 계속된 1이 들어올 경우 DC 신호가 들어오므로 비트 스터핑을 NRZI부호화하기 전에 해 준다. 비트 스터핑은 연속된 여섯 개의 1이 들어올 경우 0을 그다음에 채우는 방식으로 한다. 그렇게 함으로써 DC 성분을 예방한다. 그리고 각각의 패킷은 맨 앞에 Sync 패턴을 가지고 있는데, 0x80의 값을 가진다. 즉 1000000이 NRZI부호기를 통과한 데이터가 Sync 패턴이다. 데이터 부호화 과정은 <그림 2-40>과 같다.

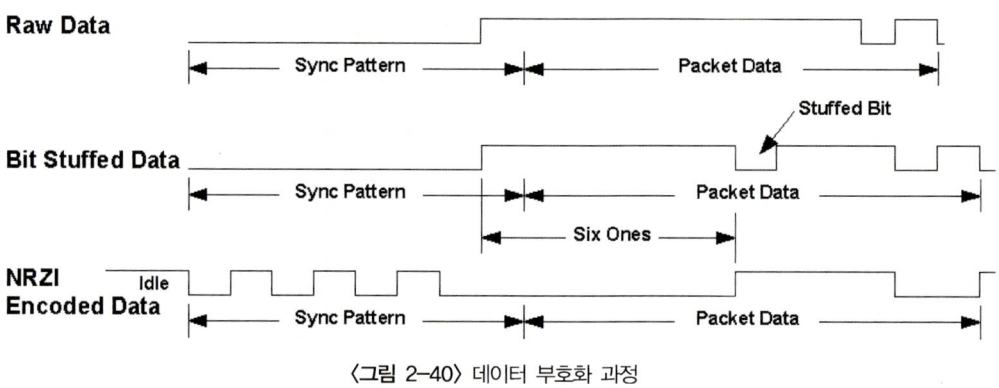

〈그림 2-40〉 데이터 부호화 과정

그 외의 규격으로 프레임 간의 간격은 1ms로서 ±0.05% 오차가 허용되고, 데이터 전송 속도는 12Mbps의 경우 ±0.25%, 1.5Mbps의 경우 ±1.5% 오차의 허용된다. rise/fall time은 12Mbps의 경우 최소 4ns, 최대 20ns까지 허용되고, 1.5Mbps의 경우 최소 75ns, 최대 300ns 범위 내에 들어야 한다. 송신 데이터 신호의 지터는 12Mbps의 경우 ±2.0ns, 1.5Mbps의 경우 ±25ns 범위 내에 들어야 한다.

2.4.3 USB 2.0

USB(Universal Serial Bus) 2.0이 제1세대였던 USB 표준을 승계하면서 2002년 대부분의 pc용 장치에 사용되고 있다.

USB 1.x보다 40배 빠른 속도를 제공하는 USB 2.0은 단일 호스트 설계에서 가용 대역폭의 양을 대폭 증가시켰다. 이것은 USB 1.1에서는 제한 요인이었다. 속도에 대한 증가 요구에 따라 하드 디스크, 광 드라이브, 스캐너 등 높은 속도가 필요한 PC 주변기기들이 USB 2.0을 채택하기 시작했다.

가전 기기들은 PC 주변기기보다는 천천히 USB 2.0을 채택할 것이지만, 가전 기기들은 PC 주변기기만큼 PC와 밀접하게 연관되어 있지 않으므로 PC 주변기기와 동일한 속도가 필요하지 않을 때가 많다. 따라서 저렴한 내장형 USB 2.0 솔루션의 출현은 임베디드 장치를 기반으로 한 가전 시장에서 USB 확산의 가속화에 일조할 것이다.

USB 2.0의 장점인 빨라진 전송속도를 USB 1.x와 비교해 보면, USB 1.1은 저속 모드로 1.5Mbps, full speed 모드로 12Mbps를 지원하지만, USB 2.0은 저속 모드와 40배 빠른 최대 480Mbps를 지원하는 high speed 모드가 제공된다. 주요한 응용으로는 이러한 큰 밴드 폭을 필요로 하는 외장 저장장치, 고속 통신망, 컬러프린터, 스캐너 등에 사용된다. 또한 USB 2.0은 USB 1.1에 비해 성능이 향상되었을 뿐 아니라 USB 1.1 장치들과 포워드(forward) 호환성과 백워드(backward) 호환성을 제공하는 장점이 있다. 따라서 기존의 USB 1.1 환경에서도 USB 2.0 디바이스가 그대로 동작하는 장점을 가지고 있다.

CHAPTER 03

무선 네트워크 기반 임베디드
시스템 관련 통신 기술

무선 근거리 네트워크 기술(Wireless personal area network: WPAN)은 유비쿼터스 네트워킹, 댁내 망의 구현 기술로 학계 및 관련 업계에서 활발히 연구 개발이 진행 중인 중요 분야이다.

현재 상용화된 무선 기술은 IEEE 802.11 무선 근거리 네트워크 기술이다. Access Point 를 통해 유선 인터넷에 접속하는 무선 기술로 사용된다. 기존의 802.11 표준의 속도가 11Mbps에 그치고, QoS 지원이 어려운 MAC 방식을 보완하기 위해, 속도가 54Mbps에 이르는 802.11a와 QoS를 보강한 802.11e 규격이 최근에 제정되었다. 하지만, 거리가 100m 반경에 이르러야 하므로 전력 소모량 문제, 구현 가격 문제, 멀티미디어 스트림을 위한 QoS 등에 있어 한계를 지닌다(<그림 3-1>, <표 3-1>을 참조).

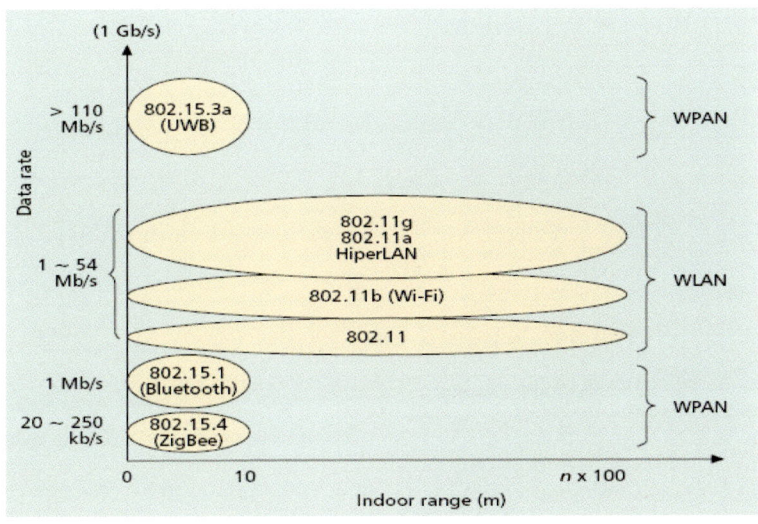

〈그림 3-1〉 Wireless 네트워킹 기술

〈표 3-1〉 기술 조사의 내용: 유비쿼터스 네트워크의 2가지 구현 기술

유비쿼터스 네트워크의 구현 기술			
WPAN(표준화 동향을 중심으로)		RFID/USN(학계 동향을 중심으로)	
IEEE 802.15.3b	High Rate MAC maintenance • 개정안이 Letter Ballot에 부쳐진 상태 • 표준화 개정 작업 및 드래프트 정리	RFID MAC	Anti-collision algorithm • Time complexity 외에 전력 이슈 등장 Reader collision problem • 최근 새롭게 부각 • MIT, UIUC에서 연구
IEEE 802.15.4b	Low Rate MAC maintenance • 개정안이 Letter Ballot에 부쳐진 상태 • 표준화 개정 작업 및 드래프트 정리	Sensor Network	Energy conservation MAC • tradeoff between energy and latency
IEEE 802.15.5	Mesh Networking • Proposal을 모집하는 상태 • PAR, 5C, CFP 등 문서 분석 • 표준화 기술적 이슈 정리/예상		

반면 고속 WPAN(IEEE 802.15.3-based) 기술은 10m 이내의 짧은 범위(short-range)에서 휴대기기들 간에 초고속 멀티미디어 스트림을 지원할 수 있는 55Mbps의 새로운 MAC과 PHY를 2003년도 7월에 제정하였다. 배터리에 의존하는 휴대기기를 위해 전력 소모량을 적게 하고, QoS를 위해 TDMA 방식을 채택한 것이 MAC의 큰 특징이다. 또한 구현 가격도 적고 초고속 10m 범위 안에서 110Mbps, 4m 범위 안에서 200Mbps 전송이 가능한 새로운 PHY(UWB)가 802.15.3a에서 제정 중이어서 고속 WPAN에 대한 통신, 가전업체들의 관심이 매우 뜨겁다.

WPAN 기술은 WLAN 기술에 비해 우리나라의 아파트와 같이 사용효용이 높은 10m 범위에 최적화되어 있기 때문에 애드 혹 네트워크에 보다 적합하며, 향후 WLAN 기술은 현재와 같이 데이터 전송을 위주로 한 인프라 접속용으로 사용되고, WPAN 기술은 멀티미디어 스트림을 주로 하고 인프라 없이 언제 어디서나 애드 혹 네트워크를 구성하는 데 사용되어, 서로 영역을 달리하여 발전할 것으로 예측된다.

이동 애드 혹 네트워크(Mobile Ad-hoc NETwork: MANET)의 개념이 나온 지도 어느덧 10년을 넘고 있는데, 그간 라우팅과 같이 이론적인 부분에 치우쳐 프로토콜의 표준화도 더뎠고, 이렇다 할 시장 형성을 이루지 못한 것이 사실이다. 하지만, 무선 통신이 점점 짧은 범위에서의 고속화로 진행됨에 따라 애드 혹 네트워크의 시장형성이 가시화되고 있으

며 UWB(Ultra Wide Band)가 새롭게 상용으로 사용이 허용되어 이에 대한 연구들도 관심이 증가하는 추세이다. 거의 모든 업체들이 댁내 망의 무선 연결용으로 WPAN 기술이 사용될 것으로 내다보고 있다.

본 장에서는 무선 통신기술에 대표적인 IEEE 802.11 계열 및 근거리 통신기술인 IEEE 802.15 계열 및 RFID를 중심으로 설명을 한다.

3.1 IEEE 802.11(WLAN) & HIPERLAN

3.1.1 IEEE 802.11 Standard 개요

무선 랜(WLAN)을 위한 IEEE 표준은 1988년의 IEEE 802.4L로부터 시작하였다. 그리고 1990년에 명칭을 IEEE 802.11로 개명하고, 그해 기술적인 부분에 대한 정리를 완료하였다. 이 표준의 목적은 1980년대 중반, 미국의 FCC(Federal Communications Commission)가 할당한 산업용(Industry), 과학용(Scientific), 의학용(Medicine) 주파수인 ISM 주파수 영역을 사용하는 무선 LAN 개발을 표준화하는 것이다. 이렇게 할당된 주파수 영역은 902~928MHz, 2,400~2,483.5MHz, 5,725~5,850MHz이다. 따라서 이미 개발된 제품을 기반으로 제정된 표준이기 때문에, 기술적이거나 시장성을 고려한 쟁점이 다수 존재한다.

3.1.2 IEEE 802.11의 전송 방식

IEEE 802.11에서는 OSI 7 계층으로 분류할 때, 주로 물리 계층과 데이터 링크 계층에서 MAC 부 계층에 대하여 정의하고 있다. 매체 접근 제어(MAC) 계층은 같은 공간과 시간에 다수의 통신망이 공존하는 것을 허용한다. 즉, 전송 매체를 같이 나누어 쓸 수 있고, 서로 간의 간섭 현상에 대해서 강인성을 가지고 있다. 이와 같은 환경에서 매체 접근 제어를 하기 위해서 802.3과 유사한 방식을 쓴다. 802.11을 위한 프로토콜은 CSMA/CA(Carrier-Sense Multiple-Access/Collision Avoidance)이다. 이 방식은 물리 매체 상에서 충돌을 피하기 위해서 물리 계층에서 CCA(Clear Channel Assessment) 알고리즘을 이용한다. 이 방식은 수신된 신호의 세기를 측정해서 일정 수준 이상의 경우, 다른 스테이션에서 전송 중이라고 판단하고 전송을 미룬다. 대신 일정 수준 이하일 경우, 채널에 전송을 개시하여도 좋은 상태라고 판단한다. 표준에서는 802.3에서 사용하는 CSMA/CD(CSMA/Collision Detection)의 방법도 선택 사양으로 정의해 놓고 있다. 그러나 이 방식의 경우, 매체에 해당하는 공간에 다른 주파수의 전파도 떠 있으므로 802.11의 프로토콜에 의한 전송인가를 판단할 수 있는 민감한 감지를 보장할 수 있어야 한다.

그리고 충돌 현상을 방지하기 위해서 전송과정을 RTS(Request_To_Sender), CTS(Clear_

To_Send), 데이터와 ACKnowledge 프레임을 순서에 맞추어 보낸다. 먼저 전송하고자 하는 스테이션에서는 목적지의 주소와 전송할 메시지의 길이를 가지고 있는 RTS 프레임을 보낸다. 이 프레임을 받은 스테이션 중에서 목적지에 해당하는 스테이션은 수신할 준비를 하고 나머지 스테이션들은 메시지 전송 길이에 의해서 판단할 수 있는 전송 시간 동안 전송 매체에 접근하지 않는다. 수신할 스테이션은 RTS 프레임을 받고 나면 CTS 프레임을 송신 스테이션으로 응답한다. 만약 RTS 프레임을 전송한 스테이션이 CTS 프레임을 수신하지 못하면, 앞서서 전송한 RTS 프레임이 충돌에 의해서 손상되었다고 판단하고 RTS를 재전송한다. 정상적인 RTS, CTS 프레임의 교환이 끝나면 데이터 프레임이 전송이 시작된다. 그리고 전송이 끝나면, ACK가 보내어진다. <그림 3-2>는 802.11에서의 전송방식을 보여 준다.

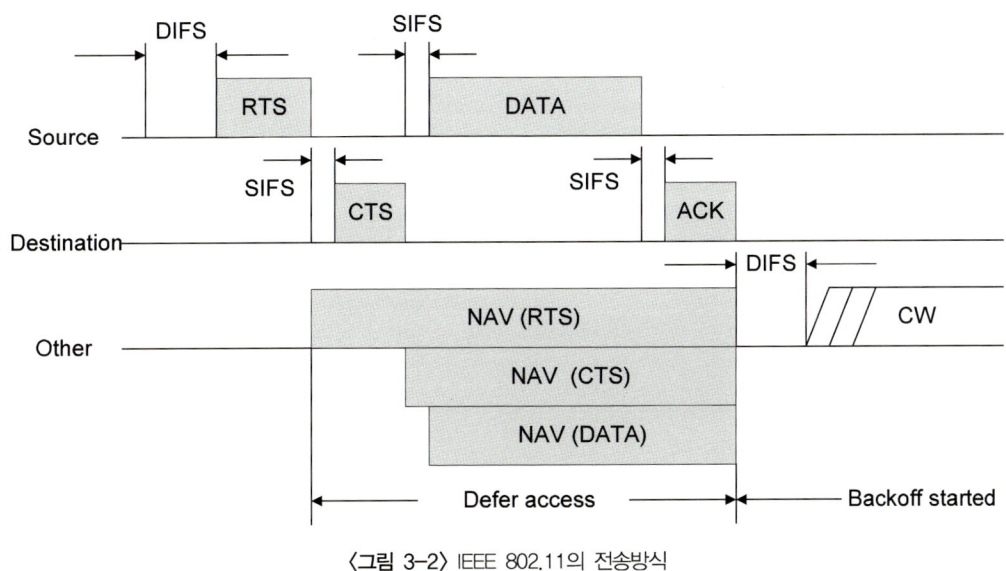

〈그림 3-2〉 IEEE 802.11의 전송방식

3.1.3 IEEE 802.11의 네트워크 형상

먼저 애드 혹 네트워크인 경우, 움직일 수 있는 단말기들은 서로 독립적인 BSS(Basic Service Set)들 사이에서 통신이 가능하다. 이와 같은 경우, BSS에서 정의된 ID를 가지고 있고, 시간적인 기준을 제공할 수 있는 움직이는 단말이 BSS에 하나가 있어야 한다. 이 구조는 <그림 3-3>의 (a)에 나와 있다.

기간망의 형상을 가지는 경우, 움직이는 단말은 AP(Access Point)를 통해서 기간망과 접속할 수 있다. AP는 802.11 네트워크와 유선 백본(backbone)망과 접속할 수 있는 기능을 제공한다. 그리고 개별적인 BSS들은 AP를 통해서 유선망으로 연결되어 하나의 ESS(Extended Service Set)라는 기간망을 이룬다. 기간망의 형상에서 움직이는 단말은 자신이 속해 있는 ESS에 대한 접속성을 보장받으면서 다른 BSS로 이동할 수 있다. 이 구조는 <그림 3-3>의 (b)에 나와 있다.

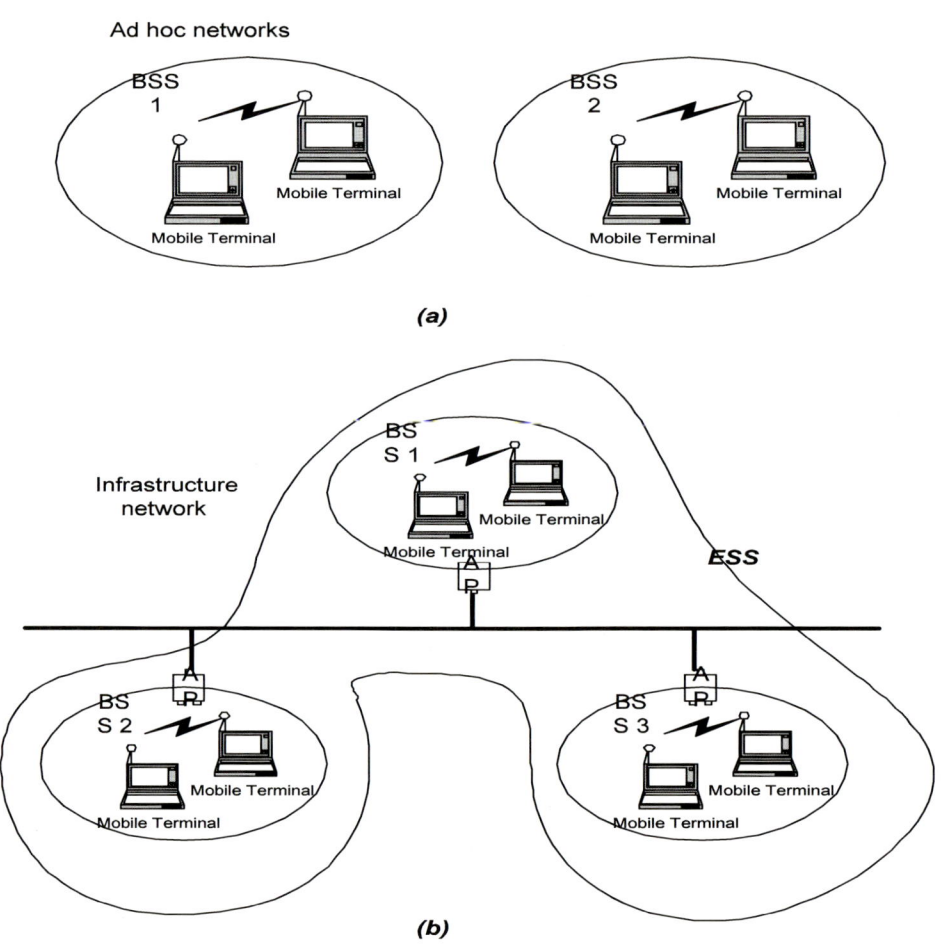

〈그림 3-3〉 IEEE 802.11에 의해서 지원되는 네트워크 형상

3.1.4 HIPERLAN

3.1.4.1 HIPERLAN 개요

HIPERLAN(High-Performance Radio LAN) 표준은 고속 무선 LAN의 유럽형 표준으로서, ETSI(European Telecommunications Standards Institute)의 RES-10 그룹에 의해서 만들어졌다. 이른바, HIPERLAN I이라고 불리는 HIPERLAN은 1992년에 이 그룹에 의해서 처음으로 명명되어졌다. 그리고 같은 해, 표준화가 종료되었다. HIPERLAN은 5.2GHz 대역에 전통적인 라디오 변조방식을 사용해서 전송을 하는데, 2~23Mbps의 전송속도를 지원한다. 다른 버전의 HIPERLAN은 ATM이나 다른 용도로 사용되는 무선 통신을 위한 것이다. 이들은 현재 표준화를 위해서 논의 중에 있다.

3.1.4.2 HIPERLAN의 전송 방식

HIPERLAN은 5.176467GHz를 기준으로 23.529MHz씩 5개의 채널로 구성되어 있다. 사용되는 변조 방식은 GMSK(Gaussian Minimum Shift Keying)인데 인접 채널 간의 간섭을 줄이고 증폭기의 효율성을 증대시키기 위하여 채택되었다. 10^{-3} 이하의 패킷 에러율을 유지하여야 하고, 이를 위해서 BCH code가 16개의 인터리브 코드워드(Interleaved code-word)마다 적용된다.

매체 접근 제어용 프로토콜은 CSMA/CD 방법을 기본으로 하고 있다. 1,700비트 기간 동안 캐리어가 감지되지 않으면, 어느 노드든지 전송을 시작할 수 있다. 만약 매체에 캐리어가 감지되는 경우에는, 우선순위(prioritization), 소거(elimination), yield 위상의 순서에 의해서 매체에 대한 접근이 이루어진다. 우선순위 단계(prioritization phase)에서는 미리 할당된 스테이션의 전송 우선순위에 의해서 매체를 점유하고 싶다는 메시지를 보낸다. 이때 같은 우선순위를 가진 스테이션이 동시에 이 메시지를 보낼 수 있는데, 이를 위해서 소거 단계(elimination phase)에서 경쟁하게 된다. 다음 단계인 yield에서는 전송을 개시하지만, 만약 캐리어가 감지되면, 전송 지연을 통해서 충돌을 방지한다.

3.1.4.3 HIPERLAN의 네트워크 형상

HIPERLAN I 네트워크에서는 멀티 홉과 애드 혹 구성을 지원한다. HIPERLAN은 멀티 홉을 이용해서 원거리의 통신을 구현할 수 있다. 각각의 HIPERLAN 노드들은 전송노드

(forwarder node) 혹은 비전송노드(nonforwarder node)가 될 수 있다. 비전송노드인 경우, 단순히 자신의 주소로 향하는 패킷만을 받아들인다. 반면, 전송노드인 경우, 자신의 주소가 아니면, 이를 근처의 다른 노드들에게 재전송한다. 비전송노드는 적어도 하나의 인접 노드를 전송노드로서 선정해야 한다. 이러한 라우팅과 HIPERLAN의 동작을 유지하기 위해서, 전송노드와 비전송노드들은 주기적으로 6개와 4개의 데이터베이스를 갱신해야 한다.

3.1.5 IEEE 802.11과 HIPERLAN의 전망

1994년의 U-NII(Unlicensed-National Information Infrastructure)대역(1.9GHz부근의 20MHz, 5GHz 부근의 300MHz)의 해제로 인해서 IEEE 802.11과 HIPERLAN로 대표되는 WLAN 산업은 급속히 발전하였다. 이 WLAN 산업에 있어서 2가지 쟁점이 있는데 한 가지는 미래의 제품 발전을 위해서 허가받지 않은 주파수 영역의 사용 허가를 획득하는 것이다. 그리고 다른 하나는 시장성의 확대이다.

IEEE 802.11 워킹그룹에서는

- Task Group a(5GHz 대역에서 더 빠른 속도를 위한 표준의 확장)
- Task Group b(2.4GHz 대역에서 더 빠른 속도를 위한 표준의 확장)
- Task Group c(802.11프레임을 위한 브리징 표준의 확장)
- Task Group revision of standard

위와 같은 4개의 TG로 나누어서 연구를 진행하고 있다. 특히 미국이 주도하고 있는 IEEE 802.11은 유럽형 WLAN인 HIPERLAN을 수용하기 위해서 5GHz 대역에서 연구가 진행됐다. 실제로 관련여구포럼에서는 5.1~5.35GHz에서 250MHz의 대역폭을 가지는 20Mbps 급의 SUPERNET(Shared Unlicensed Personal Radio Network)을 제안하고 있다.

앞으로의 WLAN은 미래형 통합 서비스인 BISDN과의 통합성을 제공할 수 있도록 그 방향을 잡아 갈 것이다. <표 3-2>에서 각 생산자 간 무선랜 상품을 비교해 놓았다.

<표 3-2> WLAN 제품 비교표

Vendor Name	Product Name	Price		Node Support	Standard Warranty	Frequency	Network Type	Modulation Type	Max Data Rate
Aironet	3500 Series	A.P. $1,795		80	1yr.	2.4-2.4835 GHz	Ethernet /TR	FHSS	2Mbps
		PCMCIA $595							
Breezecom	BreezeNET Pro Series	A.P. $1,495		15 +	1yr.	2.46-2.4835 GHz	Ethernet /TR	FHSS	3Mbps
		PCMCIA $565							
Lucent	WaveLAN2	A.P. $1,295		30-120 +	1yr. A.P.	2.42-2.462 GHz	Ethernet /TR	DSSS	2Mbps
		PCMCIA $495			3yrs. card				
Netwave	AirSurfer Plus	A.P. $1,499		50	5yrs. Hardware	2.4-2.4835 GHz	Ethernet /TR	FHSS	1Mbps
		PCMCIA $499			2yrs. Software				
Proxim	RangeLAN 2	A.P. $2,095		1048	1yr.	2.4-2.483 GHz	Ethernet /TR	FHSS	1.6Mbps
		PCMCIA $695							
Raytheon	Raylink	A.P. $1,495		61	1yr.	2.4-2.4835 GHz	Ethernet /TR	FHSS	2Mbps

총괄적으로 요약하면 IEEE 802.11은 IEEE 작업그룹이 개발한 무선랜을 위한 규격 모음으로서, 현재 802.11, 802.11a, 802.11b, and 802.11g 등 네 가지 규격이 이에 속한다. 이 네 가지 규격은 경로 공유를 위해 모두 이더넷 프로토콜인 CSMA/CA를 사용한다. 802.11b 표준이 초당 약 11Mbps의 속도를 제공하는 데 비해, 가장 최근에 승인된 표준인 802.11g 는 비교적 짧은 거리에서지만, 최고 54Mbps까지의 빠른 전송속도를 제공한다. 802.11g도 802.11b와 같이 2.4GHz 대역에서 동작하므로, 둘 간에는 서로 호환성이 있다.

종종 WiFi라고도 불리는 802.11b 표준은 802.11에 대해 후위 호환성을 제공한다. 전통 적으로 802.11에서 사용되는 변조방식은 PSK이었지만, 802.11b에서 채택한 변조 방식은 더 빠른 데이터 전송속도를 제공하면서도, 다중 경로 전달에 의한 간섭을 받을 소지가 적 은 CCK를 사용한다.

802.11a 규격은 무선 ATM 시스템에 적용되며, 액세스 허브에서 주로 사용된다. 802.11a 는 5 GHz~6GHz의 무선 주파수 대역폭에서 동작한다. 802.11a는 최고 54Mbps까지의 데이 터 전송속도를 낼 수 있도록 OFDM이라고 불리는 변조 방식을 사용하지만, 대부분의 경 우 실제 통신은 6, 12 또는 24Mbps의 속도로 이루어진다.

무선랜에 높은 대역폭의 주파수를 새로이 할당함으로써 비교적 저렴한 가격에 학교 교 실 등에서도 네트워크 구축이 가능하게 될 것이다. 비슷한 주파수의 할당 작업이 유럽에 서도 이루어졌다. 또한 병원이나 기업들에서도, 아직 근거리통신망이 구축되지 않은 곳에는 무선 랜 시스템을 설치하게 될 것으로 기대된다.

무선랜을 이용하면, 이동 전화 사용자도 무선 접속을 통해 근거리 통신망에 접속할 수 있다. 새로운 표준인 IEEE 802.11은 이러한 기술들 간의 상호 운용성을 증진시킬 것으로 기대된다. 새로운 표준에는 무선랜의 암호화 방법인 WEP 알고리즘도 포함된다.

IEEE 802.11기술인 WiFi 기술은 편재성(ubiquity) 부족 및 서비스 영역의 한계로 WiMax 로의 새로운 시장 전환을 모색하고 있다. <표 3-3>은 WiFi의 단점을 보완하고 응용 서비스 영역의 확장과 전송 속도를 대폭 높인 WiMax와의 비교표이다. 11Mbps 표준인 IEEE 802.11b에서 50Mbps표준인 IEEE 802.11g로 진화 다음 단계로 IEEE 802.16 기반의 제품이 나올 것이라는 것을 예상해 볼 수 있다.

<표 3-3>은 WiFi와 WiMAX의 차이점을 보여 준다.

<표 3-3> WiFi와 WiMax의 차이점

	WiFi(IEEE 802.11)	WiMax(IEEE 802.16)	기술적 차이점
거리	하위~300feet (더 넓은 유효범위를 위한 추가 접근 점)	위에서 30miles (전형적인 셀 크기인 4~6miles)	802.16: MAC 더 넓은 멀티패스 딜레이 확장을 허용(반영)
유효범위	실내동작에서 활용	실외 NLOS 확장된 안테나 기술을 위한 동작 표준 지원	802.16: 256 OFMD (versus 64 OFMD) 적응형 변조
비례 확장성	채널 대역폭은 광역(20 MHz)과 고정: 셀 절차 계획은 제약됨	가용 스펙트럼의 사용	3 비중복 802.11b 채널 5 비중복 802.11a 채널 802.16: 가용 스펙트럼에 의해 제한
비트율	20MHz에서 최고 2.7bps/Hz 에서 54Mbps	20MHz에서 최고 5bps/Hz에서 100Mbps	802.16: MAC PHY rate 증가로 일정한 효율
QoS	QoS 미지원 802.11e로 표준화하기 위해 실행	QoS 기반의 MAC: 음성/비디오와 서비스 레벨의 구별	802.11: 상호 기동 MAC (CSMA) 802.16: 허용요청 MAC

3.2 IEEE 802.15.1(Bluetooth)

블루투스는 2.4GHz의 ISM 대역의 주파수를 사용하여, 장애물이 있는 경우에도 무선 데이터 통신을 제공할 수 있다. ISM 대역의 사용으로 무선 전화 등과의 예상치 못하는 간섭이 발생할 수 있으므로, 블루투스에서는 간섭 방지를 위해 주파수 호핑(frequency hopping)을 이용한다. 소비전력은 대기상태에서 0.3mA이고 송수신 시는 최대 30mA이다. 일대일 또는 일대다 방식의 연결이 가능하며, 최대 전송 속도는 1Mbps이나 실제의 효과 속도는 721Kbps이고, 전송거리는 반경 10m 정도이지만 출력 앰프가 있을 경우에는 최대 100m까지 확대 가능하다. 또한 하나의 피코넷에서 최대 7개까지 액티브 상태의 슬레이브가 접속할 수 있으며, 휴지 상태의 슬레이브는 최대 256개까지 접속할 수 있다.

3.2.1 전파 스펙트럼(Radio spectrum)

블루투스의 전파 스펙트럼의 대역 선택 시 우선적으로 고려해야 할 사항은 상호 작용하는 동작기기들이 없는 대역을 선택하는 것이다. 즉, 전파의 스펙트럼은 사용 면허, 즉 라이선스(license) 없이 사용할 수 있도록 개방되어 있어야 한다. 두 번째, 전파의 스펙트럼은 전 세계에서 이용할 수 있어야 한다. 왜냐하면, 블루투스 애플리케이션의 초기 목표는 전 세계를 여행하는 사업가의 휴대 장비들을 세계 어느 곳에서도 새로운 추가 장비 없이 연결하는 것이기 때문이다. 다행히도 전 세계적으로 사용할 수 있는 개방된(unlicenced) 전파 대역이 있다. 이러한 대역을 ISM 대역이라 한다. 이 ISM 대역은 전문가 그룹을 위해 사용을 할당되었으나 최근에 상업적인 용도로 개방되었다. ISM 대역은 902~928MHz, 2,400~2,483.5MHz, 5,725~5,850MHz와 같이 다양한 주파수 영역을 의미한다. 여러 가지 주파수 영역 중 블루투스는 약 2.45GHz를 중심 주파수로 하는 ISM 대역을 사용한다. 한국에서도, 이 전파 영역은 다른 나라들과 마찬가지로 2,400에서 2,483.5MHz이다. 미국에서도 동일한 주파수 영역이 사용된다(FCC part 15 규약 적용). 유럽의 대부분의 지역에서 역시 같은 주파수 영역이 사용 가능하다(ETS-300328 규약 적용). 또한 프랑스, 일본, 그리고 스페인과 같은 일부 국가에서의 ISM 대역은 조금 다르다. 이는 <표 3-4>를 참조한다.

국가	규제 범위	RF 채널
미국	2.400~2.4835GHz	f=2402 + k MHz, k=0,······,78
유럽 (스페인과 프랑스 제외)	2.400~2.4835GHz	f=2402 + k MHz, k=0,······,78
스페인	2.445~2.475GHz	f=2449 + k MHz, k=0,······,22
프랑스	2.4465~2.4835GHz	f=2454 + k MHz, k=0,······,22
일본	2.471~2.497GHz	f=2473 + k MHz, k=0,······,22

요약하면, 세계의 대부분의 국가들에서 2,400MHz에서 2,483.5MHz의 대역은 자유롭게 사용할 수 있고, 전 세계 공용을 위한 노력이 진행 중이다. 블루투스 역시 이러한 주파수 영역을 이용하고자 하는 통신 규약이다.

3.2.2 간섭 면역(Interference immunity)

라디오 밴드는 동일한 주파수 대역을 사용하는 어떠한 무선 송신기에 의해서도 자유로운 매체 접근이 가능하다. 따라서 간섭 면역은 중요한 문제이다. 2.45GHz 영역에서의 간섭의 크기와 성질은 예측할 수 없다. 왜냐하면, 30dBm WLAN 접속점들에서부터 10dBm 소형 모니터(baby monitor)에 이르기까지 다양한 전파(radio) 송신기가 존재할 수 있기 때문이다. 같은 주파수 영역을 공유하는 다른 시스템들은 상호 통신이 불가능하다. 따라서 이러한 다른 시스템들 간에 공동작용(coordination) 역시 불가능하다. 더 큰 문제는 전자레인지나 조명 장치와 같이 더 높은 전력의 송신기에 있다. 이러한 장치들은 2.45GHz 대역에서 신호의 간섭이나 누화를 야기한다. 이러한 외부장치로부터의 간섭 외에도, 다른 블루투스 사용자에 의한 동일 채널 간섭(co-channel Interference)도 고려되어야 한다. 간섭면역(Interference immunity)은 간섭 억제 또는 간섭 회피에 의해 이루어질 수 있다. 코딩(Coding)기법이나 직접 확산(Direct-Sequence spreading) 방법을 통해 이러한 간섭을 가능한 한 억제할 수 있다. 그러나 개별적으로 작용할 수 있는(uncoordinated) 애드 혹 전파 환경에서 간섭받는 신호와 간섭하는 신호의 동적범위(dynamic range)는 그 차이가 매우 클 수도 있다. 서로 관련 없는(Uncorrelated) 송신기들의 거리 비율과 전력 차를 고려하면, 가까운 거리에 있는 송신기와 먼 거리에 있는 송신기에서 전송한 신호의 수신전력 차이가 50dB 이상 차이가 날 수도 있다. 사용자가 원하는 데이터의 전송속도가 1Mbps 이상일 경우, 현재 실제로 사용되는 코딩(coding)과 처리이득(Processing Gain)에 의한 확산(spreading)을 통한 간섭의 억제는 부적합한 방식이다. 따라서 간섭 회피에 의한 접근 방식이 좀 더 유리하다. 왜냐하면, 간섭에 의한 영향이 적거나 없는 주파수 대역을 선택하여 원하는 신호를 전송하는 것이 개별적으로 작용할 수 있는(uncoordinated) 무선 환경에 더 적합하기 때문이다. 간섭이 펄스로 방해하는(pulsed jammer) 형태로 전송되는 신호를 방해할 경우, 시간축 상의 간섭 회피를 통해 이를 해결할 수 있다. 왜냐하면 간섭이 없는 시간 영역에서의 전송은 간섭의 영향을 전혀 받지 않기 때문이다. 주파수축 상의 간섭 회피는 시간축 상의 간섭 회피보다 더 나은 성능을 나타낸다. 2.45GHz ISM 주파수 대역은 약 80MHz의 대역폭을 가지고 있고, 대부분의 라디오 전파 시스템의 신호는 주파수 한정(band limited) 신호이므로, 지배적인 간섭신호가 없는 주파수 영역을 찾을 수 있다. 또한 주파수 대역 필터링을 통해 다른 주파수 영역에 존재하는 간섭의 영향을 억제할 수 있게 된다. 이러한 필터를 이용하여 50dB 또는 그 이상의 간섭 신호의 영향을 억제시킬 수 있다. 그러나 블루투스 유닛을 전자레인지 혹은 802.11 WLAN과 같이 사용할 때, 몇몇 문제들을 발생시킨다고 한다. 이러한 노이즈의 간섭 영향들에 대하여 몇몇 연구 자료들이 있다. 그러나 주파수 호핑을 이용한 주파수축 상의 간섭회피가 효과적인 방법임은 틀림없다. 블루투스에서의 주파수 호핑 방식은 <그림 3-4>에서 설명한다.

3.2.3 다중 접속 방법(Multiple access scheme)

다중 접속 방법(Multiple access scheme)의 선택, 그리고 애드 혹 라디오 시스템의 선정은 ISM 대역 상에서 사용자 간의 공동작용(coordination)이 어렵다는 상황을 염두에 두어야 한다. FDMA(Frequency-division multiple access)는 통신채널의 직교성(orthogonality)이 전파 모듈의 수정 진동자의 정확도에만 의존한다는 사실 때문에, 애드 혹 시스템에 적합하다. 이러한 FDMA의 특성은 적응적인(adaptive) 또는 동적인 채널(dynamic channel) 할당 방식과 적절하게 결합시켜서 사용하면, 간섭 회피를 쉽게 구현할 수 있다. 그러나 FDMA는 ISM 대역 상에서의 확산(spreading)조건을 위배하기 때문에 이를 애드 혹 시스템에 사용하기는 어렵다. TDMA(Time-division multiple access)방식은 채널 직교성(orthogonality)을 위해 엄격한 시간 동기를 필요로 한다. 다수의 사용자가 애드 혹 형상의 연결을 유지할 경우, 공통된 시간 기준을 유지하는 것은 매우 어렵다. 따라서 TDMA 역시 블루투스의 다중 접속방법(multiple access scheme)으로 적합하지 않다. CDMA(Code-division multiple access)는 애드 혹 라디오 시스템에 가장 적합한 방식이다. 왜냐하면, CDMA는 확산(spreading)을 이용하고, 기본적으로 개별적으로 작용할 수 있는 시스템(uncoordinated system)을 다루는 방식을 제공하기 때문이다. DS(Direct Sequence)-CDMA는 원근(Near-Far) 문제 때문에 크게 매력적인 해결책은 아니다. Near-Far 문제를 해결하기 위해서는 공동으로 작용할 수 있는(coordinated) 전력 제어와 큰 처리이득(Processing Gain)이 필요하다. 추가로, TDMA처럼 DS-CDMA 채널 직교성(orthogonality)을 위해서는 동기화(Time synchronization)가 전제되어야 한다. 마지막으로, 더 높은 통신 속도를 위해서는, 높은 칩 속도(chip rate)를 필요로 한다. 이는 상대적으로 넓은 대역폭을 필요로 하여 간섭의 영향을 증가시키고, 전력 소모량을 증가시킨다.

FH(Frequency-hopping)-CDMA는 애드 혹 라디오 시스템을 위한 좋은 특성들을 많이 가지고 있다. 평균적으로 신호는 큰 주파수 영역 상에 확산된 것처럼 보이지만, 순간적으로는 작은 대역폭만을 차지한다. 이러한 특성을 이용하여 ISM 대역 내의 가능한 간섭의 영향을 피할 수 있다. 홉 캐리어(Hop carrier) 주파수의 성질을 직교(orthogonal)하게 만들면, 인접한 주파수 홉 간의 간섭은 필터에 의해 효과적으로 억제할 수 있다. 만일 홉 시퀀스가 직교(orthogonal)하지 않다면, 협대역 간섭과 동일 채널(co-channel) 간섭은 통신상에서 짧은 단절을 야기하지만, 이러한 통신상의 순간적인 단절은 상위 통신 계층에서 충분히 해결할 수 있다. 따라서 블루투스는 이러한 FH-CDMA를 바탕으로 한다. 2.45GHz ISM 대역 내에, 79홉의 주파수 반송자들이 1MHz 간격으로 정의되어 있다. 즉 하나의 채널은 1MHz의 대역폭을 가진다. 채널은 평균 625us의 유지시간(Dwell Time)을 갖는 호핑 채널이다. 다수의 불규칙 허위(Pseudo-Random) 호핑 시퀀스가 정의되어 있다. 하나의 특정 시퀀스는 마스터라 불리는 FH 채널을 제어하는 유닛에 의해 결정된다. 마스터 유닛의 클럭(native clock)은 호핑 시퀀스의 위상을 결정한다. 호핑 채널의 다른 모든 참여 유닛들은 슬레이브로 정의된다. 각각의 슬레이브는 현재 호핑 채널의 마스터의 특성(Identity)을 사용하여 호핑 시퀀스를 결정하고 주파수 호핑에 동기를 맞추기 위해서 자신들의 클럭(native clock)에 시간 오프셋(Time offset)을 더한다. 시간 축 상에서 채널은 슬롯으로 나누어진다. 하나의 슬롯에 해당하는 시간은 최소 유지시간(Dwell Time)인 625us이다. 구현(Implementation)의 단순화를 위해, 전 양방향 통신들은 TDD(Time-Division Duplex)를 이용하여 구현한다. TDD는 하나의 유닛이 송신과 수신을 반복수행하는 것을 의미한다. 시간

축 상에서 송신과 수신을 분리함으로써 라디오 송신기의 송/수신 동작 중에 발생하는 혼선(cross-talk)을 효과적으로 방지할 수 있다. 이러한 특징은 원-칩 구현(one-chip imple-mentation)을 위해 중요하다. 송신과 수신이 다른 시간 슬롯에서 발생하기 때문에, 송신과 수신은 다른 홉 주파수에서 발생한다. <그림 3-4>는 블루투스에 적용된 FH/TDD 채널을 설명한다.

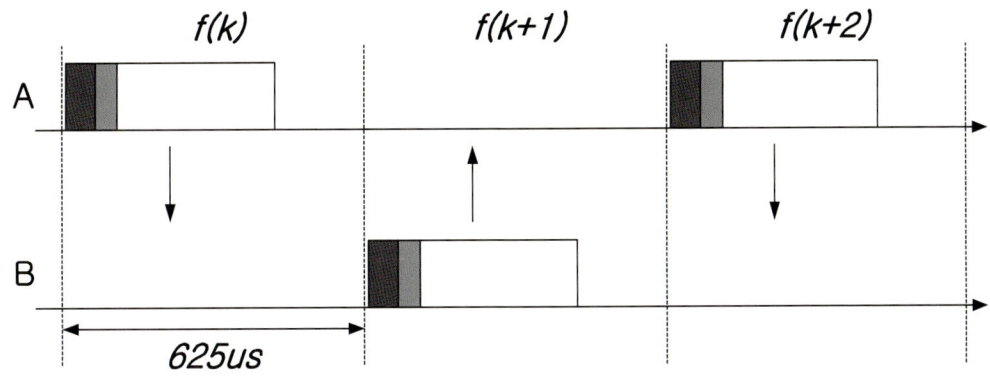

〈그림 3-4〉 Frequency Hopping/Time Duplex Division

서로 다른 애드 혹 링크는 다른 홉 시퀀스를 갖는 서로 다른 호핑 채널을 이용한다. 또한 슬롯 타이밍도 서로 일치하지 않도록 되어 있다.

ISM 대역에서, FH 시스템의 신호 대역폭은 1MHz로 제한된다. 견고성(Robustness)을 위하여 이진 변조(binary modulation) 방식이 선택되었다. 상술된 대역폭 제한에 의해, 데이터 전송속도는 1Mbps로 제한된다.

버스트데이터 트래픽(Bursty data traffic)과 FH 시스템을 효과적으로 지원하기 위해서 비논리적 검출(noncoherent detection) 방식이 가장 적합하다. 블루투스는 변조 지수 k=0.3을 가지는 GFSK(Gaussian-shaped frequency shift keying) 변조 방식을 사용한다. 논리적인 1은 플러스 주파수 성분으로 논리적인 0은 마이너스 주파수 성분으로 전송한다.

3.2.4 토폴로지(Topology): 피코넷(Piconet)과 스캐터넷(Scatternet)

같은 FH 채널을 공유한 두 개 또는 더 많은 블루투스 유닛들은 피코넷을 형성하게 된다. 같은 장소에 존재하는 독립된 피코넷의 클러스터는 스캐터넷이라고 한다. <그림 3-5>

에서 피코넷과 스캐터넷의 토폴로지 구성을 볼 수 있다. 피코넷 상의 동작 상태인 유닛의 수는 8개로 제한된다. 1Mbps의 채널 용량이 모든 활동 유닛들에 의해 공유되므로, 각 유닛들의 처리량을 높이기 위해서 피코넷 상의 활동유닛의 수를 제한한 것이다. 스캐터넷을 구성하는 각각의 피코넷은 79MHz 대역폭 내에서 독립적으로 주파수 홉을 수행한다. 따라서 각각의 피코넷이 공유하는 데이터 대역폭은 하나의 피코넷에서처럼 1Mbps가 아니라, 약 79Mbps에 해당한다.

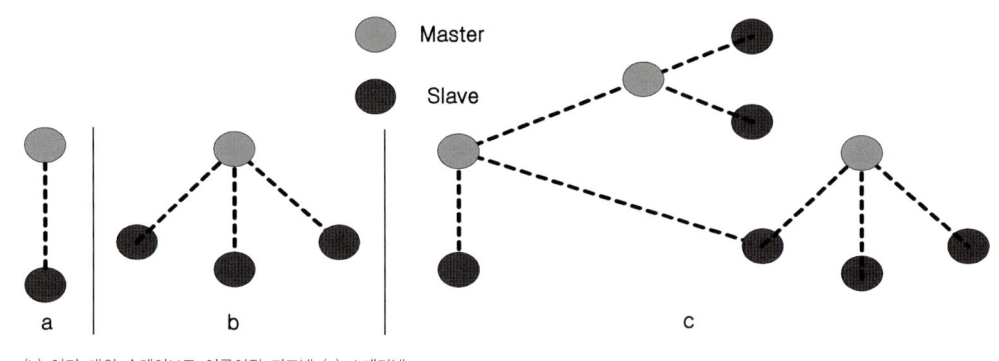

(b) 여러 개의 슬레이브로 이루어진 피코넷 (c) 스캐터넷

〈그림 3-5〉 (a) 1개의 슬레이브로 이루어진 피코넷

블루투스가 지역적인 연결을 전형적인 애플리케이션 목표로 개발된 통신망이기 때문에, 하나의 피코넷에 연결될 수 있는 유닛수의 제한은 큰 문제가 되지 않는다. 한 개의 FH 채널에 더 많은 수의 블루투스 유닛들을 수용하기 위해서 활동모드 외에 부가적인 모드들이 정의되어 있다. 이러한 예로는 다수의 블루투스 유닛들이 연결되어 있는 블루투스 접속점(Access Point)이 있다.

피코넷 채널을 정의하고 채널상의 트래픽을 제어하기 위하여, 마스터-슬레이브(Master-Slave) 개념을 도입하였다. 피코넷 상의 하나의 유닛은 마스터로 정해진다. 마스터로 정해진 유닛의 특성(Identity)과 클럭을 이용하여 피코넷 채널의 홉 시퀀스와 위상이 결정된다. 채널 상에 참여하고 있는 다른 유닛들은 슬레이브로 정의된다. 피코넷 상의 모든 슬레이브들은 호핑 채널과 동기를 유지하기 위하여 마스터유닛의 파라미터를 이용한다. 블루투스 시스템에는 계층적(Hierarchy) 개념이 없는 피어 투 피어(peer-to-peer) 통신 시스템이기 때문에, 어떠한 유닛도 마스터가 될 수 있다. 대체로 피코넷을 형성한 유닛이 마스터가 된다. 이러한 마스터와 슬레이브는 피코넷이 형성되어 존재하는 동안만 의미가 있는 역할

분담에 지나지 않는다. 따라서 연결들이 끊어지고 피코넷이 사라지면, 마스터와 슬레이브의 구분은 더 이상 의미가 없다. 피코넷이 동작 중일 때에도, 마스터의 역할은 다른 슬레이브들 중 하나에게 할당될 수 있다. 이 경우 하나의 피코넷에는 하나의 마스터만이 존재할 수 있기 때문에, 기존의 마스터는 슬레이브 역할을 하게 되는 것이다.

블루투스 채널의 경우, 채널이 빠른 속도로 홉을 수행하기 때문에, 경쟁 분산(conte-ntion-resolution)에 의한 채널 접근 방식은 너무 많은 오버헤드를 발생시킬 수 있다. 대신에 마스터에 의해 피코넷 채널상의 트래픽을 스케줄하는 폴링방식을 사용한다. 헤더부분에 있는 3-비트의 슬레이브 주소를 이용하여, 마스터는 적절한 수신자에게 패킷을 전달할 수 있다. 두 개 또는 더 많은 슬레이브들의 동시 전송으로 인한 피코넷에 충돌을 피하기 위하여, 바로 전 수신 슬롯에서 패킷을 받은 하나의 슬레이브의 전송만이 허용된다.

마스터가 마스터에게 전송할 정보를 가지고 있는 슬레이브에게 정보를 전송한다면, 그 슬레이브를 폴링하기 위한 추가적인 오버헤드는 전혀 없다. 만약 마스터가 전송할 데이터가 없다면, 마스터는 슬레이브의 정보전송을 위해서 슬레이브를 확인 후 폴링(explicit polling)한다.

피코넷에서 마스터와 슬레이브 간의 최대 거리는 블루투스 유닛의 클래스에 따라 다르다. 블루투스 표준에는 클래스 1, 2, 그리고 3이라는 3개의 전력 클래스가 정의되어 있다. 각 클래스의 특징은 <표 3-5>에서 설명된 것과 같다.

〈표 3-5〉 블루투스 송신부의 전력 클래스

클래스	최대 전력	평균 전원	최소 전력	전송거리
클래스 1	100mW/20dBm	N/A	1mW/0dBm	100m
클래스 2	2.5mW/4dBm	1mW/0dBm	25mW/−6dBm	10m
클래스 3	1mW/0dBm	N/A	N/A	10cm

그러므로 만약 모든 유닛이 클래스 1이면, 피코넷의 최대의 반경은 100m까지 연장될 수 있다.

3.2.5 매체 접근 제어(Medium access control)

블루투스는 동일한 지역 내에 많은 수의 개별적으로 작용할 수 있는(uncoordinated) 통신이 발생할 수 있도록 하기 위해서 최적화되었다. 통신 범위 내에 있는 모든 유닛들이 하나의 동일한 채널을 공유하는 다른 애드 혹 네트워크와는 달리 블루투스는 제한된 수의 참여자들이 많은 수의 독립된 채널을 가지고 통신할 수 있도록 설계되었다. 하나의 FH 채널은 1Mbps의 비트 전송률을 지원한다. 이 채널 용량은 채널상의 모든 참여자들에 의해 공유된다. 이론적으로 79개의 반송자들을 갖는다면, 79Mbps까지의 비트 전송률을 지원할 수 있다. 블루투스가 목적으로 하고 있는 사용자는 통신 범위 내에 있는 모든 유닛들이 서로 간의 정보를 모두 공유하는 경우는 거의 없다고 가정한다. 따라서 정보를 교환하기를 원하는 유닛이 연결된 다수의 독자적인 1Mbps 채널을 사용함으로써, 80MHz의 대역폭을 효과적으로 사용할 수 있다. 홉 시퀀스의 비직교성(nonorthogonality)으로 인해, 이론적 통신 용량을 모두 사용할 수는 없지만, 적어도 1Mbps보다 훨씬 큰 통신 용량을 사용할 수 있다.

하나의 FH 블루투스 채널은 피코넷으로 정의된다. 앞에서 설명한 대로 피코넷 채널은 마스터의 특성(홉 시퀀스를 결정)과 시스템 클럭(홉 위상 결정)에 의해서 정의된다. 피코넷에 참가한 다른 모든 유닛은 슬레이브이다. 각각의 블루투스 라디오 유닛은 독립적으로 수행되는 시스템 혹은 고유의 클럭(native clock)을 가지고 있다. 시스템 내에 공통된 시간 기준은 없지만, 피코넷 성립 시에 각각의 슬레이브들은 자신의 클럭(native clock)에 오프셋을 더하여 마스터의 클럭과 동기화시킨다. 이러한 오프셋들은 피코넷이 취소될 때에는 사라지지만, 나중에 다시 사용할 수 있도록 저장할 수도 있다.

서로 다른 채널은 다른 마스터들을 가지고 있다. 따라서 서로 다른 호핑 시퀀스와 위상을 갖게 된다. 하나의 채널에 참가할 수 있는 블루투스 유닛의 수는 유닛들 간의 고용량 (high-capacity) 링크를 유지하기 위해서 8개(1개의 마스터와 7개의 슬레이브)로 의도적으로 제한된다. 또한 이러한 제한은 어드레싱을 위해 필요한 오버헤드를 줄여 준다.

블루투스는 피어 투 피어(peer-to-peer) 통신을 기본으로 한다. 마스터/슬레이브의 역할은 피코넷이 존속하는 동안 하나의 유닛에 부여되는 역할에 지나지 않는다. 즉 마스터와 슬레이브의 차이는 단지 역할의 차이이지, 기능 및 구성은 모두 동일하다. 따라서 피코넷이 취소될 때, 마스터와 슬레이브의 역할 역시 취소된다. 그러므로 피코넷 성립 시에 각 유닛은 마스터 혹은 슬레이브가 될 수 있다. 정의에 의해, 피코넷을 설립하였던 그 유닛이 마스터가 된다. 마스터는 피코넷을 규정짓는 것뿐 아니라, 피코넷에 트래픽을 제어하고 접근 제어를 수행한다.

매체 접근 제어는 완벽한 비경쟁(contention free) 방법을 사용한다. 625us의 짧은 유지시간(Dwell Time)은 하나의 패킷 전송만을 허용한다. 경쟁기반 (Contention-based) 매체 제어 방식은 많은 오버헤드를 발생시키고, 짧은 유지시간 (Dwell Time)을 갖는 블루투스에 적용하기에는 비효율적이다. 블루투스에서 마스터에 의한 중앙 집중 제어를 수행한다. 즉 마스터와 슬레이브 간의 통신, 하나의 슬레이브와의 통신인 유니캐스트(unicast), 모든 슬레이브와의 통신인 브로드캐스트(broadcast)만이 가능하다.

타임 슬롯(Time slot)은 마스터의 전송을 위해 교대로 사용된다. 마스터는 정보가 전달되어야 할 슬레이브의 주소를 전송하는 패킷의 헤더에 포함시킨다. 다수의 슬레이브 송신으로 인한 채널에 충돌을 막기 위하여, 마스터는 폴링기법을 사용한다. 즉, 마스터는 각각의 슬레이브-마스터 슬롯(Slave-to-Master slot)에 하나의 슬레이브만이 전송할 수 있도록 권한을 부여한다. 이 결정은 각 슬롯(per-slot) 기초에 의해 수행된다. 즉 오직 마스터-슬레이브 슬롯(Master-to-Slave slot)에서 전송권한이 주어진 슬레이브만이 전송이 가능하다. 마스터가 마스터에게 전송할 정보를 가지고 있는 슬레이브에게 정보를 전송한다면, 그 슬레이브를 폴링하기 위한 추가적인 오버헤드는 전혀 없다. 이러한 경우를 암시적 폴링(Implicit Polling)이라 한다.

만약 마스터가 전송할 데이터가 없다면, 마스터는 슬레이브의 정보전송을 위해서는 슬레이브를 폴링(explicit polling)한다. 마스터가 모든 업링크(uplink)와 다운링크(downlink)에서 트래픽을 스케줄링하므로, 슬레이브의 특성을 고려한 지능적(intelligent) 스케줄링 알고리즘이 이용될 수 있다. 마스터의 적절한 트래픽 제어를 통해 피코넷 채널에 참가자들 사이의 충돌을 효과적으로 막아야 한다.

동일한 장소에 있는 독립적인 피코넷들은 동일한 홉 주파수를 사용함으로써 서로 간에 간섭할 수도 있다. 이러한 경우를 대비하여, ALOHA와 비슷한 방식을 적용한다. 즉, 정보는 채널 상에 전송되고 있는 정보가 있는지 없는지를 검사하지 않고 전송된다(no-listen과 talk).

만약 그 정보가 틀리게 받아들여지면, 그것은 그다음 전달 기회에서 다시 보내진다. 블루투스 슬롯의 짧은 유지시간(Dwell Time) 때문에, 충돌 회피 방식은 FH 라디오로 적합하지 않다. 각 홉에서 다른 경쟁자들이 조우하게 되므로, 백오프(Backoff) 기법 역시 효과적이지 않다.

3.2.6 패킷 전송을 기본으로 하는 통신(Packet-based communications)

블루투스 시스템은 패킷을 이용하여 통신한다. 즉 정보의 흐름은 패킷단위로 잘라지게 된다. 각 시간 슬롯에서는 단 하나의 패킷만이 전송될 수 있다.

LSB 72	54	0-2745 MSB
ACCESS CODE	HEADER	PAYLOAD

〈그림 3-6〉 프레임 구성

모든 패킷들의 구성은 위의 〈그림 3-6〉과 같다. 〈그림 3-6〉에서처럼 접근 코드(Access Code)로 시작하고 그 뒤에 패킷 헤더, 사용자의 페이로드(Payload)로 구성되어 있다. 접근 코드는 불특정 허위(Pseudo-Random) 특성을 가지고 있다. 그리고 특정한 접근 운영을 위해 DS(Direct-Sequence) 신호법으로 사용된다. 접근 코드는 피코넷 마스터의 ID(Identity)를 포함한다. 채널에서 교환된 모든 패킷들은 이 마스터의 ID(Identity)에 의해 분별된다. 피코넷 마스터에 해당하는 접근 코드와 동일한 접근 코드를 가지는 패킷들만이 수신될 수 있다. 이러한 접근 코드는 하나의 피코넷에서 전송된 패킷들이 우연히 같은 홉 주파수를 갖게 되는 다른 피코넷에 소속된 유닛에 의해 수신되는 것을 방지한다. 수신 측에서, 접근 코드는 슬라이딩 상관기(Sliding Correlator)에 의해서 예정된 코드와 비교가 이루어진다. 그 비교결과가 특정 값(Threshold)을 넘으면 그 패킷을 수신한다. 이 상관기(Correlator)는 DS(Direct-Sequence)의 처리이득(Processing Gain)을 제공한다. TH 패킷의 헤더는 링크의 제어 정보를 포함한다. 3-비트의 주소를 이용하여 피코넷에 슬레이브들을 구분하고, 자동 재송요구(ARQ: Automatic Repeat request)를 위하여 1-비트의 ACK/NACK(Acknowledgment/ Negative acknowledgement)를 제공한다. 패킷 종류를 결정해 주는 4비트의 코드를 이용하여 16개의 패킷 종류를 제공하고, 헤더의 에러를 발견하기 위한 주기 중복 검사(CRC) 코드인 8-비트 HEC(Header Error Correction) 코드들을 제공한다. 패킷의 헤더는 오버헤드를 제한하기 위하여 18개의 정보 비트로 제한된다. 헤더부분은 1/3 비율 FEC(Forward Error Correction) 코딩으로 보호된다.

블루투스는 4개의 제어 패킷을 정의한다.

- ID 또는 식별(Identification) 패킷: 접근 코드로만 구성, 시그널링으로 사용

- NULL 패킷: 접근 코드와 패킷 헤더로 구성, 링크 제어 정보를 위해 헤더를 전송하기 위해 사용
- POLL 패킷: NULL 패킷과 비슷함, 마스터가 슬레이브로부터 응답을 요구할 때에 전송
- FHS 패킷: 주파수 호핑 동기화(Frequecy Hopping Synchronization) 패킷(주파수 호핑 동기화 패킷), 블루투스 유닛들 간의 클럭과 ID 정보를 교환하기 위해 사용됨, 두 개의 유닛들이 동기화될 수 있는 정보를 포함함

나머지 12가지 종류 패킷의 신호법은 동기와 비동기 통신 서비스를 위하여 정의되어 있다. 세그먼트 1은 싱글슬롯 패킷을 지정하고, 세그먼트 2는 3-슬롯 패킷을, 세그먼트 3은 5-슬롯 패킷을 각각 지정한다. 멀티슬롯 패킷은 하나의 홉 주파수로 전송된다. 즉, 첫 번째 슬롯에서 사용된 홉 주파수가 패킷의 나머지 부분에도 동일하게 사용된다. 그러므로 패킷의 중간에는 주파수 스위치가 발생하지 않는다. 그 패킷의 전송이 완료된 후, 홉 주파수는 현재의 마스터 클럭 값에 의해 정해진 값을 사용한다. <그림 3-7>은 이와 같은 상황을 잘 보여 준다. TX/RX 타이밍을 유지하기 위해서 오직 홀수의 멀티슬롯 패킷만이 정의되어 있는 것을 주목할 필요가 있다. 슬롯으로 나누어진 채널상에 동기링크와 비동기링크가 정의되어 있다. 패킷 종류에 대한 해석은 동기링크와 비동기링크에서 서로 다르다. 현재, 비동기링크는 페이로드에 FEC 코딩 기법을 지원한다. 또한, 비동기링크에는 싱글슬롯, 3-슬롯, 그리고 5-슬롯 패킷들을 사용할 수 있다. 비동기링크에서의 최대의 사용자 전송률은 약 723.2Kbps이다.

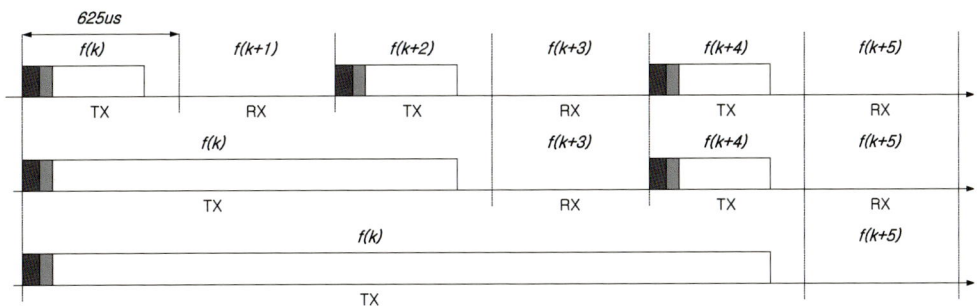

〈그림 3-7〉 싱글슬롯, 3-슬롯, 5-슬롯 패킷의 주파수와 타이밍 특성

이 경우에 리턴 링크에서는 57.6Kbps 전송률이 보장된다. 비동기링크에서는 링크 상태에

따라 패킷의 길이와 FEC 코딩 등을 변화시킴으로써 현재 링크의 상태에 잘 적응시킬 수 있다. 페이로드 길이는 가변적이며 사용자가 사용하고자 하는 데이터에 따라 달라진다.

그러나 그 최대의 길이는 200us로 정해진 RX와 TX 사이의 최소 스위칭 시간에 의해 제한된다. 이러한 다소 긴 스위칭 시간은 개방형 VCO(Voltage Controlled Oscillator)를 직접 변조에 사용 가능하도록 해 주고, RX/TX 사이에서의 패킷 처리를 위한 시간을 제공한다. 동기링크에서는 싱글슬롯패킷만이 정의되어 있다. 패킷의 페이로드 길이도 고정되어 있다. 1/3 FEC, 2/3, 또는 FEC를 사용하지 않는 페이로드가 지원된다. 동기링크는 64Kbps의 전 양방향 통신을 지원한다.

3.2.7 물리 계층 링크 정의(Physical link definition)

블루투스 링크 음성 데이터와 같은 동기적(synchronous) 서비스와 버스트 데이터(bursty data)와 같은 비동기적(asynchronous) 서비스를 모두 지원한다. Bleutooth에는 2가지 물리적인 링크 종류가 정의되어 있다.

- SCO(Synchronous Connection-Oriented) 링크
- ACL(Asynchronous Connection-Less) 링크

SCO 링크는 마스터와 슬레이브 간에 일대일 링크이다. SCO 링크는 정해진 인터벌의 이중 슬롯(duplex slot) 예약에 의해서 연결된다.

ACL 링크는 피코넷에 마스터와 모든 슬레이브 간의 일대다(point-to-multipoint) 링크이다. ACL 링크는 SOC 링크를 위해서 사용되지 않은 채널에 남아 있는 슬롯을 사용할 수 있다. ACL 링크상의 데이터 트래픽은 마스터에 의해 스케줄 된다. 슬롯으로 나누어진 피코넷 채널의 구성은 동기링크와 비동기링크의 효율적인 혼합 구성을 가능하게 한다. <그림 3-8>은 SCO 링크와 ACL 링크가 존재하는 채널의 예를 보여 준다.

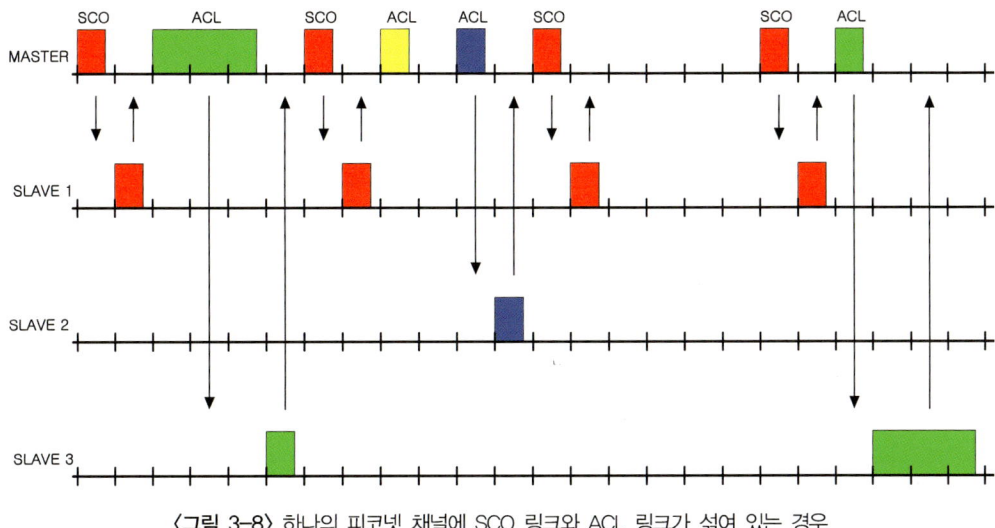

〈그림 3-8〉 하나의 피코넷 채널에 SCO 링크와 ACL 링크가 섞여 있는 경우

SCO 링크와 ACL 링크를 지원하기 위해 여러 종류의 패킷들이 정의되어 있다. SCO 패킷에는 4가지 종류가 있다. SCO 패킷은 기본적으로 음성 신호의 전송을 위해 사용된다. 그러나 데이터와 음성 모두를 다루는 패킷도 정의되어 있다. SCO 패킷은 CRC를 가지고 있지 않고 재전송되지 않는다. 4가지 SCO 패킷은 다음과 같다.

① HV1(High Quality Voice 1): HV1 패킷은 1/3 FEC에 의해 보호된 10개의 정보 바이트를 포함한 240비트로 구성된다. HV1 패킷은 64Kbps의 데이터 전송률을 가지는 음성 신호의 1.25ms를 전송할 수 있으며, 2개의 시간 슬롯마다 전송되어야 한다.

② HV2(High Quality Voice 2): HV2 패킷은 2/3 FEC에 의해 보호되는 20개의 정보 바이트를 포함한 240비트로 구성된다. HV2 패킷은 64Kbps의 데이터 전송률을 가지는 음성신호의 1.25ms를 전송할 수 있으며 4개의 시간 슬롯마다 전송되어야 한다.

③ HV3(High Quality Voice 3): HV3 패킷은 FEC에 의해 보호되지 않는 30개의 정보 바이트를 포함한 240비트로 구성된다. HV3 패킷은 64Kbps의 데이터 전송률을 가지는 음성신호의 3.75ms를 전송할 수 있으며 6개의 시간 슬롯마다 전송되어야 한다.

④ DV(Data Voice): DV 패킷은 일반적으로 데이터와 음성의 두 부분으로 나누어진다. 음성 부분은 80비트로 구성되어 있고, 데이터 부분은 150비트까지 지원할 수 있다. 필요하다면, 데이터 영역은 150비트의 크기를 맞추기 위해서 0으로 채워진다. 음성 신호 영역은 FEC에 위해 보호되지 않지만, 데이터 영역은 2/3 FEC에 의해 보호된다.

패킷의 데이터 영역의 오류로 인해 재전송이 필요한 경우에도 음성신호 영역은 재전송되지 않는다. 그러한 경우, 새로운 음성 데이터가 재전송되는 데이터 부분과 같이 전송된다. DV 패킷은 SCO 링크 상에서 가능한 한 링크의 방해를 최소화하기 위해서 명령 패킷을 전송하기 위해 사용할 수 있다.

사용자 데이터나 제어 데이터의 전송을 위해서 사용될 수 있는 ACL 패킷은 7가지가 정의되어 있다. 7개의 패킷 중에 6개의 패킷은 CRC를 포함하고 있고 필요시에 재전송이 가능하다. 그러나 나머지 1개의 패킷은 CRC를 포함하지 않고, 재전송되지 않는다. 각각의 패킷들은 그 패킷들의 이름에 그 역할을 인식할 수 있도록 하였다. 중간 비율의 패킷들은 1/3 FEC 방식에 의해 인코딩되기 때문에 '중간 비율(Medium Rate)'이라 불린다. 이러한 에러 정정 방식은 실제의 데이터량보다 3배의 데이터량으로 만들어서 전송함으로써 수신단에서 에러를 정정할 수 있도록 한다. 이러한 에러 정정 인코딩방식은 가장 안전하게 전송할 수 있는 방식이지만 패킷이 전송할 수 있는 실시간 데이터의 양을 제한한다.

높은 비율 패킷은 2/3 FEC 방식으로 인코딩되어 있어 비교적 강인한 에러 정정 능력을 보여 주면서 결과로 생성되는 패킷의 길이가 비교적 짧기 때문에 '높은 비율(High rate)'이라 불린다. 2/3 FEC 인코딩 방식을 사용하면 10 입력 비트에 대해 15비트의 출력을 얻게 된다. 따라서 더 많은 데이터를 전송할 수 있다. 패킷의 이름 뒤에 붙어 있는 1, 3, 5의 수는 패킷이 시간 슬롯수를 의미한다.

ACL 패킷은 다음과 같이 정의된다.

① DM1(Data-Medium rate 1): DM1 패킷은 2/3 FEC 인코딩된 18개의 정보 바이트까지로 구성될 수 있다, DM1 패킷은 16비트 CRC를 포함한다. 필요하다면, DM1 패킷은 전체를 0으로 채운 뒤 CRC를 붙여서 전송할 수 있다.

② DH1(Data-High rate 1): DH1 패킷은 데이터가 FEC에 의해 인코딩되지 않기 때문에 28개 정보 바이트까지 지원한다는 것 외에는 DM1과 동일하다. 16비트의 CRC를 사용한다.

③ DM3(Data-Medium rate 3): DM3 패킷은 3개의 슬롯시간을 이용하여 123개의 정보 바이트와 16비트 CRC를 전송하는 것 외에는 DM1과 동일하다.

④ DH3(Data-High rate 3): DH3 패킷은 DH1과 같이 FEC에 의해 인코딩되지 않는다.

DH3 패킷은 3개의 슬롯 시간 동안 185개의 정보 바이트와 16비트 CRC를 전송할 수 있다.

⑤ DM5(Data-Medium rate 5): DM5 패킷은 5개의 슬롯 시간 동안 226개의 정보 바이트와 16비트의 CRC를 전송한다는 것 외에는 DM1과 동일하다.

⑥ DH5(Data-High rate 5): DH5 패킷은 DH1과 같이 FEC에 의해 인코딩되지 않는다. DH5 패킷은 5개의 슬롯 시간 동안 16비트 CRC와 341개까지의 정보 바이트를 전송할 수 있다.

⑦ AUX1: AUX1 패킷은 CRC를 포함하지 않고 재전송을 하지 않는다는 것 외에는 DM1과 동일하다. AUX1 패킷은 1개의 슬롯 시간 동안 전송되며 30개 정보 바이트까지 전송한다.

SCO 링크는 3개까지의 **64Kbps** 대칭(symmetric) 음성 신호를 지원할 수 있다. <그림 3-9>에서는 HV3 SCO 패킷을 사용하여 (a) 1개의 SCO 채널, (b) 2개의 SCO 채널, 그리고 (c) 3개의 SCO 채널을 형성하고 있다.

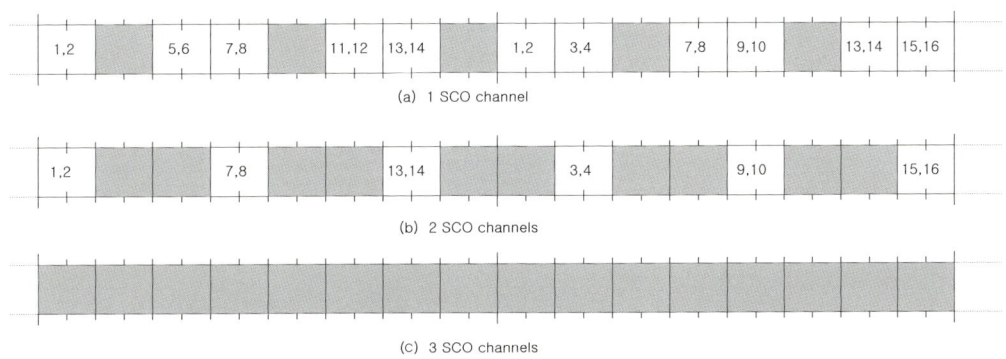

〈그림 3-9〉 채널에서 SCO 링크의 수

ACL 링크는 대칭데이터와 비대칭데이터를 모두 지원할 수 있다. <표 3-6>은 ACL 링크에 의해 제공될 수 있는 데이터 전송률을 보여 준다.

<표 3-6> ACL 링크에 의한 데이터 전송률

형 태	대칭(kbps)	비대칭(kbps)	
DM1	108.8	108.8	108.8
DH1	172.8	172.8	172.8
DM3	256.0	384.0	54.4
DH3	384.0	576.0	86.4
DM5	286.7	477.8	36.3
DH5	432.6	721.0	57.6

3.2.8 연결 설정(Connection establishment)

애드 혹 라디오 시스템의 설계상에서 중요한 문제 중의 하나는 링크의 연결을 설정하는 것이다. 각 유닛들은 서로를 어떻게 발견할 것이며, 어떠한 방법으로 연결을 만들 것인가?

블루투스에서는 연결 설정을 위해 스캔, 페이지, 조회(scan, Page, Inquiry) 3개의 요소가 정의되어 있다. 스캔은 어떠한 유닛을 찾기 위한 상태를 의미한다. 페이지와 조회(Inquiry)의 가장 큰 차이점은 페이징(Paging) 유닛이 찾고자 하는 유닛의 ID(Identity)와 클럭 정보를 아는지 모르는지의 차이이다. 전자의 경우가 페이지(Page)이고, 후자는 조회(Inquiry)에 해당한다. <그림 3-10>은 연결 설정을 위한 블루투스의 상태 다이어그램을 보여 준다.

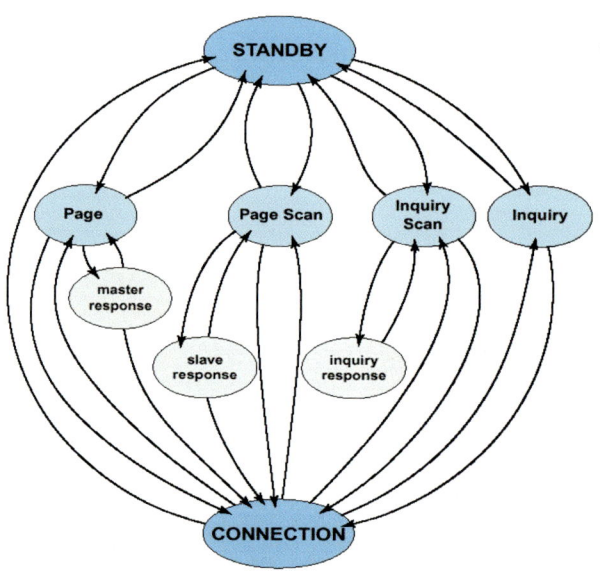

<그림 3-10> 블루투스 링크 컨트롤러의 상태 다이어그램

아이들(Idle) 모드에 있는 라디오 유닛은 전력 소모를 줄이기 위해서 대부분의 시간을 슬립(Sleep) 모드에 있게 된다. 그러나 연결 설정을 위해서는, 유닛은 다른 유닛들이 연결을 원하는지를 알기 위해서 슬립 모드로부터 깨어나 현재의 통신 채널에 귀를 기울여야 한다. 그러나 진정한 의미에서의 애드 혹 시스템에서는 기존의 상업용 셀룰러 라디오 시스템에서와는 달리, 하나의 유닛이 페이지(Page) 메시지를 수신하기 위해 고정적으로 접근해야 할 제어 채널이 존재하지 않는다. 따라서 블루투스 유닛은 자신의 ID(Identity)를 듣기 위해 주기적으로 슬립 모드에서부터 깨어나야 한다. 하지만 이렇게 유닛이 자신의 ID를 듣는 경우, 확실한 ID(Explicit Identity)가 직접적으로 사용되지 않고, ID로부터 유도된 접근 코드를 사용된다.

블루투스 유닛이 스캔하기 위해 깨어났을 때, 유닛은 자신의 고유한 ID로부터 유도된 접근코드와 수신된 신호가 맞는지를 확인하기 위해 슬라이딩 상관기(Sliding Correlator)를 이용한다. 스캔 윈도우(Scan Window)는 10ms보다 조금 더 길다. 유닛은 깨어날 때마다 다른 홉 주파수를 이용하여 스캔을 수행한다. 블루투스 활성화(wake-up) 홉 시퀀스는 32홉 길이이고, 순환한다. 활성화(Wake-up) 시퀀스의 모든 홉은 고유하고, 80MHz의 대역폭 중에 적어도 64MHz의 주파수 영역을 차지한다.

홉 시퀀스는 불특정 허위(Pseudo-Random)한 성질을 가지고 각 블루투스 유닛마다 고유하다. 이러한 시퀀스는 유닛의 ID로부터 유도된다. 또한 시퀀스의 위상은 유닛 내의 자유롭게 동작하는 본래의 클럭(free-running native clock)에 의해 결정된다. 이처럼 아이들(Idle) 모드에 있는 동안, 원래의 클럭(native clock)은 활성화(wake-up)을 스케줄하기 위해 사용된다.

아이들 모드의 전력 소모와 응답 시간 사이에는 트레이드 오프(trade-off) 관계가 있다. 아이들 모드, 즉 슬립 상태에 있는 시간이 길수록 전력 소모는 감소할 것이지만, 접근이 만들어지기까지의 시간은 연장될 것이다. 연결을 원하는 유닛들은 주파수－시간의 불확실성 문제를 해결해야 한다. 즉, 언제 어떠한 주파수를 가지고 아이들 유닛이 깨어날지를 모르기 때문에 연결을 설정하기 위해서는 이러한 문제를 해결해야 하는 것이다. 이 불확실성을 해결하는 모드는 전력 소모가 요구되므로, 연결을 원하는 유닛, 즉 페이징(Paging) 유닛에게 할당된다. 라디오 유닛은 대부분의 시간을 아이들 모드에 있을 것이기 때문에, 연결을 원하는 페이징 유닛이 전력 소모를 감당해야 한다.

페이징 유닛이 연결을 원하는 유닛의 ID를 알고 있다고 가정하자. 그렇다면, 페이징 유닛은 활성화 시퀀스를 알고 있는 것이고, 따라서 페이지 메시지로 사용할 접근 코드를 만들어 낼 수 있다. 페이징 유닛은 다른 주파수를 이용하여 접근 코드를 반복하여 전송한다. 매 1.25ms마다 페이징 유닛은 2개의 접근 코드를 전송하고 응답을 두 번씩 듣는다. 따라서 페이징 동작 중의 홉 비율은 3,200hops/s가 된다.

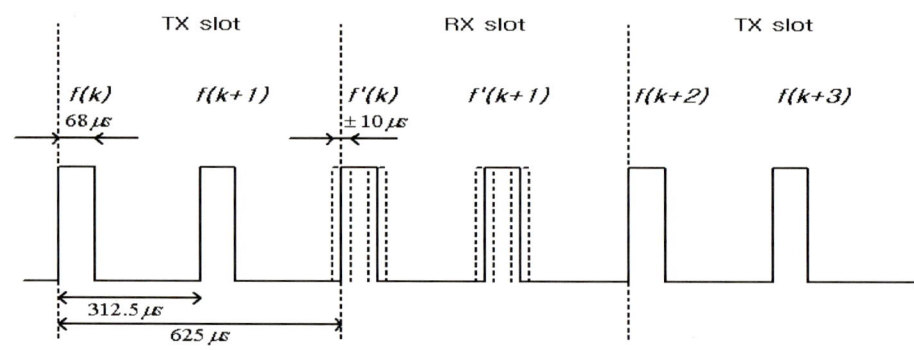

〈그림 3-11〉 블루투스 페이징 유닛에 대한 주파수와 타이밍 동작

<그림 3-11>에서 보인 것처럼, TX 슬롯 동안, Paging 유닛은 현재의 TX 홉 주파수인 f(k)와 f(k+1)에 해당하는 ID 패킷을 전송한다. RX 슬롯에서는, 현재의 RX 홉 주파수인 f'(k)와 f'(k+1)에 해당하는 응답이 수신되기를 기다린다. 수신 주기 역시 페이징 패킷 전송 후에 정확히 625us이고 10us 불확정 윈도우(uncertainty window)를 가진다. 연속적인 접근 코드는 활성화 시퀀스로부터 선택된 다른 홉으로 전송된다. 10ms 기간 동안 16개의 다른 홉 주파수가 전송된다. 이러한 16개의 홉 주파수는 활성화 시퀀스의 반에 해당한다. 페이징 유닛은 아이들 유닛의 슬립 기간 동안 16개의 주파수를 순환으로 사용하는 접근 코드를 전송한다. 아이들 유닛이 16개의 주파수 중에 어떤 하나의 주파수에서 깨어나게 되면, 유닛은 접근 코드를 수신하고 연결설정 과정이 시작된다. 그러나 페이징 유닛이 아이들 유닛이 사용하고 있는 위상(phase) 정보를 알지 못하기 때문에, 32홉의 활성화 시퀀스 가운데서 16개의 남아 있는 주파수 중에 하나의 주파수에서 깨어날 수도 있다. 그러므로 만약 페이징 유닛이 슬립 시간에 해당하는 시간 후에도 아이들 유닛으로부터 응답을 받지 못하면 남아 있는 절반의 홉 시퀀스를 이용한 접근 코드를 계속하여 전송할 필요가 있다. 따라서 최대 접근 지연은 슬립 시간의 두 배이다. 이렇게 페이지와 조회(Inquiry) 과정에서는 16개의 주파수로 이루어진 두 개의 주파수 연결 묶음(Frequency Train)을 반복하여

전송함으로써 주파수의 불확실성을 해결한다. <그림 3-12>는 이렇게 사용되는 주파수 트레인의 예를 나타낸다.

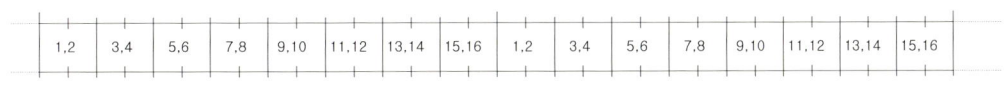

1,2	3,4	5,6	7,8	9,10	11,12	13,14	15,16	1,2	3,4	5,6	7,8	9,10	11,12	13,14	15,16

〈그림 3-12〉 주파수 트레인

아이들 유닛이 페이지 메시지를 수신하면, 아이들 유닛은 자신의 ID로부터 유도된 접근 코드를 페이징 유닛에게 응답하여 페이지메시지를 수신하였음을 알려 준다. 아이들 유닛으로부터 접근 코드를 수신한 페이징 유닛은 연결 설정을 위한 자신의 모든 정보(Identity와 clock)를 포함한 FHS 패킷을 전송한다. 이 정보는 피코넷을 설립하기 위하여 페이징 유닛과 아이들 유닛 양쪽 모두에 의해서 사용된다. 즉 다시 말하면, 페이징 유닛은 FH 채널을 정의하기 위해 자신의 ID와 클럭을 이용하여 마스터가 되고 아이들 유닛은 슬레이브가 된다.

지금까지 설명한 페이징 과정은 페이징 유닛이 아이들 유닛의 클럭에 대해 전혀 모르고 있는 상황을 가정한다. 그러나 연결 설정을 하기 위한 유닛들이 전에 접촉하였으면, 페이징 유닛은 아이들 유닛 클럭의 추정치를 이용하게 된다. 유닛이 연결될 때, 각각의 유닛들은 자신들의 클럭 정보를 교환하고 자신의 자율 고유 클럭(free-running native clock)과 다른 유닛의 자율 고유 클럭(free-running native clock) 시간 오프셋을 저장한다. 이 오프셋은 연결이 존재하는 동안만 정확한 값을 유지한다. 연결이 종료될 때에는 이 오프셋 정보는 클럭 편차(clock Drift)에 의해 오차를 가지게 된다. 이러한 오프셋의 신뢰도는 마지막 연결이 종료된 이후로 경과된 시간에 반비례한다. 그러나 페이징 유닛은 아이들 유닛의 위상을 추정하기 위해 오프셋정보를 사용할 수 있다.

페이징 유닛이 추정한 아이들 유닛의 클럭을 k'라고 가정한다. 활성화 시퀀스의 시간 m에서의 홉 주파수를 f(m)이라고 한다면, 페이징 유닛은 아이들 유닛이 f(k')에서 깨어난다고 생각한다. 그러나 10ms 동안 페이징 신호를 전송하기 때문에, 페이징 유닛은 16개의 다른 주파수 영역, 즉 f(k'−8), f(k'−7), …… f(k'), f(k'+1), …… f(k'+7)을 처리할 수 있다. 그 결과, 페이징 유닛의 위상 추정치는 k'−8부터 k'+7까지를 처리할 수 있게 된다. 자율 클럭(free-running clock)은 250ppm의 정확성을 가지는 자율 클럭(free running clock)을 가지고 있기 때문에, 클럭 추정치 k는 마지막 연결 후에도 적어도 5시간 동안 유효하다. 이런 경우에, 평균 응답 시간은 슬립 시간의 반이 된다.

연결을 설정하기 위해서는 페이지 메시지와 활성화 시퀀스를 결정하기 위한 수신 유닛의 ID가 필요하다. 이러한 정보가 알려지지 않은 경우, 연결을 원하는 유닛은 수신 유닛들로부터 그들의 주소와 클럭 정보를 수집하기 위해서 조회(Inquiry) 메시지를 브로드캐스트할 수도 있다. 조회 과정에서, 조회를 수행하는 유닛은 어떠한 유닛이 통신 범위 내에 존재하는지, 그리고 어떤 특징을 가지고 있는지를 결정할 수 있다. 조회 메시지 역시 접근 코드이지만, 예비된 ID, 즉 조회로부터 유도된다. 아이들 유닛은 32홉의 조회 시퀀스에 의해 조회 메시지를 수신한다. 조회 메시지를 수신한 유닛은 자신의 ID와 클럭 정보를 포함하는 FHS 패킷을 응답신호로 전송한다. FHS 패킷의 전송 시에는 다수의 수신 유닛으로부터의 동시 전송을 방지하기 위해 무작위 백 오프(random backoff) 기법을 사용한다. 이 경우 하나의 시간 슬롯 상에서 두 개의 접근 코드를 전송하기 때문에 다음 <그림 3-13>과 <그림 3-14>와 같이 두 가지 경우가 발생한다.

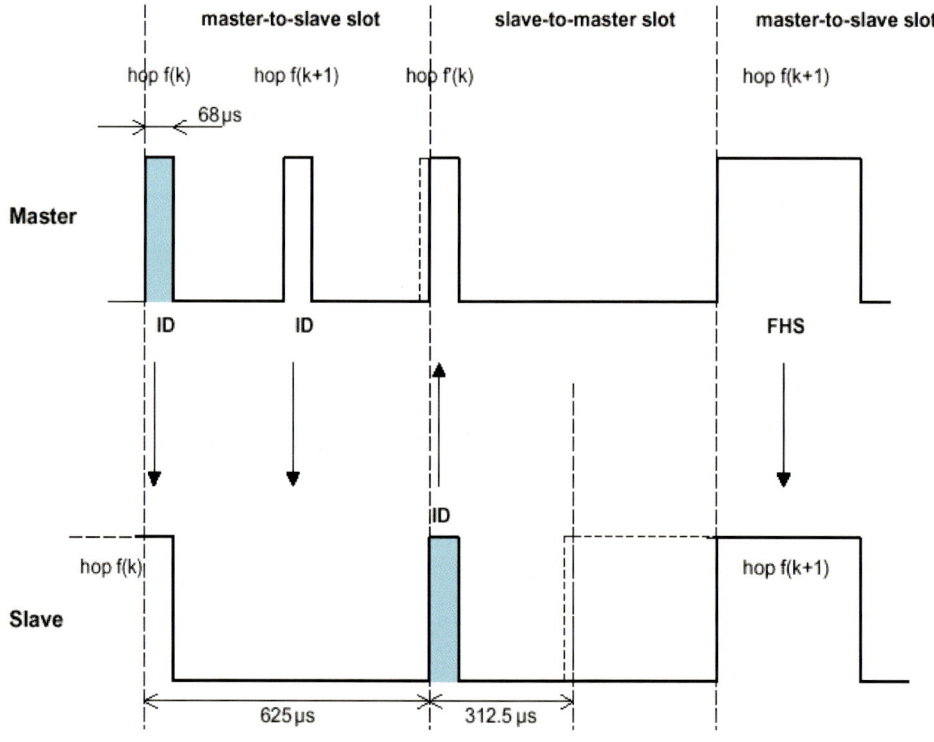

〈그림 3-13〉 처음 슬롯의 중간에서 페이지를 성공했을 경우 FHS 패킷의 타이밍

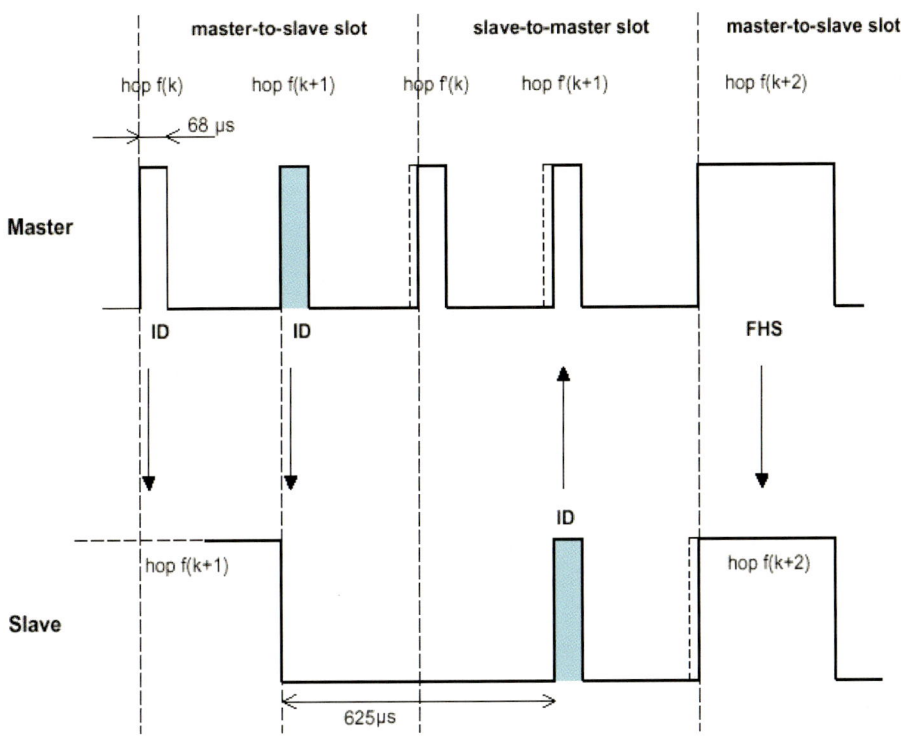

<그림 3-14> 두 번째 슬롯의 중간에서 페이지를 성공했을 경우 FHS 패킷의 타이밍

페이지와 조회 과정 동안에는 32홉 주파수가 사용된다. 그러나 순수하게 데이터를 전송하기 위한 호핑 시스템에서는 적어도 75개의 홉 주파수가 사용되어야 한다. 페이지와 조회 과정 동안에는, 신호 전송을 위해 접근 코드만이 사용된다. 이때의 접근 코드는 DS(Direct-Sequence) 코드로 이용된다. 따라서 32홉 시퀀스로부터 얻어진 처리이득(Processing Gain)과 DS(Direct-Sequence)로부터 얻어진 처리이득(Processing Gain)을 합하여, 하이브리드 DS/FH 시스템을 위한 충분한 처리이득(Processing Gain)을 얻을 수 있다. 이처럼, 페이지와 조회 과정 동안 블루투스 시스템은 하이브리드 DS/FH 시스템처럼 동작한다. 그러나 연결이 설정되어 있는 동안에는 순수한 FH 시스템으로 동작한다.

3.2.9 연결 상태(Connection states)

블루투스의 슬레이브는 액티브, 스니프, 홀드(Active, Sniff, Hold) 그리고 파크(Park)의 네 가지 동작모드 중에 한 가지 상태에 있을 수 있다. 이러한 연결 상태들은 <그림 3-15>

의 상태 다이어그램과 같이 표현될 수 있다.

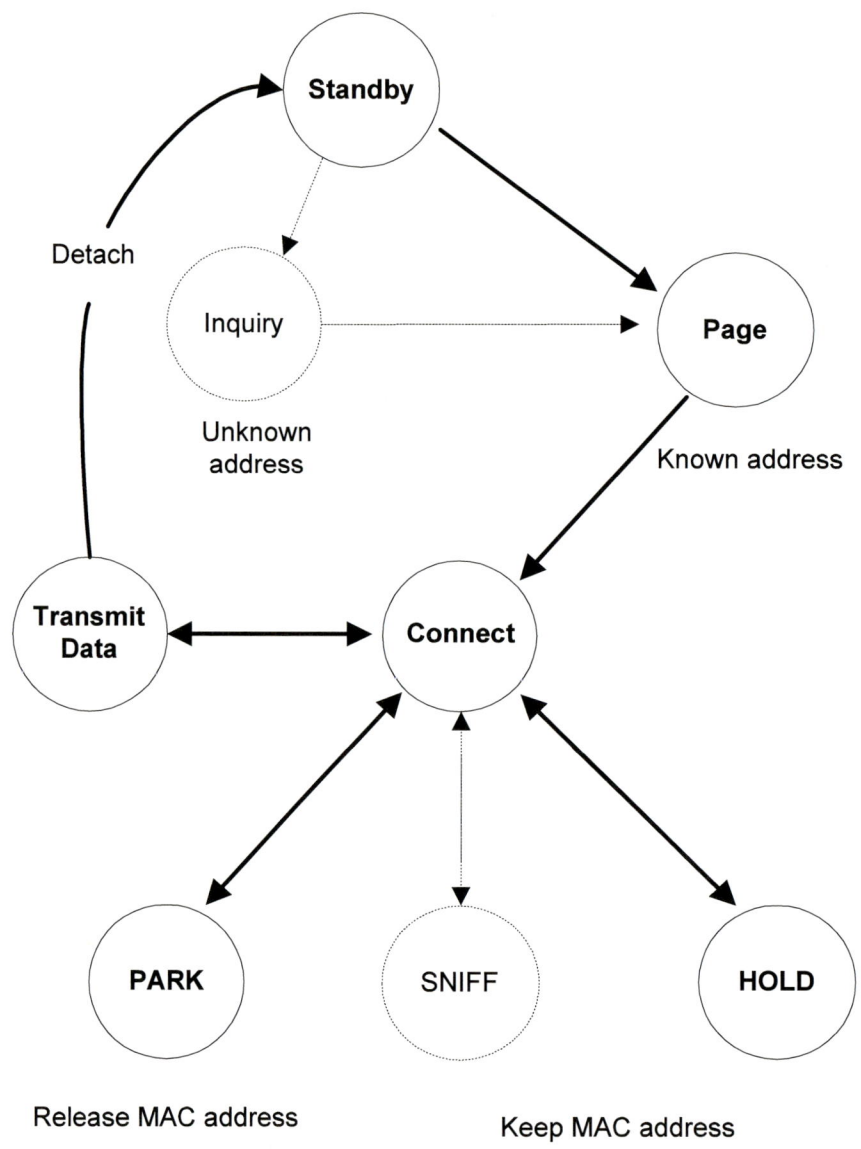

〈그림 3-15〉 블루투스의 연결 상태 다이어그램

액티브모드에서는, Bluetooth 유닛은 활동적으로 통신 채널에 참여한다. 마스터는 다른 슬레이브로부터의 요구에 그리고 다른 슬레이브로의 요구에 기초하여 전송 제어를 수행한다. 또한, 마스터는 슬레이브 유닛들이 채널과 동기화시키기 위하여 정기적인 전송을 지원한다. 액티브상태의 슬레이브들은 Master-to-Slave 슬롯에서 패킷을 수신한다. 액티브 슬레이브들은 한 묶음들을 위한 Master-to-Slave 홉들에 경청한다. 어떤 액티브 슬레이브가 마스터에 의해 불리지 않으면, 그 슬레이브는 다음번의 마스터의 전송 때까지 슬립 상태로 있을 수 있다. 전송되고 있는 패킷상의 패킷 종류 표시로부터, 전송을 위해 마스터가 예약해야 하는 슬롯수를 알아낼 수 있다. 언급되지 않은 슬레이브들은 Master-to-Slave 슬롯에서 수신동작을 수행하지 않는다. 슬레이브들의 채널 동기화를 유지시키기 위해 주기적인 마스터의 전송은 필요하다. 슬레이브 유닛들이 채널 동기화를 유지하기 위해서는 접근 코드만을 필요로 하기 때문에 어떤 종류의 패킷도 이러한 용도로 사용될 수 있다.

스니프(sniff) 모드에서는 슬레이브의 듣기 수행 시간의 길이가 줄어든다. 어떠한 슬레이브가 ACL 링크에 참여한다면, 그 슬레이브는 모든 마스터의 트래픽의 ACL 슬롯을 들어야 한다. 스니프 모드일 경우, 마스터가 특정 슬레이브에게 전송을 할 수 있는 시간슬롯의 수는 줄어든다. 즉, 마스터는 정해진 시간슬롯에서만 전송을 시작할 수 있다. 이러한 스니프 슬롯(sniff slot)이라 불리는 시간 슬롯들은 T_sniff 주기를 가지고 규칙적으로 배치되어 있다. 슬레이브는 스니프 주기마다 N_sniff 시도(attempt) 수만큼의 연속적인 스니프 슬롯(sniff slot)을 듣는다. 슬레이브가 N_sniff attempt RX 슬롯 중에 하나의 슬롯에서 패킷을 수신하게 되면, 그 슬레이브는 자신의 AM_ADDR(active member address)에 해당하는 패킷을 수신할 때까지 계속 듣는 상태에 있어야 한다.

CONNECTION 상태에 있는 동안, 슬레이브에게 연결된 ACL 링크는 홀드 모드로 들어갈 수 있다. 홀드 모드는 슬레이브가 잠시 채널상에서 ACL 패킷을 지원하지 않는 것을 의미하다. 즉 홀드 모드에서는 슬레이브가 더 이상 채널상의 ACL 통신에 참여하지 않는다. 그러나 SCO 링크의 경우는 여전히 지원된다. 홀드 모드를 이용하면, 유닛의 통신 용량은 스캔동작, 페이징, 조회동작(Scanning, Paging, Inquiring), 그리고 다른 피코넷에의 참여 등 다른 여러 동작들의 수행을 위해 자유롭게 사용될 수 있다. 홀드 모드에 있는 유닛은 더 낮은 전력을 소모하는 슬립 모드로 들어갈 수 있다. 홀드 모드에 있는 동안, 슬레이브 유닛은 자신의 AM_ADDR을 유지한다.

슬레이브가 더 이상 피코넷 채널에 참여할 필요가 없지만, 여전히 채널상에 동기화된 상태를 유지하고자 한다면, 파크(Park) 모드라는 슬레이브의 동작이 거의 없는 저전력 상태로 들어갈 수 있다. 파크 모드에서, 슬레이브 유닛은 자신의 AM_ADDR을 포기한다. 대신에, 슬레이브는 파크 모드에서 사용되는 두개의 새로운 주소를 부여받는다. 8비트의

PM_ADDR(Parked Member Address)과 8비트의 AR_ADDR(Access Request Address)이 그것들이다. PM_ADDR은 어떠한 파크 모드에 있는 슬레이브와 다른 파크 모드에 있는 다른 슬레이브들과 구별하기 위해 사용된다. PM_ADDR, 이 주소는 마스터에 의한 Unpark 절차에서 이용된다. PM_ADDR뿐 아니라, 어떤 파크 모드에 있는 슬레이브가 자신의 48비트 BD_ADDR(Bluetooth Device Address)을 이용하여 스스로 언파크(Unpark)를 수행할 수 있다. 모두 0으로 채워진 PM_ADDR은 예비로 남겨진 주소이다. PM_ADDR이 0인 주소를 가진 파크 모드 유닛이 있다면, 이 유닛은 BD_ADDR에 의해 언파크 과정을 수행할 수밖에 없다. 이 경우 그 PM_ADDR은 아무런 의미를 가지고 있지 않다. AR_ADDR은 슬레이브에 의한 Unpark 과정에 사용된다.

파크 모드에 있는 슬레이브 들에게 전송하기 위해서는 이 슬레이브들이 AM_ADDR을 가지고 있지 않기 때문에 모든 패킷들은 브로드캐스트에 의해 전송되어야 한다. 파크 모드에 있는 슬레이브는 브로드캐스트 메시지가 있는지를 검사하고, 채널에 다시 동기를 맞추기 위해서 정기적인 간격으로 깨어나야 한다. 파크 모드의 슬레이브들의 동기화와 채널 접근을 위해서, 마스터는 비콘(beacon) 채널을 제공한다. 보다 상세한 내용을 위해서는 블루투스 표준 규약을 참조하기 바란다.

3.2.10 홉 선택 방식(Hop selection mechanism)

블루투스는 특별한 홉 선택 방식을 사용한다.

홉 선택 방식은 ID(Identity)와 클럭 입력을 가진 블랙박스와 같다고 볼 수 있고, 이러한 입력에 대한 출력 홉은 <그림 3-16>과 같이 나타낼 수 있다.

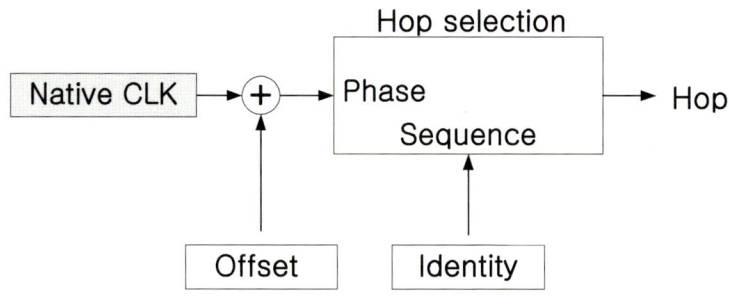

〈그림 3-16〉 블루투스에서의 홉 선택 메커니즘

홉 선택 방식은 다음과 같은 필요조건을 만족시킨다.

① 홉은 유닛의 ID에 의해 선택되고, 위상은 유닛의 클럭에 의해 결정된다.

② 시퀀스의 주기는 약 23시간 정도여야 한다.

③ 32개의 연속적인 홉은 64MHz의 대역폭을 차지하여야 한다.

④ 평균적으로 모두 주파수는 동일한 확률로서 발생되어야 한다.

홉 시퀀스의 수는 매우 커야 한다. 클럭 또는 ID의 변화에 의해 선택된 홉 채널도 즉시 바뀌어야 한다. 블루투스 홉 선택 방식에 의해 발생되는 시퀀스는 본질적으로 직교(orthogonal) 성질을 갖는다. 그러나 79개의 홉 주파수를 가지고 만들 수 있는 직교 시퀀스의 수는 제한된다.

첫 번째 조건은 피코넷 마스터 유닛의 ID와 클럭에 의해 홉 채널이 정의되도록 함으로써 만족된다. 두 번째 조건은 몇 개의 피코넷들이 같은 장소에 존재할 때의 간섭 패턴이 반복되는 것을 막아 준다. 반복되는 간섭은 음성 신호와 같은 동기화서비스에 좋지 않은 영향을 준다. 대역의 확장은 짧은 시간 동안 가능한 한 신호를 최대의 확산시킴으로써 최대의 간섭 면역을 제공한다. 이러한 성질은 음성 서비스에서 아주 중요한 성질이다. 또한 32홉 길이를 갖는 활성화(wake-up) 시퀀스와 조회(Inquiry) 시퀀스에서도 바람직한 특징을 제공한다. 대부분의 통신 규약은 넓은 대역폭 상에서 모든 주파수가 동일한 확률로 발생될 것을 요구한다. 많은 수의 피코넷들이 동일한 지역에서 동시에 존재할 수 있기 때문에, 다양한 홉 패턴이 사용될 수 있어야 한다. 이러한 사실은 사전에 저장된 시퀀스의 사용을 배제한다. 즉 홉 시퀀스는 논리 회로에 의해 그때그때 발생되어야 한다. 마지막으로, 맨 마지막 조건은 클럭을 뒤로 또는 앞으로 동작시킴으로써 시퀀스를 앞 또는 뒤로 동작시키는 유연성을 제공한다. 이러한 유연성은 페이지나 조회 과정에서 진행된다. 추가로, 이러한 유연성은 피코넷들 사이의 스위칭을 가능하게 한다. 즉, 유닛은 마스터 파라미터(Identity와 clock)를 바꿈으로써 하나의 피코넷에서 다른 피코넷으로 스위치할 수 있다. 홉 선택 방식은 <그림 3-17>과 같이 표현될 수 있다.

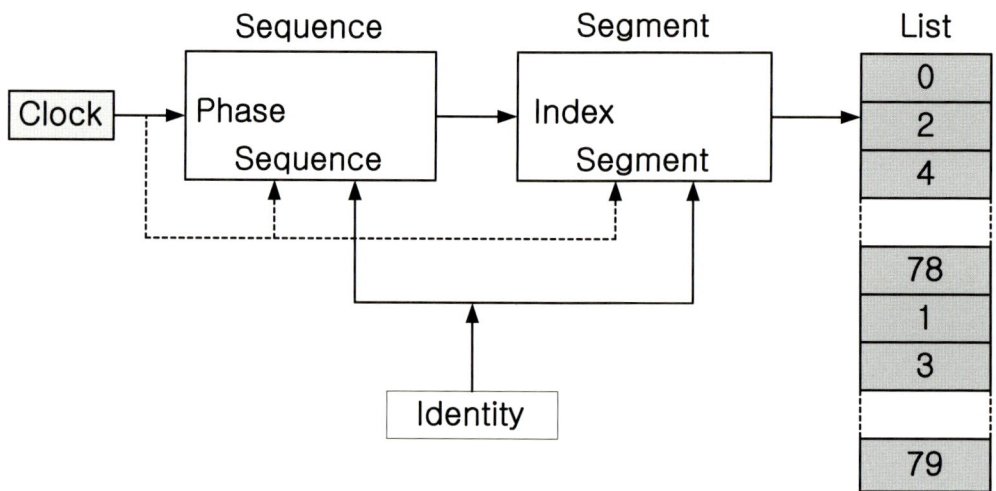

〈그림 3-17〉 홉 선택 메커니즘(점선은 연결 모드에서만 사용되는 더욱 중요한 클럭일 경우)

첫 번째 블록에서, ID는 불특정 허위(Pseudo-Random) 특성을 갖는 32홉 하위 시퀀스를 선택한다. 클럭의 최하위 부분은 슬롯비율(1,600slots/s)에 따라서 32개의 홉 시퀀스를 이용하여 주파수 호핑을 수행한다. 이처럼 첫 번째 블록은 32홉 세그먼트의 지표를 제공한다. 이러한 세그먼트는 79개의 홉 주파수 목록으로 매핑된다. 주파수 목록은 짝수의 홉이 목록의 처음 반을, 그리고 홀수의 홉이 목록의 나머지 반을 차지하는 방식으로 만들어진다. 32개의 연속적인 주파수의 임의 세그먼트는 약 64MHz의 대역폭을 차지한다. 페이징과 조회 과정 동안, 반송 주파수 목록상에 32홉 세그먼트 매핑은 고정된다. 클럭이 동작 중일 때, 동일한 32홉 시퀀스와 32홉 반송 주파수가 사용될 것이다. 그러나 다른 ID는 다른 세그먼트와 다른 시퀀스를 매핑한다. 따라서 다른 유닛의 활성화 홉 시퀀스는 임의의 것으로 잘 설정된다. 연결되어 있는 동안 클럭의 상위 비트들은 시퀀스의 선정과 세그먼트 매핑 모두에게 영향을 준다. 32홉(1 세그먼크) 후, 시퀀스는 변경되고, 세그먼트는 앞 방향으로 1/2 세그먼트 크기(16홉)만큼 이동한다. 32홉 길이의 각 세그먼트는 사슬처럼 이어진다. 지표의 임의 선택에 의해 새로운 세그먼트로 바뀐다. 세그먼트는 반송 주파수 목록상에서 이동하며 결정되고, 평균적으로 모든 반송 주파수는 동일한 확률로 발생된다. 클럭 또는 ID의 변화는 직접적으로 시퀀스와 세그먼트 매핑을 바꾼다.

3.2.11 에러 정정(Error correction)

블루투스는 에러 정정을 위해 FEC와 패킷 재전송을 지원한다. FEC에는 1/3 코드와 2/3 FEC 코드가 지원된다. 1/3 코드는 수신 측에서 다수에 의한 결정을 위한 3-비트 반복 코딩을 사용한다. 반복 코드의 경우, 순간적인 대역폭의 감소 때문에 추가적인 이득이 얻어진다. 결과적으로, 수신 필터링에 의한 ISI(Inter symbol Interference)가 감소하게 된다. 1/3 코드는 패킷의 헤더부분에서 사용되고, 또한 SCO 링크상의 동기화 패킷의 페이로드에 적용될 수 있다.

2/3 FEC 코드에는 쇼트해밍(Shortened Hamming) 코드가 사용된다. 디코딩을 위해 에러 트랩핑(Trapping)이 사용될 수 있다. 2/3 FEC 코드는 SCO 링크상의 동기화 패킷과 ACL 링크상의 비동기화 패킷의 페이로드에 모두 사용될 수 있다. 적용된 FEC 코드는 매우 단순하고 인코딩과 디코딩 시간이 매우 짧다. 이는 RX와 TX 간의 처리시간의 제한된 경우에 바람직한 특징이다. ACL 링크에는 ARQ 방식이 적용될 수 있다. ARQ 방식에서의 패킷 재전송은 패킷의 수신이 확인되지 않으면 실행된다. 각 페이로드는 에러를 검사하기 위한 CRC를 포함하고 있다. 블루투스의 ARQ 방식으로 stop-and-wait ARQ, go-back-N ARQ, 그리고 selective-repeat ARQ와 같은 방식들이 고려되었다. 이러한 방식들 외에도, 복합 방식 또한 분석되었다. 그러나 구현상의 복잡함, 오버헤드, 그리고 비경제적인 재전송을 최소화하기 위하여, 블루투스는 패킷이 전송된 TX 슬롯 뒤에 바로 따라오는 RX 슬롯에서 패킷의 수신 여부를 알려 주는 fast ARQ 방식을 구현하였다.

<그림 3-18>은 이러한 fast-ARQ 방식을 보여 준다.

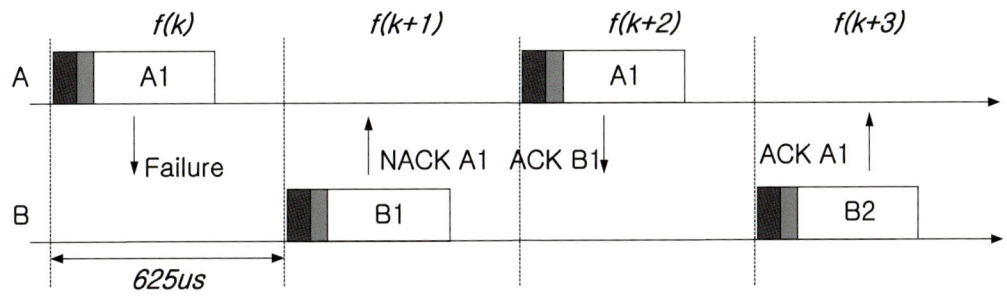

〈그림 3-18〉 블루투스의 재전송 동작의 예

2/3 FEC 코드와 fast-ARQ 방식을 혼합하면, 하이브리드 ARQ 방식1이 된다. ACK/NACK 정보는 응답으로 전송되는 패킷의 헤더에 피드백되어 전송된다. 수신된 패킷의 정확함을 결정하고 응답으로 전송되는 헤더부에 ACK/NACK를 만들 수 있는 시간은 오직 RX/TX 스위칭 시간뿐이다. 또한, 수신된 패킷의 헤더에 있는 ACK/NACK 정보는 바로 전에 보내진 페이로드가 올바르게 수신되었는지를 알려 주고 그 결과에 따라 재전송을 수행하거나 다음 패킷을 전송하여야 한다. 이 과정은 <그림 3-19>에서 설명된다.

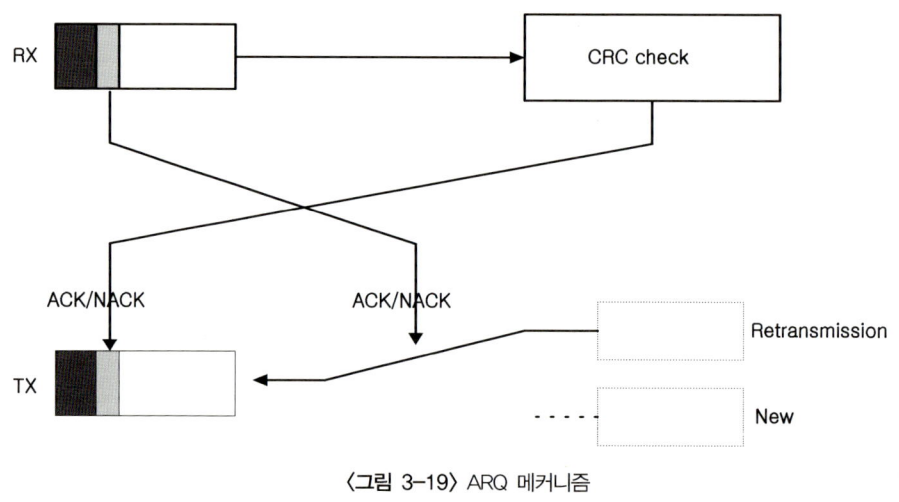

<그림 3-19> ARQ 메커니즘

짧은 처리 시간을 가정하기 때문에, 패킷이 수신되는 동안 즉시 디코딩이 수행된다. 또한, FEC 코딩 방식의 단순성은 이러한 패킷의 처리속도를 개선시켜 준다. fast-ARQ 방식은 stop-and-wait ARQ 방식과 유사하다. 그러나 지연 시간은 최소화되었다. ARQ 방식에 의해 발생되는 추가 지연은 사실상 거의 없다. Fast-ARQ 방식은 에러가 발생한 패킷만을 재전송하기 때문에 go-back-N보다 효율적이다. Fast-ARQ의 효율은 selective-repeat ARQ에 의해 얻어지는 효율과 같지만, 발생하는 오버헤드는 더 작다. fast-ARQ 방식을 위해서는 1비트의 시퀀스 수만 있으면 충분하다. 이 1비트의 시퀀스 수는 ACK/NACK 정보 상의 에러로 인해 올바른 패킷이 두 번 발생한 경우를 처리하기 위해 필요하다.

3.2.12 전력 관리(Power management)

블루투스를 설계하는 데 있어, 전력 소모를 줄이기 위한 많은 노력이 이루어졌다. 아이들 모드에서는 유닛은 T초마다 약 10ms 동안 스캔을 수행한다. 이러한 T는 1.28초에서 3.84초의 범위에 존재할 수 있다. 따라서 듀티 사이클(Duty Cycle)은 1%보다 작게 된다. 또한 듀티 사이클을 더 감소시키기 위해 파크(Park) 모드가 정의되었다. 그러나 이러한 파크 모드는 피코넷이 설정된 후에만 적용될 수 있다. 아무튼 연결 설정이 이루어지고 난 후에는 슬레이브가 파크 모드로 들어갈 수 있다. 그 결과, 슬레이브(Slave)는 아주 작은 듀티 사이클만을 가지고 채널을 듣게 된다.

슬레이브는 자신의 클럭을 채널과 동기화시키기 위해 그리고 슬립 상태로 돌아갈지를 결정하기 위해 채널상의 접근 코드와 패킷 헤더만을 들으면 된다. 파크 모드의 슬레이브는 마스터와 동기화가 이루어진 상태이기 때문에 시간과 주파수의 불확실성이 없다. 따라서 훨씬 작은 듀티 사이클을 가질 수 있다. 연결 상태에 있는 동안 가능한 또 다른 저전력 모드는 스니프(Sniff) 모드이다. 스니프 모드에서의 슬레이브는 모든 Master-to-Slave 슬롯을 스캔하지 않고 긴 간격마다 일정 간격으로 스캔을 수행한다. 연결 상태에서 데이터가 있는 경우에만 전송함으로써, 전력 소모를 최소화하고, 불필요한 간섭을 방지할 수 있다. 만일 교환되어야 할 정보가 없다면, 전송은 발생하지 않는다. ACK/NACK와 같은 링크 제어 정보가 전송되어야 한다면, 페이로드가 없는 NULL 패킷을 전송한다. NACK는 어떠한 정보도 수신되지 않으면 기본적으로 설정되는 암시적인(Implicit) 성질을 가지므로, NACK 정보를 가지는 NULL 패킷은 전송할 필요가 없다. 오랫동안 데이터의 전송이 없는 경우에 마스터는 채널상에 존재하는 슬레이브들이 자신의 클럭과 동기화를 유지하고 편류(Drift) 값을 보상하도록 때때로 패킷을 전송하여야 한다. 클럭의 정확성과 슬레이브에 적용된 스캔 윈도우(Scan Window)의 크기에 따라 동기화를 재설정하는 데 걸리는 주기가 결정된다. 유닛은 RX 슬롯의 시작점에서 접근 코드의 스캔을 시작할 수 있다. 만약 특정한 스캔 윈도우상에서 접근 코드가 발견되지 않으면, 유닛은 다음 RX 슬롯까지 슬립 상태를 유지한다. 자신의 코드와 일치하는 접근 코드가 수신되면, 헤더가 디코딩된다. 디코딩된 헤더의 3비트 슬레이브 주소가 자신의 것과 일치하지, 패킷의 수신은 중단된다. 패킷의 헤더는 현재의 패킷이 어떠한 종류이고 얼마나 오랫동안 전송될 것인지를 알려 준다. 따라서 언급되지 않은 슬레이브들은 자신들이 얼마 동안 슬립 상태에 머물러야 하는지를 결정할 수 있다.

단거리 연결을 위한 블루투스 애플리케이션에서의 통상적인 송신전력은 0dBm이다. 이렇게 작은 송신 전력은 전력 소모를 제한하고 다른 시스템으로의 간섭을 최소화한다. 그러나 블루투스 라디오 표준에서는 20dBm까지 TX 송신 전력을 허용한다. 송신 전력이 0dBm 이상일 경우, 전력 제어에 입각한 폐쇄형 루프의 수신 신호 크기 표시(RSSI)가 의무로 되어 있다. 전력 제어는 전송 손실과 slow fading을 보상한다.

3.2.13 보안(Security)

블루투스가 주로 개인용 장치들 사이의 단거리 연결을 지향하지만, 기본적인 보안 요소는 권한이 없는 사용자의 사용이나 도청을 방지하기 위해 기본적인 보안을 포함하고 있다. 연결 설정 시에, 연결 설립에 관련된 유닛들의 ID(Identity)를 검증하기 위한 확인 과정이 수행된다. 이러한 확인 과정은 <그림 3-20>에 설명된 것처럼 기존의 시도응답(Challenge-Response) 루틴을 사용한다.

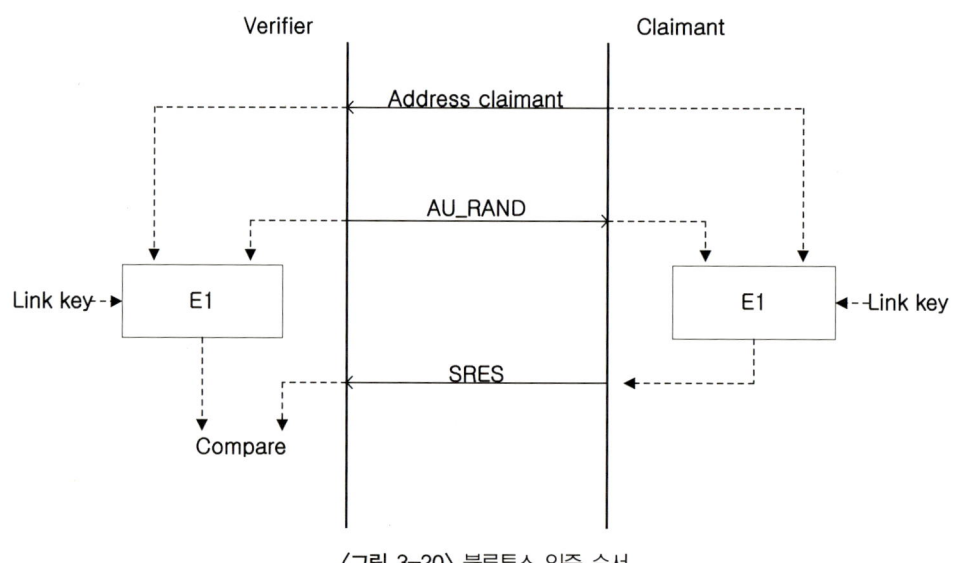

〈그림 3-20〉 블루투스 인증 순서

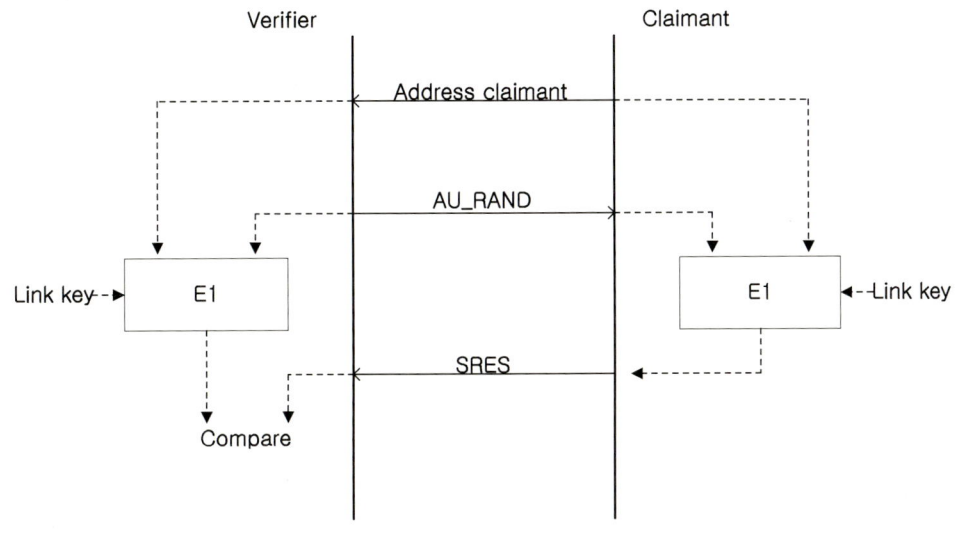

Verifier   Claimant

Address claimant

AU_RAND

Link key-- [E1]   [E1] --Link key

SRES

Compare

〈그림 3-21〉 블루투스 인증 순서

<그림 3-20>의 우측에 있는 요구인(Claimant)은 좌측의 증명인(Verifier)에게 자신의 48-비트 주소를 전송한다. 증명인은 128-비트 난수(AU_RAND) 형태의 시도(Challenge)를 응답신호로 전송한다. AU_RAND, 요구인 주소, 그리고 128-비트 공통 비밀 연결 키는 SAFER+에 기호한 컴퓨터 보안 해시 함수(Computational Secure Hash Function) E1의 입력 인자가 된다. 이러한 연산 결과 32비트의 SRES(Signed Response)가 생성된다. 요구인에 의해 생성된 SRES는 증명인에게 보내진다. 증명인은 이 SRES를 자신의 SRES와 비교한다. 이렇게 계산된 2개의 SRES의 수가 일치할 경우에만 연결 설정의 다음 과정이 수행될 수 있다. 확인 과정은 단일방향 혹은 양방향 모두 가능하다. 32비트 SRES뿐 아니라, E1 알고리즘은 96-비트 확인 암호 오프셋(ACO)을 생성한다. 이 오프셋은 암호화 과정에 사용된다. 전파 통신의 속성 때문에 발생할 수 있는 도청을 방지하기 위해 패킷의 페이로드는 암호화되어 전송된다. 암호화는 스트림암호화(Stream-Ciphering)를 기반으로 한다. 페이로드는 2진수의 키 스트림과 모듈로 2연산을 수행한다. 이진의 키 스트림은 LFSR(Linear Feedback Shift Register)들에 바탕을 둔 두 번째 해시 함수 E0에 의해 만들어진다. 암호화가 가능하다면, 마스터는 슬레이브에게 난수 EN_RAND를 보낸다. 각 패킷을 전송하기 전에 LFSR은 EN_RAND, 마스터ID, 암호화 키 그리고 슬롯번호를 초기화한다. 슬롯의 번호는 새로운 패킷이 전송될 때마다 바뀌기 때문에, 각 패킷마다 새로운 초기화가 수행되게 된다. 암호화 키는 비밀 링크(secret link)키, EN_RAND 그리고 ACO로부터 얻어진다. 보안

과정에 핵심적인 요소는 128-비트의 링크키이다. 이 링크키는 블루투스 하드웨어에 존재하고 사용자에 의한 접근이 허용되지 않는 비밀 키이다. 링크키는 초기화 과정 중에 만들어진다. 사용자에 의해 시작된 초기화 과정은 두 개의 장치들을 연동을 필요로 한다. 초기화 권한을 주기 위하여, 사용자는 양쪽 장치들에 동일한 PIN을 입력하여야 한다. 사용자 인터페이스(예를 들면, 마이크가 달린 헤드폰들) 없는 장치들을 위해, 초기화는 짧은 시간 동안만(예를 들면, 그 사용자가 초기화키를 눌렀던 후에) 가능하다. 일단 그 초기화가 실행되었으면, 하드웨어에 미리 설정되어 있는 128-비트 링크키를 이용하여 사용자와의 특별한 상호 작용 없이 자동으로 확인 과정을 수행한다.

원칙적으로, 링크키는 두개의 유닛의 합의에 의해 결정된다. 따라서 N개의 유닛에 보안을 제공하기 위해서는, N(N-1)/2 링크키가 필요하다.

블루투스는 특정 애플리케이션을 위해 키의 수를 줄이는 방법을 제공한다. 하나의 유닛을 많은 사용자가 사용할 경우(예를 들어 몇 명의 사용자에 의해 공유된 프린터), 이 유닛과의 안전한 통신을 위해서 모든 사용자는 하나의 키를 사용한다. 게다가 하나의 피코넷 내에서는 동일한 암호화키를 사용하여 링크키의 수를 줄일 수 있다. 블루투스는 가장 작은 수준에서 보안을 제공하기 때문에, 공용키(Public Key)와 같은 보다 진보된 보안 알고리즘은 상위 계층에 구현될 수 있다.

3.2.14 피코넷 사이의 통신(Inter-Piconet communications)

블루투스 시스템은 여러 개의 피코넷들이 동일한 지역 내에서 뚜렷한 성능 저하 동작할 수 있도록 최적화되었다. 동일한 지역에서의 다수의 피코넷 간의 연결을 스캐터넷(Scatternet)이라 한다. 블루투스가 패킷 전송을 기본으로 한 통신을 수행하기 때문에, 다른 피코넷들을 연결하는 것이 가능하다. 이는 유닛들이 여러 개의 다른 피코넷에 참여할 수 있다는 것을 의미한다. 그러나 전파는 하나의 홉 반송주파수에만 맞추어질 수 있게 때문에, 유닛은 어느 한 순간에는 하나의 피코넷에서의 통신만이 가능하다. 그러므로 유닛은 피코넷 채널 파라미터들(예를 들면, 마스터ID, 마스터 클럭)을 조절하여 하나의 피코넷으로부터 다른 피코넷으로 스위치를 할 수 있다.

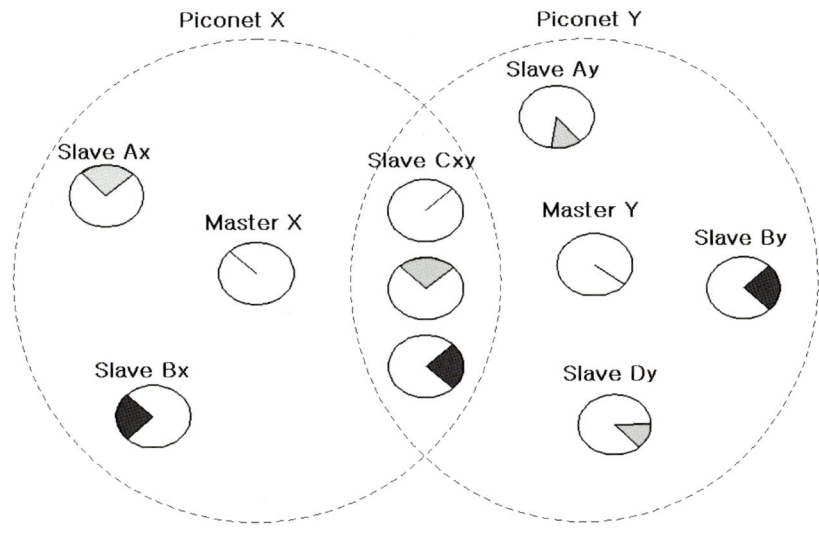

〈그림 3-22〉 두 개의 피코넷에서 CXY 슬레이브의 관여

<그림 3-21>은 하나의 슬레이브 CXY가 서로 다른 두 개의 피코넷 X와 Y 사이를 스위 칭하고 있는 예를 보여 준다. 유닛은 피코넷 간에 스위치를 하는 동안 역할을 바꿀 수 있 다. 예를 들면, 유닛은 어느 순간 하나의 피코넷에서 마스터일 수 있고, 또 다른 어느 순간 에는 다른 피코넷의 슬레이브가 될 수 있다. 물론 다른 피코넷에서 슬레이브일 수도 있다. 그러나 정의에 의하면, 마스터의 파라미터들이 피코넷 FH 채널을 결정하기 때문에 어떠 한 유닛은 서로 다른 두개의 피코넷에서 동시에 마스터 역할을 수행할 수 없다. 홉 선택 방식은 피코넷 간의(Inter-Piconet) 통신을 허용하기 위해 설계되었다. <그림 3-22>와 같이 홉 선택 알고리즘의 입력 신호인 ID와 클럭을 바꾸어 줌으로써, 순간적으로 새로운 피코 넷의 홉이 선택된다. <그림 3-23>은 이와 같은 입력 파라미터의 변경을 구현한 예이다.

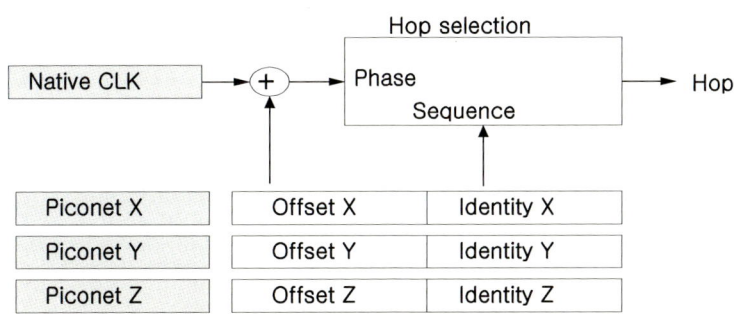

〈그림 3-23〉 Inter-Piconet 통신에서 홉 선택

다른 피코넷 사이의 스위치가 가능하도록 하기 위해, 트래픽 스케줄링 시 다른 피코넷 간의 슬롯 불일치를 해결하기 위한 가드타임(Guard Time)이 포함되어야 한다. 블루투스에서는, 하나의 유닛이 잠시 동안 어떤 피코넷을 떠나서 다른 피코넷을 방문할 수 있도록 홀드(HOLD) 모드를 도입하였다. 피코넷 사이의(Inter-Piconet) 통신을 이용한 스캐터넷의 트래픽 스케줄링과 라우팅은 앞으로 연구해야 할 주제이다.

3.3 IEEE 802.15.3(HR-WPAN)

최대 1Mbps의 전송률과 세 개의 음성 채널로 제한된 데이터 전송을 지원하는 블루투스의 취약점을 극복하고 멀티미디어 전송이 가능한 기기들 간의 애드 혹 형태의 연결을 지원하기 위하여, IEEE 802.15.3에서 새로운 표준안인 고속 전송 WPAN(HR-WPAN)이 개발되었다.

HR-WPAN이 적용 가능한 서비스는 디지털 카메라, MP3, CDP, PC 간의 디지털 뮤직 분배 등의 대용량 데이터 전송 서비스와 디지털 캠코더와 TV 간, 랩톱 PC와 프로젝터 간 고화질/고음질의 A/V 데이터 분배 등이다. 따라서 HR-WPAN은 기존의 WLAN과 비교하여 최대 55Mbps의 전송 속도를 지원하면서, 저소비전력과 저가의 연결성, 애드 혹 네트워킹, 멀티미디어 QoS를 제공할 수 있다. 또한 무선을 이용한 근거리 멀티미디어 서비스는 고속 전송 속도 외에 저비용, 간편한 사용 방법, 저전력 소모, 보안성, QoS 등이 요구된다. 그러나 현재까지 개발된 WLAN 및 블루투스 등의 규격은 이러한 조건을 만족시키지 못하고 있다. 따라서 IEEE 802.15.3 규격을 근간으로 하여 상기와 같은 요구 사항들을 수용하는 무선 멀티미디어 접속을 수용하는 규격 개발을 지원하기 위한 포럼인 WiMedia가 결성되었고 WiMedia를 적용하게 되면 디지털 TV와 DVD 플레이어 간의 무선 화상 전송, 셋톱박스와 홈시어터 간의 고해상/고음질 무선 연결, 디지털 캠코더와 컴퓨터 간 고속 데이터 연결 등이 가능해지게 된다.

3.3.1 IEEE 802.15.3 개요

피코넷(Piconet)은 독립적인 데이터 디바이스들이 서로 통신할 수 있도록 하는 무선의 애드 혹 데이터 통신 시스템이다(<그림 3-24>). 사전 계획 없이 피코넷이 필요에 따라 형성되기 때문에 애드 혹이라 불리며, 통상 10m의 범위의 사람과 개체를 포함할 수 있게 제한된다. 같은 물리 채널에서 통신하는 디바이스들은 피코넷을 구성하는데, 이 중 하나는 피코넷 조정자(PNC: Piconet coordinator)의 역할을 수행한다. PNC는 접속 포인트로 고정된 것이 아니라 다른 디바이스들도 네트워크 상황에 따라 맡을 수 있다는 점이 802.11과 다른 점이다. 명령(command) 메시지는 PNC와 디바이스 간에 교환되며, 데이터 메시지는 디바이스 간에 직접 피어 투 피어로 교환된다. PNC의 역할은 다음과 같다.

- 비콘(beacon)으로 피코넷의 기본 타이밍을 제공
- QoS 요구를 관리
- 절전 모드를 관리
- 인증 요구를 관리(보안이 구현된 경우)

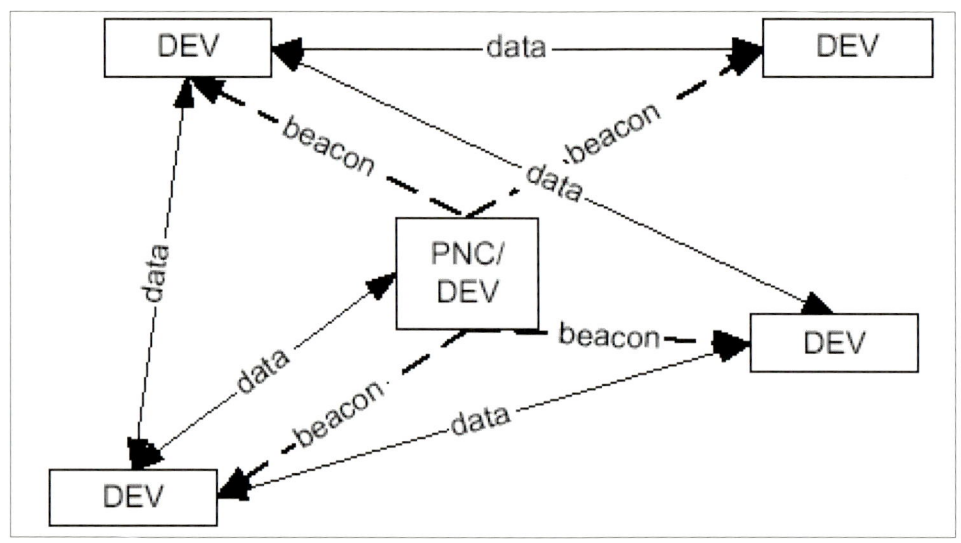

〈그림 3-24〉 802.15.3 피코넷

IEEE 802.15.3 표준은 위와 같은 멀티미디어 데이터요구를 만족시키기 위해 전송속도를 20Mbps 이상으로 하고(최대 속도는 55Mbps), QoS 기능을 지원하도록 하고 있다. 또, 배터리 전력을 아끼기 위한 고급 전력 관리, 인프라 없이 참가/탈퇴가 빠르고 쉬운 애드 혹 연결 구성, 10m의 근거리에 최적화된 저비용/저복잡도의 MAC/PHY 구현 등을 특징적인 목표로 하고 있다. 다른 802.15 또는 다른 무선 네트워크와 공존도 지원하도록 한다.

802.15.3 MAC 규격의 주 설계 목표는 1) 애드 혹 네트워크 지원, 2) 멀티미디어를 위한 QoS 제공, 3) 전력 관리이다. 애드 혹 네트워크라 함은 디바이스가 네트워크 상황에 따라 마스터와 슬레이브 기능을 택할 수 있고, 복잡한 설정 절차 없이(1초 이내의 빠른 시간을 목표로 함) 네트워크에 참가하고 탈퇴할 수 있음을 의미한다. QoS를 지원하기 위해 시간 할당을 하는 TDMA 방식을 채택하고 있다. 전력 관리는 802.15.3 MAC의 중요한 특성으로 전류 소모를 급격히 줄이도록 절전 모드를 제공하고, 절전 보느에서도 QoS 지원온 게

속될 수 있게 한다.

타이밍(timing)은 <그림 3-25>와 같이 수퍼프레임(superframe)에 기반한다. 수퍼프레임은 비콘(beacon), CAP(Contention Access Period), CFP(Contention Free Period)의 세 부분으로 되어 있다.

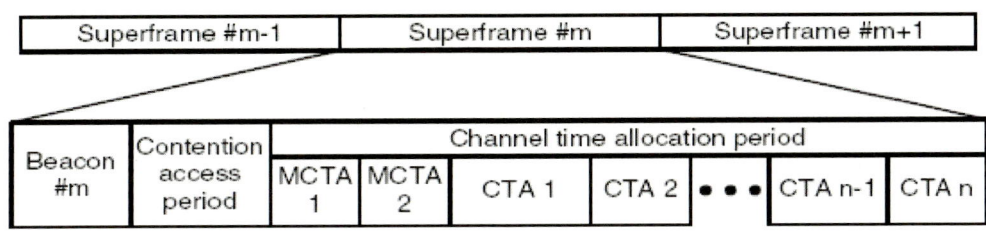

〈그림 3-25〉 802.15.3 피코넷 수퍼프레임

비콘은 수퍼프레임의 맨 앞에 전송되는데, 타이밍 할당(Timing Allocation)과 피코넷 관리 정보(전력 관리, 새로 참여한 디바이스 정보 등)를 알려 준다. CAP에서는 명령 (Command)과 비동기 데이터(Asynchronous Data) 등의 QoS를 요구하지 않는 프레임을 교환된다. CFP는 MCTA(Management Time Slot)들과 GTS(Guaranteed Time Slot)들로 나뉘며, QoS를 요구하는 데이터 프레임, 즉 등시성 스트림(Isochronous Stream)과 비동기 데이터 연결에 사용된다. MTS는 PNC와 디바이스 간에 관리(Management) 정보를 교환하기 위함 이다.

매체 접근 방식을 보면, 비콘에서는 TDMA를, CAP에서는 CSMA/CA를, CFP의 CTA에 서는 고정된 시간 윈도우(Fixed Time Window)의 TDMA를, CFP의 MCTA에서는 특정 소 스/목적지에 할당된 경우는 TDMA를, 그렇지 않고 공유될 때는 분할 알로하를 각각 사용 한다.

802.15.3 MAC의 기능은 다음과 같으며, 아래에서 중점적으로 살펴보기로 한다.

- 피코넷 시작/유지(Starting/Maintaining a Piconet)
- 피코넷 참가/탈퇴(Association/Disassociation with a Piconet)
- 채널 접근(Channel Access)
- 채널 시간 관리(Channel Time management)
- 동기화(Synchronization)

- 분할 및 취합(Fragmentation and defragmentation)
- ACK 및 재전송(Acknowledgments and retransmission)
- 피어 발견(Peer discovery)
- 다중 속도 지원(Multi-rate Support)
- 동적 채널 선택(Dynamic Channel Selection)
- 전력 관리(Power Management)
- 송신 전력 제어(Transmit Power Control)

3.3.1.1 피코넷 시작/유지

PNC가 될 수 있는 능력을 지닌 디바이스가 비콘을 보내기 시작하는 순간, 피코넷은 형성된다. 다른 참가(associated) 디바이스가 없어도 PNC가 비콘을 보내면 피코넷으로 간주한다. PNC 능력을 지닌 디바이스는 먼저 사용되지 않는 채널을 찾기 위해 채널을 스캔한다. 빈 채널이 있으면 비콘을 보내어 피코넷을 생성하고, 없으면 자식 피코넷(Child Piconet)이나 이웃 피코넷(Neighbor Piconet)을 형성할 수 있는 옵션이 있다.

새로운 디바이스가 기존 피코넷에 참가할 때, PNC는 이 디바이스의 능력을 검사하여, PNC가 될 능력이 더 뛰어난 경우라면(지원 속도, PNC 능력 등의 능력 정보 "Capability Information"을 비교하여 판단), 이 디바이스에게 PNC 역할을 넘겨줄 수 있다(이를 handover process라 부름). 현재의 PNC가 종료할 경우, 피코넷의 남은 디바이스 중 하나에게 PNC 역할을 넘겨줄 때도 handover process를 사용한다. Handover 중에 데이터 전송은 차질이 없도록 기존에 설정된 모든 시간 할당(Time Allocation)을 유지할 수 있어야 한다.

자식 피코넷은 부모 피코넷 하에서 형성되어, 1) 피코넷의 범위를 확장하거나, 2) 계산, 메모리 요구사항을 PNC 능력이 있는 다른 디바이스에게 넘겨주기 위한 목적으로 이용된다. 전자의 경우가 이른바 멀티 홉(multi-hop) 애드 혹 네트워크이다. <그림 3-26>과 같이, 부모 피코넷이 할당해 준 private CTA(자식 피코넷의 PNC가 소스와 목적지를 자신으로 하여 채널 시간을 요청한 것을 부모 피코넷이 허가) 구간 내에서 동작한다는 점 외에는 참가(association), 인증, ACK 등이 자율적으로 처리되는 피코넷이다. 비콘에는 부모 피코넷 PNC의 주소 정보를 포함시켜 부모에 종속됨을 알린다. 자식 피코넷의 PNC는 부모 피코넷의 멤버이므로 부모 피코넷의 PNC 또는 다른 디바이스와 자식 피코넷을 위한 private CTA 외 다른 구간에서 서로 데이터를 교환할 수 있나.

이웃 피코넷은 부모 피코넷 하에서 형성되어, 빈 채널이 없을 경우 서로 다른 피코넷 간에 같은 채널에서 주파수 스펙트럼을 공유하기 위한 목적으로 이용된다. 자식 피코넷과 마찬가지로, 부모 피코넷의 private CTA에 의존한다는 점 외에는 참가, 인증, ACK 등이 자율적으로 처리되는 피코넷이다. 이웃 피코넷의 PNC는 부모 피코넷의 멤버가 아니어서, 부모 피코넷의 다른 디바이스와 데이터를 교환할 수 없다는 점이 다르다. 단, 이웃 피코넷 을 형성하기 위해 필요한 메시지 등 기타 명령 메시지를 private CTA 외 다른 구간에서 부모 피코넷의 PNC에게 보낼 수는 있다.

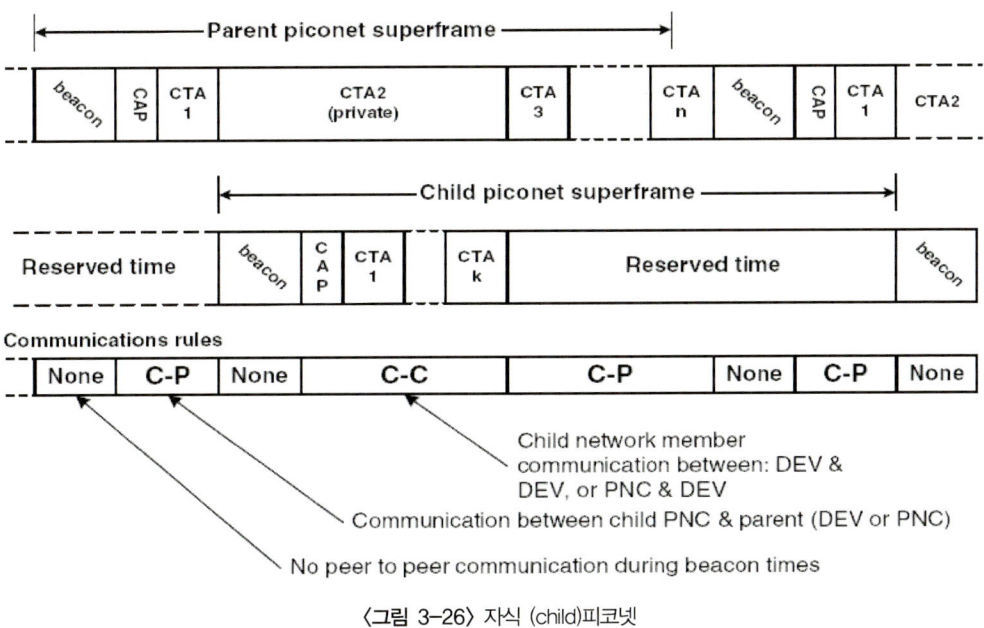

〈그림 3-26〉 자식 (child)피코넷

PNC가 종료할 때, PNC 능력을 지닌 다른 디바이스가 없으면, PNC는 비콘에 "PNC shutdown" information element (IE)를 실어 피코넷을 소멸한다. 부모 피코넷이 종료될 때, 자식 피코넷들과 이웃 피코넷들 중 하나만이 계속 정상적으로 동작하고, 나머지는 피코넷 동작을 종료하는데, 존재할 피코넷은 부모 PNC가 선택한다. 이때 계속 존재하는 피코넷 은, 비콘에서 부모 피코넷 PNC의 주소를 제거하여 독립적인 피코넷으로 존재한다. 한편, 부모 PNC는 탈퇴 명령을 보내거나, 할당된 스트림을 종료함으로써 각각, 이웃 피코넷과 자식 피코넷을 종료시킬 수 있다.

3.3.1.2 피코넷 참가/탈퇴

바이스는 참가 과정(association process)을 통해 피코넷에 참가한다. 디바이스가 "association request" 명령을 보내고, PNC는 "association response" 명령으로 응답한다. 이 과정에서 1-octet DEVID를 부여받는데, 이것은 피코넷 내 유일한 식별자로서, 오버헤드를 줄이기 위해 6-octet 장치 주소 대신 사용된다. 비콘에는 새 디바이스 정보(DEVID, 주소, 능력 정보)를 싣는다. 참가 과정 이 종료되면, PNC는 기존 모든 디바이스에 대한 정보(DEVID, 주소, 능력 정보, 참가 기간, 채널 시간 할당 수, SPS 정보)를 방송한다. 이로써 새 디바이스와 기존 디바이스는 상호 인식할 수 있다. 참가 과정 중, 새로 참여하는 디바이스가 제공하는 서비스와 피코넷의 기존 디바이스들이 제공하는 서비스에 대한 정보를 교환할 수 있는 옵션이 있다(여기서 서비스란 디바이스의 응용 계층에서 제공하는 기능을 말하며, 자세한 사항은 표준 외로 취급한다).

디바이스가 피코넷을 떠나고자 할 때, PNC가 디바이스를 제거하고자 할 때, 탈퇴 과정 (Disassociation Process)이 사용된다. DEVID는 더 이상 유효하지 않게 된다.

802.15.3에서 특징 중 하나는 네트워크 참가와 탈퇴가 1초 이내의 매우 짧은 시간에 이루어진다는 점이다. 이는 아무리 전송속도가 빠르더라도, 참가하는 데 시간이 많이 걸려서는 안 된다는 가정에서 정해진 것이다.

3.3.1.3 채널 접근

CAP에서는 CSMA/CA와 백 오프(back off) 절차를 이용하는 경쟁 기반 채널 접근 (contention based channel access)이 사용된다. 데이터를 보내고자 할 때, 매체가 사용되고 있지 않는 일정 기간을 기다린 후 전송하게 되는데, 이 기다리는 기간은 0과 백 오프 윈도우에서 랜덤하게 선택된다. 보낸 데이터에 대한 ACK이 도달하지 않으면 back 윈도우 값을 지수적으로 늘려 동일한 방식으로 기다린 후 해당 데이터를 재전송한다. PNC는 CAP에서 보낼 수 있는 메시지 타입(데이터, 명령, 참가)을 결정하여 비콘의 "Piconet Synchronization Parameters"에 포함시켜 알린다.

CFP에서는 TDMA 방식이 사용된다. TDMA 방식은 모든 슬롯의 시작 시간이 보장되기 때문에 절전 기능과 QoS 특성 제공에 이용될 수 있다는 점이 중요하다. CTA(또는 GTS)는 시작시간과 기간이 보장되는 슬롯으로서, 수퍼프레임 단위로 채널 시간 할당이 바뀔 수 있는 dynamic CTA와 특별히 스트림 연결을 위해 매 수퍼프레임마다 재널 시간이 힐딩되어 있고 그 위치는 일정한(바뀔 수는 있음) pseudo-static CTA로 나뉜다. 이러한 재배치는 CTA 내 타임 슬롯 할당을 최적화하기 위함이다. 모든 시간 할당은 비콘을 통해 알려진다. 채널 시간을 할당하는 알고리즘은 표준 외이며, 할당된 시간 내에서 보낼 데이터는 디바이스 자신이 결정한다. 시간 할당을 원하는 디바이스는 원하는 시간, 예를 들어 ACK(3.7절에 설명)를 필요로 할 경우, 데이터 프레임뿐만 아니라 ACK을 위한 시간과, 프레임 간 간격에 필요한 시간 등을 계산하여 "channel Time request" 명령을 PNC에 보내야 한다.

MCTA는 송신 또는 목적지가 PNC이어야 한다는 점 외에는 CTA와 동일하다. 명령(Command)을 보내기 위해 보통 CAP를 사용하지만, 이 MCTA를 사용할 수도 있다. Open MCTA에서는 어떤 디바이스든 명령을 PNC에 보낼 수 있고, association MCTA에서는 현재 참가하지 않고 있는 디바이스가 PNC에 참가 명령을 보낼 수 있다. Open MCTA와 association MCTA는 여러 디바이스가 공유한다고 볼 수 있는데 slotted aloha를 사용하여 매체 접근하며, 그렇지 않고 특정 소스/목적지에 할당된 보통의 MCTA에서는 TDMA를 사용하는 것이 차이점이다.

3.3.1.4 채널 시간 관리

명령, 관리 메시지 제외한 모든 데이터는 peer-to-peer로 교환되며, 세 가지 방법이 있다.

- CAP 동안, 비동기 데이터를 보낸다.
- CFP 동안, 등시성 스트림(Isochronous Stream)을 위한 채널 시간을 할당한다.
- CFP 동안, 비동기 채널 시간을 할당한다.

채널 시간 할당할 필요 없이 소량의 데이터를 보내고자 할 때는 CAP를 이용하면 된다 (첫 번째 방법). 디바이스는 규칙적으로 채널 시간이 필요할 경우, 등시성 채널 시간을 PNC에게 요청한다. 앞서 말한 "channel time request" 메시지를 보내는데, 이것에는 자신이 어느 디바이스가 통신하기를 원하는지, 얼마나 많은 시간이 필요한지, 시간 할당이 되는 방법, 요청하는 타임 슬롯이 Pseudo-static인지 dynamic인지 여부, 우선순위 등이 포함된다. 시간이 할당되는 방법은 하나의 수퍼프레임 내 슬롯 수를 명기하는 방법(super-rate)과 슬롯을 몇 개의 수퍼프레임마다 할당할지 명기하는 방법(subrate)이 있다. 전자의 경우 극도로 지연에 민감한 응용에 사용될 수 있다. 자원이 가용하면, PNC는 이 디바이스를 위해 GTS에 시간을 할당하는데, 할당 간격은 규칙적이다. 전술한바, 할당된 채널 시간은 비콘의 CTA(Channel Time Allocation)에 포함되어 알려진다. 데이터 전송 요구사항이 바뀌면, 스트림을 생성하였던 디바이스는 이전의 할당에 대해 시간의 증감을 요구할 수 있다. 관련된 송신 디바이스, 수신 디바이스, PNC는 등시성 스트림을 종료할 권한이 있으며, 종료된 후에는 비콘에 해당 CTA가 null로 표시된다.

비동기 할당은 약간 다르다. 반복적인 채널 시간을 요구하는 것이 아니라, 데이터를 전송하는 데 필요한 총 시간을 요청한다. PNC는 이 요청에 대해 적절하게(조금씩 나누는 방법 따위) 시간을 할당하는데, 이때 할당은 규칙적이지 않아도 된다. 할당의 변경/종료에 대한 과정은 등시성 스트림 채널과 비슷하다. 데이터 전송 요구사항이 바뀌는 경우, 스트림을 생성하였던 디바이스는 이전의 할당에 대해 시간의 증감을 요구할 수 있다. 관련된 송신 디바이스, 수신 디바이스, PNC는 비동기 데이터 연결을 종료시킬 수 있다.

3.3.1.5 동기화

피코넷 내의 디바이스들은 PNC의 시간에 동기화해야 한다. 비콘에는 동기화를 위해 필요한 타이밍 파라미터들, 즉 비콘 번호, 수퍼프레임 기간, CAP 종료 시간, CAP에서 어떤 유형의 메시지가 보내질 수 있는지 등이 포함되어 있다. 디바이스들은 비콘 프리앰블에서 시계를 0으로 재설정한다. 이 비콘의 정보를 통해, 현재 참가 중인 디바이스는 비콘 시작 시각과 타임 슬롯 할당을 이용해 언제 전송을 시작해야 할지 알 수 있으며, 미참가 중인 디바이스는 언제 참가(association) 요청을 보낼 수 있는지 알 수 있다.

3.3.1.6 분할 및 취합

MAC 이하 계층이 서비스해야 할 위 계층에서 데이터 프레임(MSDU: MAC Service Data Unit)이 큰 경우에는 MSDU의 분할/취합(Fragmentation/ Defragmentation)을 지원한다. 데이터 프레임을 분할할 수 있다는 것은 프레임 크기를 줄임으로써 링크의 프레임 에러율을 향상시킬 수 있음을 의미한다. 하나의 MSDU에서 분할된 각 조각은 MSDU 번호와 함께 자체 순서번호를 부여받음으로써 식별되며, 수신 디바이스에서 이러한 조각들을 버퍼에 임시 보관한 뒤 바른 순서대로 취합하여 위 계층에 전달한다.

3.3.1.7 ACK 및 재전송

프레임의 전송 여부를 확인하기 위해, 송신 디바이스는 세 가지 방식의 ACK를 사용할 수 있다. 1) No-ACK는 전송 보장이 필요하지 않은 프레임에 대해 사용하는 정책이다. 멀티캐스트나 브로드캐스트의 경우 반드시 No-ACK 방식으로 전송되어야 한다. 2) Immediate-ACK는 각 프레임에 대해 수신 후 일정 간격(1SIFS)을 둔 뒤 즉시 ACK를 보내도록 한다. 3) Delayed-ACK는 중간 ACK 없이도 여러 개의 프레임을 동시에 보낼 수 있다. 이 Delayed-ACK에는 ACK 없이 보낼 수 있는 프레임 수를 나타내는 필드가 있어서, 수신 측에서 설정/변경하여 송신 측에 알리고, 이 값을 이용하여 흐름 제어(Flow Control)를 할 수 있다. 여러 프레임에 대한 ACK들이 하나의 프레임으로 보내질 수 있어, Immediate-ACK에 비해 오버헤드를 감소시킬 수 있다. 단, 이 방식은 스트림 데이터 프레임에만 적용될 수 있고, 수신 측에서 Delayed-ACK를 지원할 수 있어야 한다.

송신 디바이스가 ACK를 받지 못하면, 프레임을 재전송하거나 폐기할 수 있다. 그 결정은 보내어진 데이터 또는 명령 메시지의 유형, 재전송 회수, 송신에 소요된 시간 등을 따른다. CAP에서 재전송 간격은 백 오프(back off) 규칙을 따른다. CFP에서는 데이터 프레임 송신 후 SIFS 시점부터 RIFS 시점까지 매체가 유휴상태이면 ACK가 오지 않는다는 의미이므로 RIFS 시점에서 재전송을 한다.

3.3.1.8 피어(peer) 발견

802.15.3 피코넷은 동적이며 애드 혹 네트워크이므로, 디바이스들이 다른 디바이스들의 서비스와 능력(capability)을 아는 것이 중요하다. 이를 위해 세 가지 방법을 제시한다.

- PNC 정보 요구 명령
- Probe 명령
- 피코넷 서비스 명령 및 피코넷 서비스 정보 단위

PNC로부터 특정 디바이스나 모든 디바이스에 대한 정보를 얻고자 할 때, 디바이스는 "PNC information request" 명령을 보내고, PNC는 참가 과정 동안 습득한 디바이스들의 능력 정보를 응답으로 보낸다. 이 정보는 디바이스의 ID, 주소, 지원하는 전송 속도(data rate), PNC가 되길 선호하는지, power mains에 부착되었는지 등을 포함한다.

더 자세한 디바이스 정보를 얻기 위해 디바이스는 다른 디바이스에게 "probe" 명령을 보내어, 필요한 IE, 즉 디바이스 주소, 능력 정보, 최대 지원 타임 슬롯 수, 송신 전력 파라미터, 피코넷 서비스 등의 그 디바이스에 관한 정보를 요청할 수 있다. 이 "probe" 명령에는 위 요청뿐만 아니라, 자신에 대한 IE도 포함하여 알릴 수 있도록 되어 있다.

피코넷에서 제공되는 서비스를 알기 위한 과정은 두 가지가 있다. 첫째, 참가과정 중 참가하려 하는 디바이스는 "association request" 명령으로 피코넷의 서비스를 요청하면, PNC는 "Piconet services" 명령으로 응답하는 절차가 있다. 둘째로, 디바이스로 하여금 어떤 서비스가 제공되고 있는지를 요청하고 또한 자신의 서비스가 무엇인지 알리기 위해 "probe" 명령의 Piconet services IE를 이용할 수 있다.

3.3.1.9 다중 속도 지원

하나의 기본 전송 속도(Data Rate) 외에 여러 데이터 속도를 지원할 수 있는데, 이 지원 속도는 PHY에 의해 결정된다(전술한바, 2.4GHz PHY에서 22Mbps가 기본 속도). 데이터 프레임과 명령 프레임과 이에 대한 Imm-ACK, Dly-ACK은 소스와 목적지 간에 상호 지원 가능한 속도로 보낼 수 있다. 그렇지만, 참가 요청, 브로드캐스트 프레임 등의 나머지 프레임들은 기본 속도로 보내어야 한다. 디바이스가 상대방 디바이스의 지원 속도를 알기 위해 1) 참가할 때 비콘에 포함되어 방송되는 능력 정보를 확인하거나, 2) 상대 디바이스에 "probe" 명령을 보내거나, 3) PNC에게 "PNC information request" 명령을 보내어 요청하는 방법을 쓸 수 있다. 주기적으로 "channel status request" 명령을 통해 상대방의 송수신 상태를 파악하여 실제 동작하는 속도를 결정할 수 있는 옵션이 있다.

3.3.1.10 동적 채널 선택

피코넷은 허가되지 않은(unlicensed) 주파수 대역에서 동작하므로, 같은 채널을 쓰는 다른 피코넷이나 다른 무선 개체로부터 방해받을 수 있다. 만일 채널의 상태가 요구되는 QoS를 지원할 수 없다면, 서비스의 차질 없이 동작을 계속할 수 있도록 채널을 동적으로 변경할 수 있어야 한다. PNC는 피코넷이 동작할 채널을 결정하는 의무를 지닌다.

PNC는 채널의 품질을 판단하기 위해, 1) 다른 디바이스에 "channel status request" 명령을 보내어 채널 정보(송신한 프레임 수, 수신한 프레임 수, FCS 실패한 수신 프레임 수, 손실된 프레임 수)를 요청하거나, 2) 자신이 채널을 스캔(passive scan)하거나, 3) "remote scan request" 명령을 보내 다른 디바이스가 현 채널 또는 다른 채널을 평가하게끔 하여 현 채널보다 좋은 채널을 알 수 있도록 한다(디바이스는 스캔된 총 채널 수, 좋은 순으로 즉 방해가 적은 순으로 채널 나열, 채널에 있는 피코넷 수와 그 정보 등을 알려 줌).

3.3.1.11 전력 관리

802.15.3 표준의 중요한 설계 기준 중 하나는 저전력 소비이다. 여러 수퍼프레임기간에 걸쳐 디바이스가 휴면할 수 있도록 두 가지 모드를 지원하는데, 활성화 모드와 함께 다음의 3가지 디바이스 모드를 이룬다.

- PSPS(Piconet Synchronous Power Save) 모드: system wake 비콘과 자신이 목적지로 된 모든 CTA에서 wake-up해야 한다.
- DSPS(Device Synchronous Power Save) 모드: 주기적인 wake 비콘과 자신이 목적지로 된 모든 CTA에서 wake-up해야 한다.
- Asynchronous Power Save (APS) 모드: Association Timeout Period (ATP) 전에 PNC와 통신을 하는 점을 빼면, sleep state에 머무를 수 있다.

PSPS 모드는 PNC가 정하는 주기로 휴면하도록 한다. PNC는 그 주기로 system wake 비콘을 보내고, PSPS 모드의 모든 디바이스는 그 system wake 비콘을 수신해야 한다. PSPS 모드로 전환하고자 하는 디바이스는 "PS mode" 명령을 PNC에게 보내고, PNC는 PSPS 상태 비트맵을 비콘에 실어 이 디바이스가 PSPS 모드로 전환하였음을 알린다. PSPS 모드의 디바이스로의 비동기 트래픽은 시스템 활성화 비콘에 할당되어야 한다.

DSPS 모드는 여러 디바이스들이 여러 수퍼프레임 동안 휴면하다 같은 시간에 깨어나서 데이터 트래픽을 교환할 수 있게 한다. 동일한 휴면 패턴(휴면하다 활성화되어 비콘을 확인하는 주기, 이를 SPS Interval이라 함)을 가지는 디바이스들은 같은 DSPS set에 가입한다. 활성화되는 주기 SPSI는 CTA(또는 Guaranteed Time Slot)가 할당된 주기(이를 CTRI라 함)보다 짧아야 하는데, 이는 주기적으로 활성화되어서 깨어난 그 CTA 구간에서 항상 통신하는 것이 아니라, 통신하는 주기가 또 있다는 말이다. 아래 <그림 3-27>에서 SPSI=2, CTRI=4인 경우를 보이고 있다. CTS는 4개의 수퍼프레임마다 할당되어 있고, 까맣게 표시되어 있다. 깨어난 수퍼프레임이 CTRI에 걸리지 않더라도, 비콘은 확인하여서 자신이 목적지로 되어 있는 시간 할당이 있을 경우 그 해당 GTS에서 데이터 수신을 하도록 해야 한다. SPS set은 또, 다른 디바이스로 하여금 SPS 디바이스가 언제 수신 가능한지를 정확히 알 수 있게 한다는 점도 있다.

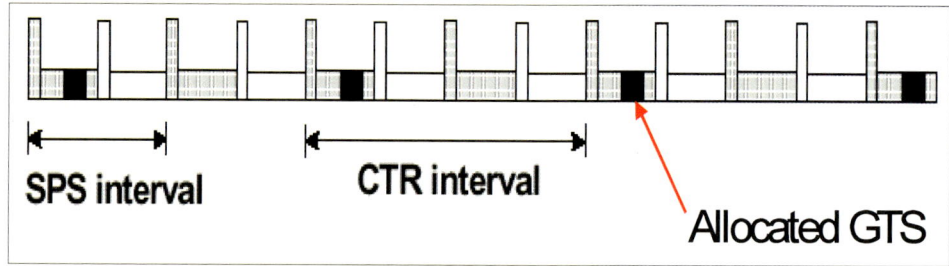

〈그림 3-27〉 SPS 모드의 시간 할당 예(GTS는 CTA와 같은 의미)

3.3.1.12 송신 전력 제어

송신 전력(Transmit Power)을 조절할 수 있음으로 인해, 디바이스의 배터리 전력 소모를 줄일 뿐만 아니라, 같은 채널을 공유하는 다른 무선 네트워크와의 간섭을 최소화할 수 있다. 첫 번째 방법은 PNC가 CAP, 비콘, MCTA(association MCTA 제외)에서의 최대 송신 전력을 설정하고, PNC가 비콘을 보낼 때, 디바이스가 CAP, directed MTS에서 프레임을 보낼 때 그 이상의 전력을 사용하지 않도록 하는 것이다. CAP 구간에서 최대 전력을 둠으로써, 특정 디바이스가 상대적으로 높은 전력을 써서 매체를 더 많이 사용하는 것을 방지할 수 있다. 두 번째 방법은 GTS 구간에서 디바이스가 수신 상태를 살펴보아 다른 디바이스에게 송신 전력을 증감시키도록 요청하거나, 또는 자신이 채널 상태를 추정하여 송신 전력을 조절하는 것이다. GTS 동안 좋은 링크로 연결된 디바이스 간에는 배터리 전력을 아끼고 간섭을 줄이기 위해 송신 전력을 줄일 수 있다.

PHY 계층은 2.4~2.4835GHz 주파수 대역을 각각 15MHz의 대역폭을 가지는 총 5개의 채널로 나누어 사용한다. 실제로는 4개의 채널로 된 고 밀도 응용을 위한 채널 집합과 3개의 802.11 공존 채널 집합으로 되어 있는데, 이 두 집합에 걸쳐 사용되는 채널이 두 개 있어서 전체적으로는 5개의 채널이 되는 것이다. 만일 802.15.3 디바이스가 802.11 네트워크를 감지하면 공존을 위해 후자의 채널 집합을 사용하여야 한다.

802.11b와 같은 11Mbps를 기본으로 다섯 가지 변조 방식에 따라, 11~55Mbps의 데이터 속도를 내도록 한다. 코딩되지 않는 차등 Quadrature PSK (QPSK) (22Mbps), trellis 코딩된 QPSK(11Mbps), trellis 코딩된 16-Quadrature Amplitude Modulation (QAM) (33Mbps), trellis 코딩된 32-QAM(44Mbps), trellis 코딩된 64-QAM(55Mbps)가 그것이다. DQPSK를 기본 변조 방식으로 하고, 통신 디바이스의 능력에 따라 33~55Mbps의 더 높은 데이터 속도를 이용할 수 있다. QPSK/TCM 대신 DQPSK를 기본으로 삼는 것은 PHY, MAC 헤더로 인한

오버헤드를 줄이기 위함이다. 11Mbps QPSK/TCM은 신뢰성이 향상되었고, 숨겨진 노드 (hidden node) 문제를 경감하기 위한 dropback 모드로 사용된다.

송신 전력은 각국의 규제 단체(미국의 경우 FCC 15.249)의 규칙에 따라 10mW(0dBm)에서 100mW로 제한하고 있다. RF 및 baseband 프로세서는 10m의 짧은 거리에서 최적화되어, 소비자 디바이스 내에 저비용, 소형 MAC, PHY 구현과 통합된다. 소비 전류 또한 데이터를 송수신할 때 80mA로 적게, 절전 모드에서는 최소로 소비되도록 한다.

3.3.2 IEEE 802.15.3b 표준

15.3b 표준은 멀티캐스트 관련 정보 단위(멀티캐스트 어드레스와 멀티캐스트 디바이스 ID를 매핑해 주는 멀티캐스트 그룹 IE)와 명령 프레임(멀티캐스트 구성 요청, 멀티 캐스트 구성 응답)을 새로 정의하여, 디바이스가 멀티캐스트 그룹에 조인하고 탈퇴하는 것을 PNC에 요청할 수 있게 하고 있다.

브로드캐스트 할당의 경우 하나의 CAP만 두고, PNC와 디바이스 간에만 MCTA를 두므로 연결설정시간이 증가 할 수 있고, peer-to-peer 연결 동작이 지원되지 않는 점을 보완하기 위해, CTA에서 여러 디바이스들이 slotted aloha나 CSMA/CA를 써서 프레임을 전송할 수 있도록 한 새로운 CTA이다. 2-way CTA[96]는 채널 사용률(channel utilization)을 높이기 위해 제안되었는데, 소스 디바이스가 relinquish frame을 destination 디바이스에게 보내어 명시된 시간 동안 전송 권한(token)을 목적지 디바이스에게 넘기는 방식이다. 이 시간이 지나면 소스 디바이스가 다시 전송을 개시할 수 있다.

변경된 표준은 인터넷 멀티캐스트 어드레스에 적합하게 멀티캐스트 그룹 ID를 사용할 수 있게 향상시켰고(multicast configuration request/response command), 디바이스의 동기화를 위한 MLME를 추가하였고, 기타 Stream management enhancement, enhanced application suppor(application specific information, vendor specific information), Implied ACK(target 디바이스가 ACK 대신 데이터 프레임 또는 command 프레임으로 성공적인 수신을 acknowledge 하는 방법) 등을 위한 부분이 추가되어 있다.

먼저 멀티캐스트 관련해서 개정된 MLME primitive를 살펴보자. <표 3-7>에 다음 primitive 의 파라미터 설명이 정리되어 있다.

- MLME-MULTICAST-CONFIGURATION.request(RequestType, MulticastAddress): 이 primitive

는 디바이스가 멀티캐스트 MAC 주소(MulticastAddress 파라미터)를 지닌 그룹에 가입 또는 탈퇴하기 위해 요청하는 데 사용된다.

- MLME-MULTICAST-CONFIGURATION.request(ResultCode, MulticastAddress, Multicast-GroupID, ReasonCode): 이 기초함수들은 멀티캐스트 그룹에 가입 또는 탈퇴하고 하는 요청에 대한 결과를 보고하는 데 사용된다.

〈표 3-7〉 멀티캐스트 기초함수들의 파라미터들

Name	Type	Valid range	Description
Request Type	Enumeration	JOIN, LEAVE	Indicates if this is a request to join a multicast group or leave a multicast group.
Multicast Address	MAC address	Any valid multicast MAC address	A MAC address representing a specific multicast group.
Multicast Group ID	Integer	Any valid DEVID as defined in 7.2.3.	Specifies the DEVID assigned by the PNC to a multicast group associated with a specific Multicast Address.
Result Code	Enumeration	SUCCESS, FAILURE	Indicates the result of the MLME request.
Reason Code	Enumeration	REQUEST_TIMEOUT, NOT_ASSOCIATED, OTHER	The reason for a Result Code of FAILURE.

멀티캐스트 MAC 주소는 IEEE Std. 802-2001에 정의되어 있다. 802.15.3 HR-WPAN 표준은 주소식별을 위해 디바이스 ID를 사용하므로, 디바이스 ID와 IEEE 멀티캐스트 MAC 주소의 매핑이 필요하다. PNC는 이 매핑 리스트를 관리함으로써 특정 멀티캐스트 MAC 주소를 사용하고자 요청하는 디바이스들을 추적한다. 디바이스는 PNC에게 멀티캐스트 구성요청 명령 프레임(여기에는 멀티캐스트 MAC 주소가 표시되어 있고, "Join" 동작 명시) 패킷을 보내어 그룹으로의 가입을 요청한다. 그 주소가 아직 가용하면(즉, 해당 디바이스 ID가 할당되어 있지 않으면), 그 주소에 ID를 하나 할당하고 그 디바이스를 그룹에 추가한 후, 멀티캐스트 구성응답 명령 프레임으로 응답한다. 이미 그 멀티캐스트 MAC 주소에 대한 그룹 ID가 있다면, 그 디바이스를 그룹에 추가시키고, 멀티캐스트 구성응답 명령 프레임으로 응답한다. 만일 명시된 멀티캐스트 MAC 주소가 유효하지 않으면, PNC는 그룹을 할당하지 않고 Reason Code가 "Failure, not valid"인 멀티캐스트 구성응답 명령 프레임을 응답한다. <그림 3-28>에 멀티캐스트 그룹 Join 동작의 메세지 흐름도가 있다.

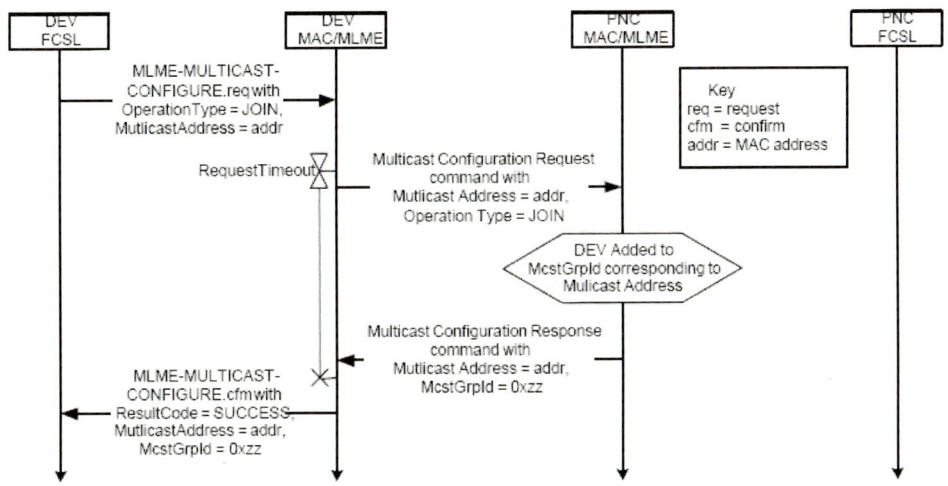

〈그림 3-28〉 멀티캐스트 그룹 가입 동작의 메시지 흐름도

디바이스가 멀티캐스트 MAC 주소를 사용하지 않을 때, "Leave" 동작을 표시한 멀티캐스트 구성 요청(Configuration Request) 명령 프레임을 PNC에게 보낸다. PNC는 그 멀티캐스트 그룹에서 그 디바이스를 제거하고, 멀티캐스트 구성 응답(Configuration Response) 명령 프레임으로 응답한다. 멀티캐스트 그룹이 더 이상 멤버를 가지지 않으면, PNC는 해당 ID(McstGrpIDIf)를 해제한다. 그 ID는 재사용될 수 있다. <그림 3-29>에 멀티캐스트 그룹 이탈 동작의 메시지 연결 순서도가 있다.

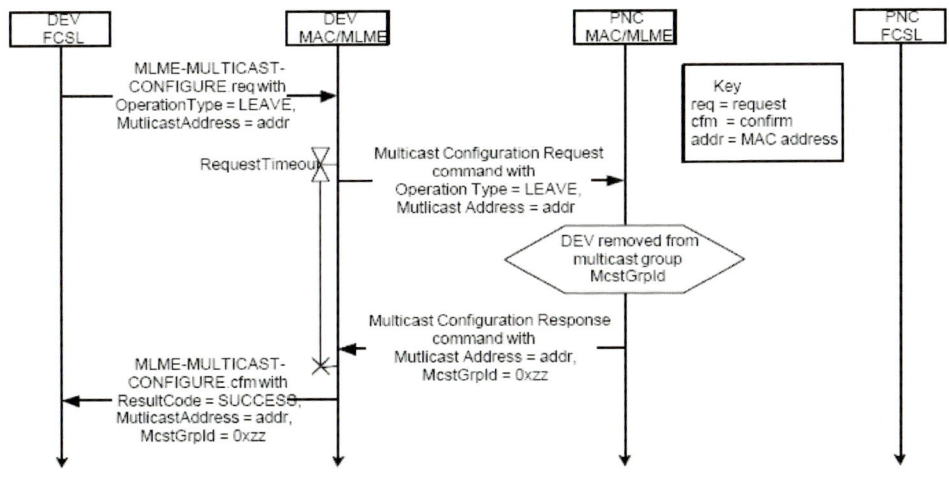

〈그림 3-29〉 멀티캐스트 그룹 Leave 동작의 message sequence chart

시간 동기화를 위한 프리미티브들은 피코넷의 비콘 타이밍으로써 상위 계층의 동기화 기능을 지원하기 위함이다. 채널 상에 감지되는 패킷의 프리앰블의 시작점과, 그것의 감지하는 시각과 상위 계층으로 지시하는 시각의 딜레이가 상위에 전달된다. 시간 동기화를 위한 MLME 프리미티브들은 다음과 같다. 파라미터들은 <표 3-8>에 정리되어 있다.

- MLME-BEACON-EVENT.request(): MAC 동기화를 활성화시킨다.
- MLME-BEACON-EVENT.confirm(ResultCode, ReasonCode): MAC 동기화의 activation에 대한 confirm이다. 만일 MAC이 동기화를 지원하지 않거나 에러가 발견되면, ResultCode 에 FAILURE, ReasonCode에 그 에러의 유형을 표시한다.
- MLME-BEACON-EVENT.indication(BeaconNumber): 비콘의 프리앰블의 시작(송신이든 수신이든)을 알린다.

〈표 3-8〉 시간 동기화 primitive들의 파라미터들

Name	Type	Valid range	Description
Beacon Number	Integer	0-65535	The beacon number of the beacon that was received
Result Code	Enumeration	SUCCESS, FAILURE	Indicates the result of the MLME request
Reason Code	Enumeration	NOT_SUPPORTED, OTHER	The reason for a Result Code of FAILURE

비명료(Implied) ACK(Acknowledgment)는 새롭게 추가된 ACK 방식으로서, Channel Time Allocation(CTA) 타임 슬롯 호칭을 양방향으로 사용할 수 있는 하나의 방법이 될 수 있다. 데이터 프레임의 수신을 위해 ACK 프레임을 따로 응답하지 않고, 다른 데이터 프레임이나 명령 프레임으로 ACK를 대신할 수 있는 것이다(Imm-ACK로 즉시 응답해도 된다). 그러기 위해서는 송신 디바이스는 ACK policy를 "implied ACK"로 명시한 데이터 프레임을 보내야 한다. CTA의 송신자만이 implied ACK 프로세스를 시작할 수 있다. 만일 Implied ACK DTD 필드가 0이면, 수신 디바이스는 송신 디바이스가 아닌 다른 디바이스에게 프레임을 보내도 된다. 그렇지 않은 경우에는 수신 디바이스는 송신 디바이스에게만 프레임을 보낼 수 있다. 수신 디바이스가 어떤 프레임으로 응답할 때, 그 프레임의 ACK policy는 No-ACK, Imm-ACK 또는 implied-ACK 중 하나로 지정한다. 만일 송신 디바이스가 아닌 다른 디바이스에게 프레임을 보낸다면, 그 프레임의 ACK policy는 Implied-ACK 로 설정되어서는 안 된다.

만일 CTA에 다른 프레임으로 응답할 충분한 시간이 남아 있지 않다면, 수신 디바이스는 Imm-ACK로 바로 응답한다. CTA의 끝을 모르는 경우에도 Imm-ACK로 응답한다. 만일 MAC 헤더만 제대로 수신하고 MAC 프레임 body는 제대로 수신을 하지 못한 경우에도 (즉, FCS 체크가 실패한 경우), 수신 디바이스는 데이터 프레임이나 명령 프레임으로 응답할 수 있다. 단, 이 경우에는 Implied ACK NAK 필드를 set하여 프레임을 제대로 받지 못하였음을 알린다. Implied ACK는 브로드캐스트나 멀티캐스트에는 사용되지 않으며, Contention Access Period에서는 사용되지 않는다. <그림 3-30>는 Implied ACK의 사용 예를 기술하고 있다.

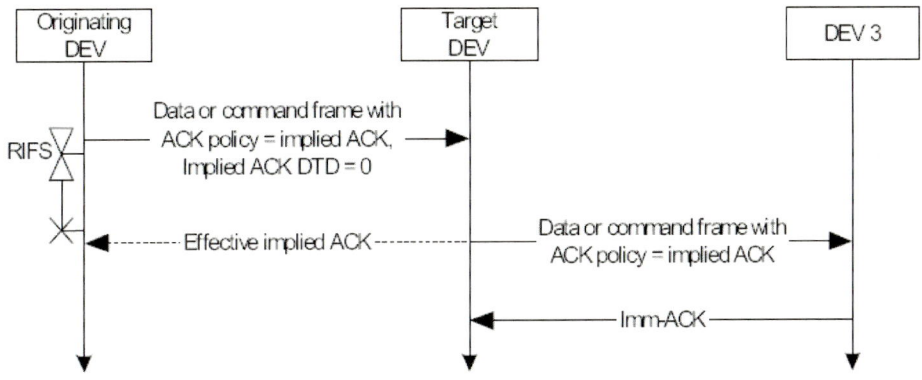

〈그림 3-30〉 Implied ACK의 메시지 순서도

3.4 IEEE 802.15.4(LR_WPAN): 근거리 저속 무선 프로토콜 표준

    IEEE 802.15.4 LR-WPAN은 블루투스보다 낮은 20~250Kbps의 낮은 전송 속도와 매우 저렴한 가격, 매우 긴 배터리 수명, 간단한 구조 및 연결성을 제공하여 10m 이내의 작은 범위 내에서의 무선 연결을 요구하는 분야에 적합한 표준으로 개발되고 있다. 주요 적용 분야는 무선 센서를 응용하는 화학 공정이나 응급 상황 감지 시스템, 자동차 타이어 감지 시스템, 건강 감지 센서 및 모니터링, 대화형 장난감, 시큐리티, 창문 개폐, 냉난방 등의 가정 자동화 등이다. 또한 LR-WPAN인 IEEE 802.15.4의 상위 계층 설계를 위해 비영리 조직인 지그비 연합이 결성되었다. 지그비에서는 표준화 기반의 안정적 데이터 전송을 위해 IEEE 802.15.4의 MAC과 PHY를 기반으로 그 상위에 네트워크 구조, 라우팅, 시큐리티 등을 추가한다. 이를 이용하여 지그비 프로파일은 서로 다른 생산자가 만든 비슷한 기기들 사이의 상호 운용성과 호환성을 제공하게 된다. 지그비에서는 다양한 응용 분야에 활용될 수 있도록 응용 프로파일의 정의 및 개발에 역점을 두고 있다.

    낮은 전송 속도, 저전력 소모, 저렴한 가격을 목표로 다음과 같은 응용에 적합하도록 PHY와 MAC을 설계하였다―(i) 자동화/제어: 가정, 공장, 창고, (ii) 모니터링: 안전, 건강, 환경, (iii) 상황 인식과 정확한 자산 추정(situational awarence and precision asset location): 군사, 소방, 실시간 재고 추적, (iv) 엔터테이먼트: 학습게임, 양방향 장난감.

    2가지의 토폴로지를 지원하는데, one-hop star 토폴로지와 멀티 홉 peer-to-peer 토폴로지가 그것이다. 후자의 논리적 구조는 네트워크 계층에 의해 정의된다. <그림 3-31>은 클러스터 기반 토폴로지의 예를 보여주고 있다.

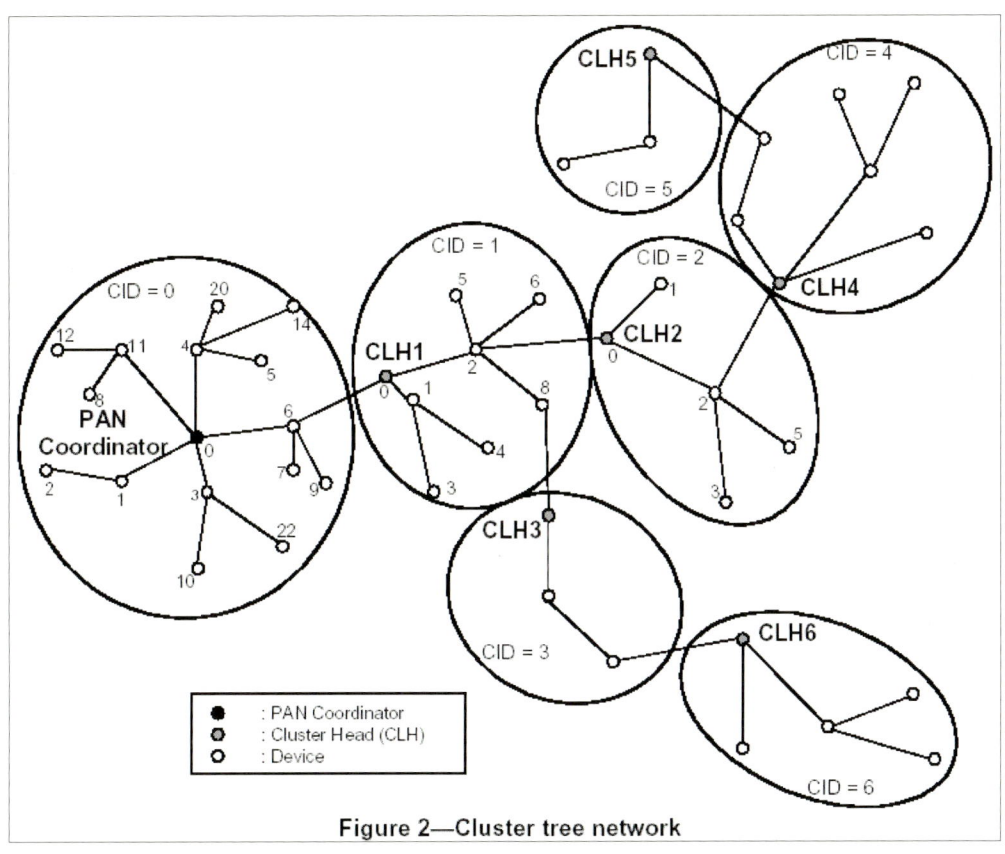

Figure 2—Cluster tree network

〈그림 3-31〉 클러스터 기반 트리 네트워크 토폴로지 구성 예

물리층의 동작 대역은 2.4GHz 밴드에서 250Kbps의 16개 채널(이는 OQPSK를 변조로 사용하는 High-band라 불림), 915MHz band에서 40Kbps의 10개 채널, 868MHz band에서 20Kbps의 1개 채널이다(이 둘은 BPSK를 변조로 사용하는 Low-band라 불림). 하나의 802.15.4 네트워크는 각 채널의 가용성(Availability), 혼잡(Congestion) 상황, 전송 속도(Data Rate) 등을 고려하여 한 채널을 선택해서 동작한다.

디바이스의 간단화를 위해, 14개의 PHY primitive와 35개의 MAC primitive만을 정의한다. 이는 블루투스의 1/3에 해당되는 수치이다. 디바이스는 이 49개의 primitive를 모두 지원하는 full function 디바이스(FFD)와 38개만을 지원하는 reduced function 디바이스(RFD)로 나뉠 수 있다. RFD는 FFD와만 통신이 가능하고, FFD는 RFD, FFD와 모두 통신이 가능하고 PAN 조정자, 조정자, 디바이스로 동작할 수 있다.

데이터 전송은 디바이스에서 조정자로, 조정자에서 디바이스로, 그리고 멀티 홉 네트워크에서는 점 대 점 간에 직접, unslotted CSMA/CA 또는 slotted CSMA/CA를 써서 이루어질 수 있다. 데이터 프레임을 조정자가 보관하고 있음을 비콘을 통해 알리면, 디바이스가 필요 시 받아 가는 데이터 추출 형태의 간접적 전송 방식도 지원한다[디바이스는 자신의 어드레스가 비콘의 데이터 보류 리스트(data pending list)에 포함되어 있으면, 데이터 요구 명령(data request command)을 CAP군 간에 조정자에 날리고, 조정자는 ACK 프레임을 보낸다. 디바이스는 해당 데이터를 받으면, ACK를 PAN 조정자에 보낸다]. 조정자와 디바이스 간에는 보장 시구간(guaranteed Time slot: GTS)에서 CSMA/CA 없이 데이터 전송을 할 수도 있다.

802.15.4 네트워크는 비콘 활성화 또는 비콘 비활성화 모드로 동작할 수 있다. 비콘 활성화 모드에서 조정자는 비콘을 주기적으로 브로드캐스트하고 디바이스들은 이 비콘을 동기화한다. 비콘 활성화 모드에서 비콘 브로드캐스트는 없고, 디바이스가 요청할 경우 비콘을 유니캐스트한다. 비콘 활성화 모드에서 수퍼프레임이 다음 <그림 3-32>와 같이 정의된다.

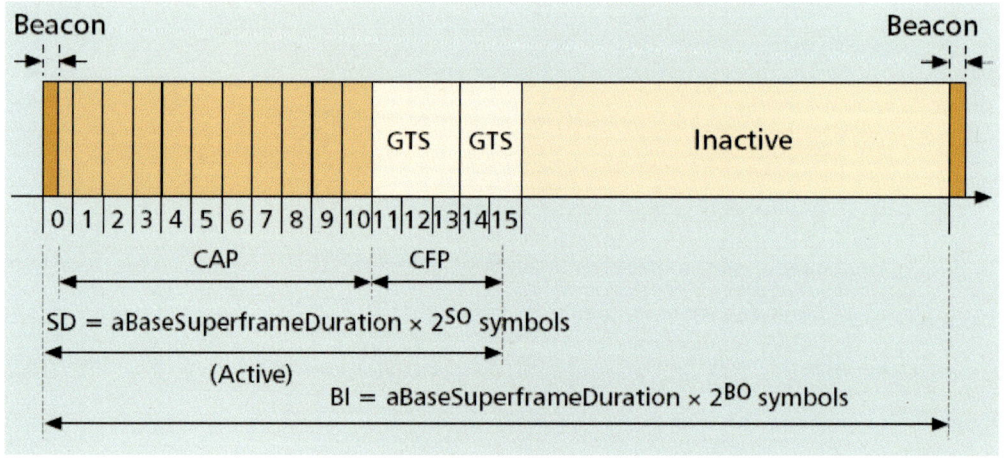

〈그림 3-32〉 IEEE 802.15.4의 수퍼프레임 구조

수퍼프레임은 활성화 구간[=수퍼프레임 지속 구간 (SD)]와 선택적 비활성화 구간 (optional inactive part)로 구성된다. SD와 비콘 간격은 수퍼프레임 순서 (SO)와 비콘 순서 (BO)에 의해 계산된다. 활성화 구간은 aNumSuperframeSlots(디폴트 16)개의 같은 크기의 슬롯으로 구성되면, 비콘은 첫 번째 슬롯에 진송된다. 활성화 구간은 경쟁 구간 (CAP)와

선택적 비경쟁 구간 (CFP)로 나뉘며, CAP에서는 slotted CSMA/CA를 사용하며, CFP에서는 CSMA/CA를 사용하지 않는다. CFP는 7개의 GTS까지 구성할 수 있지만, 다른 디바이스와 새로운 디바이스를 위해 충분한 양의 CAP를 남겨 두도록 한다.

저전력 특성은 비콘 활성화 모드에서 찾을 수 있다. SO $\ll$ BO로 설정함으로써 low Duty Cycle이 가능하다. 배터리 수명을 연장하고자 하는 옵션을 설정하면, 디바이스는 비콘 프레임을 받은 후 정해진 백 오프(back off) 주기(디폴트 6) 후에 비활성화된다. 즉, 6 최대 백 오프 구간 내에 경쟁 기반 동작을 시작하여야 한다. Indirect data extraction 시, 디바이스는 필요한 데이터를 발견하지 못하면 휴지상태로 들어갈 수 있다. 배터리 수명 연장 모드에서는 CSMA-CA BE 백오프 윈도우는 2BE-1 주기에서 무작위 추출의 범위를 0~2로 제한한다. 이는 충돌 회피를 위해 노드가 아이들 대기 상태인 것을 줄여서 에너지를 보존할 수 있도록 한다.

802.15.4는 3개 수준의 보안 방법을 제공한다. 비보안 모드(None security mode)와 암호 인증 사용 없이 접근 제어 목록(access control list: ACL)을 써서 비인가 디바이스들의 접근을 막는 수준, 고수준의 암호화 방법[89]으로는 대칭 키를 사용하는 수준이다. AES의 경우, 대칭 키의 분배 시 도청의 위험이 있으므로 공개 암호키를 사용할 수 있다. 보안 기법이 승인되면, 디바이스는 CCM-64 모드[8-바이트 message integrity code (MIC)]로 암호화와 데이터 무결성 제공을 사용해야 한다.

3.5 센서 네트워크(Sensor Network)

무선 통신 기술과 전자 기술의 획기적인 발전에 따라 가격이 낮고 파워 소모가 적고 여러 기능을 하며 서로 통신을 할 수 있는 센서 노드를 작은 크기로 만들 수 있게 되었다. 센서 네트워크는 이렇게 작은 센서 노드를 이용하여 데이터를 감지(Sensing)하고 이를 활용하기 위한 네트워크이다. 일반적으로 센서네트워크의 표준으로는 IEEE 802.15.4나 RFID의 물리층, MAC 층이 사용될 수 있으며, 이를 기반으로 상위 응용 메시지 표준의 대표적인 예로 지그비 프로토콜을 들 수 있다.

이러한 센서 네트워크는 많은 노드들이 밀집되어 있다는 특성이 있고, 위치를 특별히 미리 지정하지 않으며, 노드 자체가 어떠한 연산을 통해 처리된 데이터만을 전달하며, 또한 대개 어떤 하부 기반 없이 스스로 구성한(self-organization) 네트워크가 하부 기반 역할을 하여 통신을 하게 된다는 특징이 있다. 하지만 센서 네트워크가 일반적으로 말하는 애드 혹 네트워크와 다른 점은 센서 네트워크에서는 노드가 훨씬 많다는 점, 노드가 밀집되어 있고, 실패가 발생하기 쉽다는 점, 토폴로지가 자주 바뀐다는 점, 파워나 컴퓨팅 능력이나 메모리 등이 극히 제한적이라는 점 등을 들 수 있다. 특히 파워는 센서 네트워크에서 가장 중요한 요소로서 한정된 배터리로 최대한 오랫동안 네트워크를 유지하는 것이 매우 중요한 기술이 된다. 현재 에너지 소모를 줄이는 컴퓨팅 방법이나 라우팅 알고리즘, 데이터 전달 방법 등이 많이 연구되고 있다. 그리고 센서 네트워크는 새로이 등장한 분야로서 매우 많은 센서 네트워크 관련 프로젝트들이 진행되고 있다.

3.5.1 Smart Dust

Smart Dust는 UC Berkeley의 Kris Pister 교수를 위시한 여러 연구진과 회사가 참여하고 있으며, DARPA의 MTO MEMS 프로그램이 지원하는 프로젝트로서 밀리미터 단위로 만들어진 센서와 통신 기기들의 플랫폼을 일컫는다. Smart Dust 프로젝트는 전원과 컴퓨팅 능력과 센서 기능과 통신 기능을 가진 밀리미터 단위의 Smart Dust Mote를 만들고 이러한 센서 노드가 수집한 데이터를 가공하여 특정 호스트에 전달하는 기능을 구현하는 데 목표를 두고 있다. 이러한 장치가 가능한 것은 근래에 비약적으로 발전하고 있는 디지털 회로기술, 무선 통신기술, MEMS(Micro Electromechanical Systems) 기술 덕분이다. 이러한 기술 덕분에 사이즈와 파워 소모와 단가 등이 작아져서 매우 작은 센서 노드를 만들 수 있게 된 것이다. Smart Dust 프로젝트의 목표는 1㎣ 크기의 센서 노드를 만들고 수백 혹은 수천 개의 센서 노드를 연결할 수 있는 센서 네트워크를 구성하는 것이다. 센서 노드는 현재 수㎣ 크기에 센서와 파워, 아날로그 회로, 양방향 광통신 장치, programmable microprocessor를 탑재한 Smart Dust 노드가 개발되어 있다. Smart Dust 프로젝트에서는 통신을 위해 광을 사용하는데, 이는 on-off keying을 통해 데이터를 전달한다. 또한 노드를 뿌리기 위해 Micro Air Vehicles, Micro Rockets 같은 장비를 개발하고 있다. 그리고 COTS Dust라고 하여 COTS(Commercial Off-the-shelf) 제품을 이용하여 노드를 만들어 센서 네트워크에서의 알고리즘을 개발하고 있다.

센서 네트워크의 장점을 가장 잘 살릴 수 있는 분야는 유선으로 구성된 인프라를 갖추기 힘든 상황에 독립적인 노드들이 데이터를 센싱하는 환경이다. 따라서 다음과 같은 시나리오들을 생각해 볼 수 있다.

- 의료 시스템: 응급 환자의 건강을 감시 및 상태파악을 통한 응급 처리 기능을 제공하거나, 첨단섬유(e-textile)을 이용하여 심장 마비 환자의 발작을 완화시키는 데 사용한다.
- 환경 감시 시스템: 산불, 홍수, 해수 변화 등을 미연에 감지하고 대처하기 위해 센서 노드들을 특정 지역에 배치하고 온도 등의 데이터를 측정하여 조기에 알람을 통해 대처할 수 있도록 할 수 있다.
- 농업용 시스템: 넓은 농토에 온도나 습도에 따른 용수 공급 등에 활용될 수 있다. 데이터를 수집하는 센서노드는 농업과 서식지 모니터링에서 유용하게 쓰인다. 센서 네트워크를 이용하여 농작물의 생산성, 품질, 재배와 수확물을 관리한다. 비가 내리면 수위 조절을 자동으로 조작하거나, 전염병이 돌면 해결한다. 비료, 물, 자양분의 양이 정해져 있는 모델은 특정한 환경에 정확하지 않으므로 센서 네트워크를 이용해 재설립한다.
- 물류 시스템: 제품의 신선도를 위해 온도나 습도의 데이터를 기록해 두고 필요시 이 정보를 원거리에서도 제공할 수 있도록 할 수 있다. 이 밖에도 건강관리, 가축관리, 주차 관리 등 많은 분야에 활용될 수 있는데 이 경우 시스템이 각기 다른 특성을 갖게 되므로 각각에 맞는 네트워크를 구성해야 할 필요가 있다.

3.5.2 센서 네트워크 기술의 MAC 프로토콜

본 절에서는 유비쿼터스 센서 네트워크의 MAC 프로토콜의 가장 중요한 이슈인 에너지 보존 문제에 대해 알아본다. 최근의 경향을 보면 에너지 절약과 지연시간의 교환(에너지 절약을 위해 노드가 Sleep 상태로 들어가면 데이터 전달을 할 수 없으므로 초기화할 때까지 기다려야 하는데, 이는 지연시간 증가를 야기함)에 대한 연구가 활발하다[122][123].

<표 3-9>에 센서 네트워크에서 에너지 보존 이슈를 다루는 MAC 프로토콜들을 정리하였다. 크게 비동기적 방법과 동기적 방법으로 분류한다. '동기적이다'라는 의미는 노드들이 같은 슬롯에, 즉 같은 시각에 같이 깨어나서 통신을 한다는 뜻이다. <표 3-9>에 정리된 것은 하나의 라디오만을 사용하는 것들인데, 이 외에도 실행 모듈을 따로 두어 구동작 모듈을 껐다 켰다 하는 부류의 프로토콜이 있다.

〈표 3-9〉 센서 네트워크를 위한 에너지 최소사용 기반 MAC 프로토콜

분류		프로토콜 예
비동기방식(Asynchronous), Contention-based		Low power listening[110] WiseMAC [112] BMAC [117]
동기방식(Synchronous)	Contention-based	S-MAC [114] T-MAC [115] DMAC [116]
	Schedule-based	TRAMA [118] LMAC [119]

3.5.2.1 비동기 경쟁 방식의 프로토콜

가. Low power listening

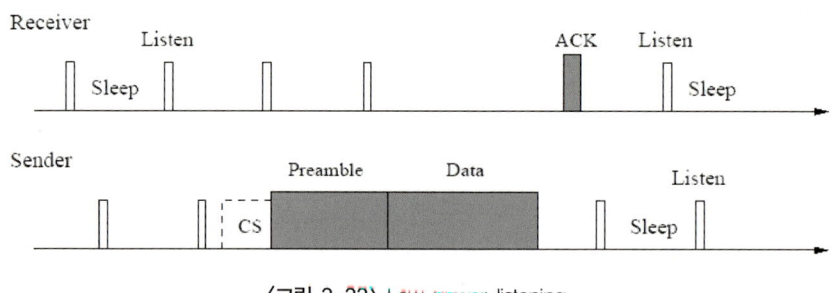

〈그림 3-33〉 Low power listening

노드는 슬리핑하다가 주기적으로 활성화되어서, 채널을 감지한다(<그림 3-33>). 신호를 감지하면 액티브 상태로 머무른다. 송신 노드는 보낼 패킷의 프리앰블의 길이를 수신 노드의 활성화 주기보다 길게 함으로써, 수신 노드를 깨울 수 있다. <그림 3-33>에 저전력 대기 모드 기반의 패킷 교환 예가 있다(CS는 carrier sense를 말함). Mica [110]와 Preamble sampling [111]이 이 범주에 속한다. Wake-up 주기를 길게 함으로써 매우 작은 Duty Cycle 이 가능한 장점이 있으나(이것은 트래픽이 적은 경우에 적합하다), 프리앰블이 매우 길어야 하므로 트래픽이 많은 환경에서 채널 사용률(channel utilization)이 현저히 떨어질 수 있는 단점이 있다. BMAC 구현에는 프리앰블 길이가 파라미터로 제공되어서 상위 계층에서 선택이 가능하도록 되어 있다[117].

나. WiseMAC [123][113]

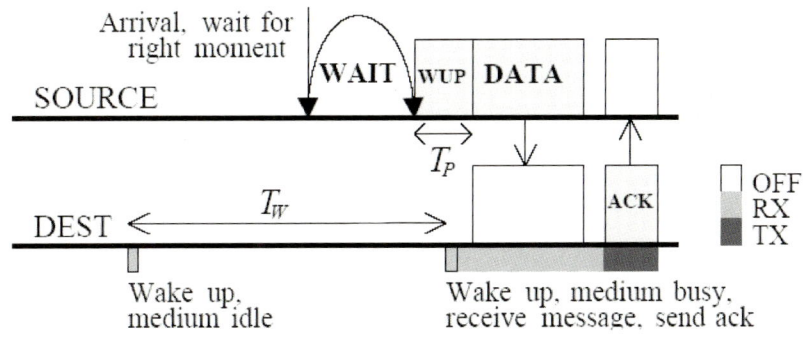

<그림 3-33> WiseMAC

WiseMAC은 프리앰블 샘플링의 긴 프리앰블 단점을 보완한다(<그림 3-34>). 송신 노드가 수신자의 샘플링 스케줄을 알면 긴 프리앰블을 쓸 필요가 없는 점을 이용한다. 데이터에 대한 ACK 패킷을 받음으로써, ACK를 보낸 노드의 샘플링 스케줄을 알고, 이를 모든 이웃노드에 대해서 기록해 둔다. <그림 3-33>과 같이 송신자는 수신자의 샘플링, 즉 활성화 시점을 알기 때문에 프리앰블의 길이를 Tp로 줄일 수 있다. 이렇게 함으로써, 송신자의 에너지를 절약할 뿐 아니라, 수신자의 에너지도 절약할 수 있다. 클럭 변이(Clock Drift)가 존재할 경우, 이전에 패킷을 교환한 후경과한 시간에 비례하여 프리앰블의 크기를 조절하여, 클럭 변이로 인한 문제를 피할 수 있다.

3.5.2.2 동기 및 경쟁 방식의 프로토콜

센서 노드들이 같은 슬롯에 활성화하여 경쟁 방식으로 패킷 교환을 한다. 슬롯 기간 안에 통신이 집중되므로, 비동기 방법에 비해 충돌 확률이 높아진다. S-MAC [114], T-MAC [115], DMAC [116] 등이 이 범주에 속하는데, 각기 동작 상태에서 Sleep 상태로 전이하는 시점과 방법에서 구별된다.

가. S-MAC [114]

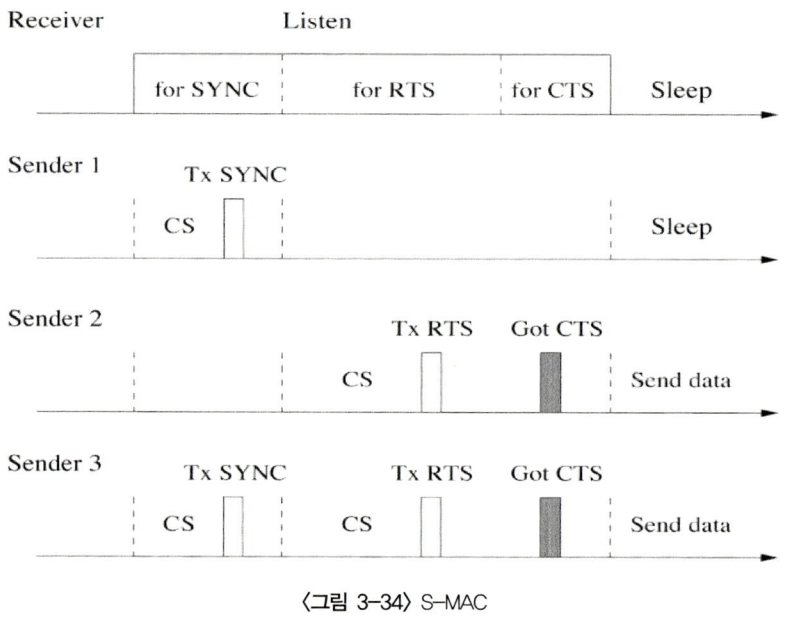

〈그림 3-34〉 S-MAC

주기적으로 활성화(즉 wake-up) 기간과 Sleep 기간을 반복한다(〈그림 3-34〉). 이것을 한 슬롯이라 한다. 활동주기는 300ms로 고정되고, 슬롯의 길이는 500ms에서 1s 사이가 전형적인 값이다. 노드들이 동일한 슬롯에 맞춰 깨어날 수 있도록 가상 클러스터링(virtual clustering)이라는 기법을 사용한다. 이것은 슬롯의 서두에 SYNC 패킷(노드 주소와 next Sleep Time)을 브로드캐스트하여, 이를 수신한 다른 노드들이 클럭을 조절하여 동기화하는 방법이다. SYNC 패킷과 데이터 패킷은 캐리어 감지 후 전송된다(데이터 패킷의 경우 RTS/CTS 사용). 이동성이나 초기 클러수터 형성 순서에 따라 여러 개의 가상 클러스터(virtual cluster)들이 존재할 가능성이 있다. 이 경우에 서로 다른 클러스터들의 경계에 위치한 노드들이 서로 다른 활성화 스케줄을 따르게 하는 옵션과 그중 하나만을 따르도록 하는 옵션이 있다.

나. T-MAC [115]

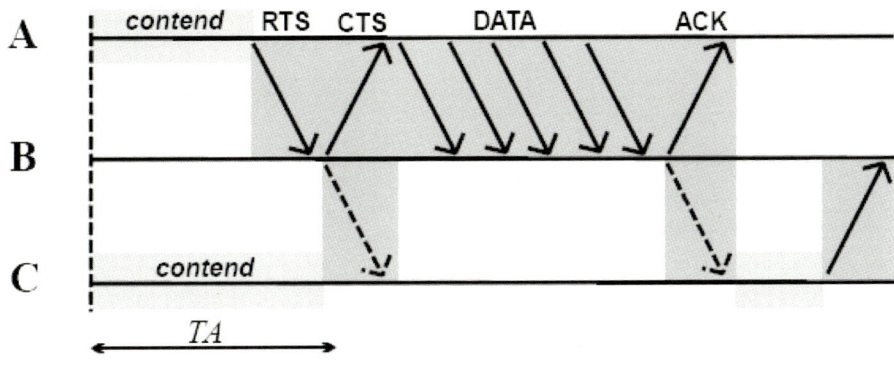

〈그림 3-35〉 T-MAC의 동작 사이클

T-MAC은 Duty Cycle을 의무 사이클 동안 적응적으로 동작하게 한 S-MAC의 개선안이다(<그림 3-36>). 트래픽 유형(local gossip, convergecast 등)에 맞춰 자동적으로 Duty Cycle을 조절한다. 슬롯은 615ms로 고정하되, 활성화 주기의 끝을 조절하기 위해, 15ms의 타임아웃(Time-out) 기법을 사용한다. 타임아웃 기간 동안, 아무런 동작(충돌이나 incoming message)이 감지되지 않으면, 대기 상태로 전이한다. 감지할 경우에는 통신이 끝난 뒤 다시 타임아웃 동안 기다려 본다. <그림 3-35>에서 노드들은 TA 동안 동작 상태를 유지한다. 노드 C가 노드 B의 CTS를 감지 할 수 있도록 TA 값을 정한다. 이 방법의 문제는 송신하고자 하는 노드가 경쟁에서 다른 노드에게 져서 그 노드의 통신이 끝난 후 다시 RTS를 보내어 송신을 시도할 때, 해당 수신 노드는 이미 타임아웃 이후에 휴지기 상태로 전이하는 경우에 있다. 이를 이른 휴지기(early-Sleeping) 문제라 부른다. 이 문제를 해결하기 위해 예측 RTS 방법을 사용한다. 실험 결과를 보면, 지연시간/처리량 같은 성능보다는 에너지 절약에 더 적합한 것으로 나타났다.

다. DMAC [116]

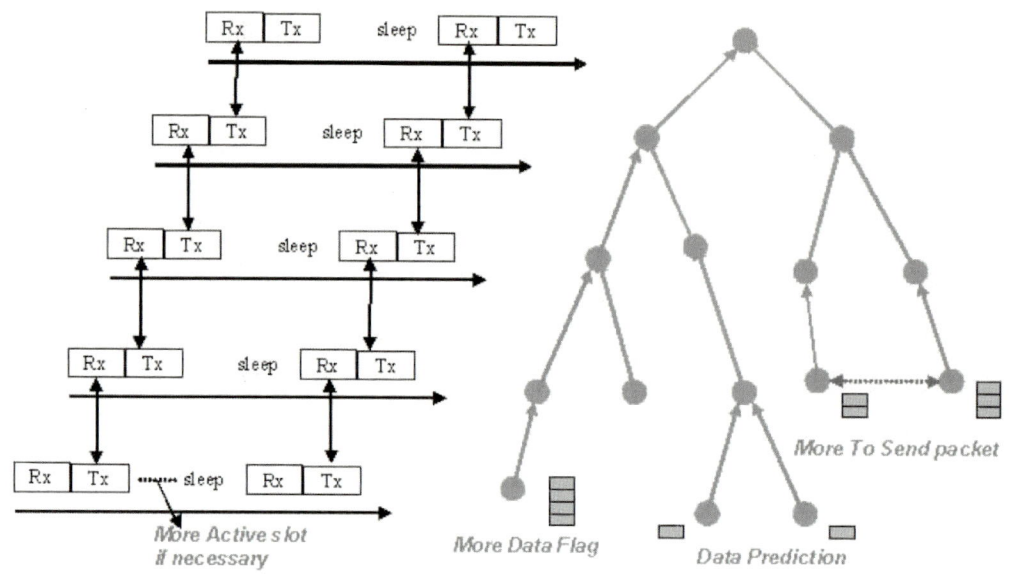

〈그림 3-36〉 DMAC의 동작 사이클

T-MAC처럼 적응기간 사이클(adaptive Duty Cycle)을 채용힌다. 지연시간(노드에서 sink
에 이르는)을 줄일 수 있다는 점이 향상되었다(<그림 3-36>). Sink를 루트로 한 트리 구조
에 맞춰, (1패킷 receive 기간 + 1패킷 send 기간 + n Sleep 기간)으로 이루어진 슬롯 구조
를 반복한다. 부모 자식 간에 Rx와 Tx가 겹쳐지도록 슬롯을 진입(staggering)한다. 패킷을
받고 위로 전달한 후 한 주기를 더 깨어 있는데, 자식 중 경쟁에서 진 노드로부터 패킷을
받기 위함이다. 이 주기는 상위에서의 통신과 방해가 되지 않도록 시간상 떨어진 시점에
배치된다. 노드들이 하나의 sink로 데이터를 전송하는 통신에 적합한 프로토콜이다.

라. Fast Path Algorithm(FPA) [122]

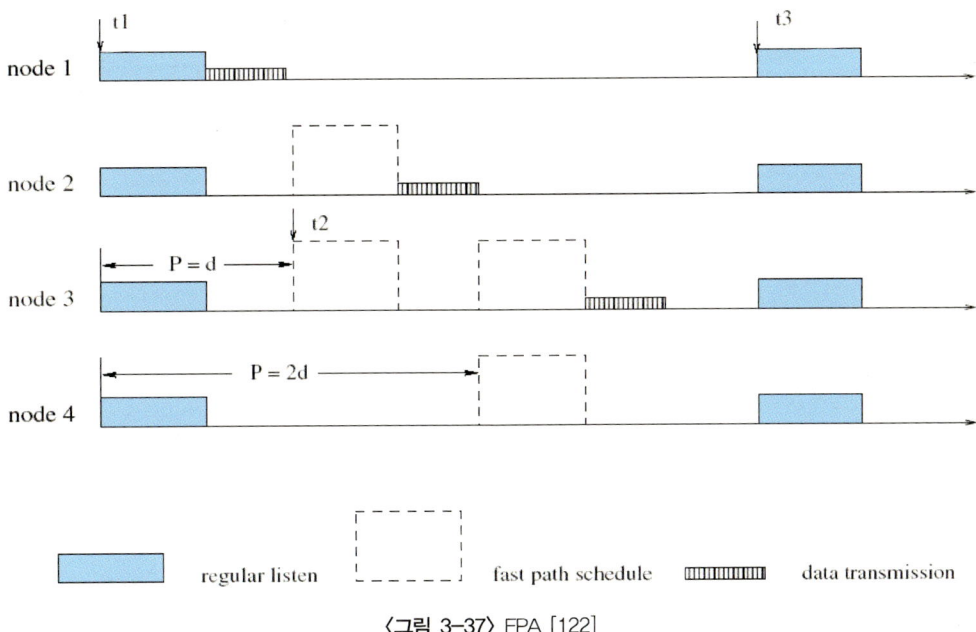

〈그림 3-37〉 FPA [122]

여러 스케줄이 존재할 때 하나의 스케줄로 통일하는 방법을 제시하였다(이 점은 여러 스케줄이 공존하는 것을 허용하는 S-MAC과 차별되는 것이다). S-MAC의 adaptive listening이나 T-MAC의 예측형 RTS 방법이 다음 홉 또는 다음다음 홉 노드를 깨우는 한계를 극복하기 위해, 데이터가 전달되는 라우팅 경로를 따라 노드들이 깨어나는 방법을 제안하였다(<그림 3-37>). 최단경로는 첫 데이터가 전달되고 나면 설정이 된다.

3.5.2.3 스케줄에 기반한 프로토콜(TDMA protocols)

노드의 송신, 수신 시점에 대한 스케줄 정보를 사전에 다른 노드들과 공유한다. 따라서, 통신과 관계없는 노드는 통신 시도를 하지 않으므로, 충돌 없는 통신이 가능하다. 이렇게 아이들(Idle) 대기 모드를 없애므로, TDMA 프로토콜은 에너지 절약에 적합한 특성이다. 하지만, 스케줄을 정확히 따르기 위해서는 시각 동기화는 필수적이어서, 멀티 홉 네트워크에서 이 오버헤드를 고려해야 한다. 여기서는 TRAMA [118]와 LMAC [119]에 대해 살펴본다.

가. TRAMA [118]

노드는 자신의 한 홉 이웃 노드의 확인 작업과 자신을 거쳐 가는 트래픽 플로우에 대한 정보를 주기적으로 브로드캐스트 한다. 이렇게 함으로써, 노드는 자신의 한 홉 이웃 노드들의 트래픽 요구 사항과 두 홉 이웃 노드들의 정보를 알게 된다. 이 정보를 이용하여 노드는 충돌 없는 슬롯을 결정할 수 있다. 높은 채널 사용률(Channel utilization)을 얻을 수 있지만, 상당한 지연시간을 감수해야 하고, 알고리즘 복잡도가 심하게 높다.

나. LMAC [119]

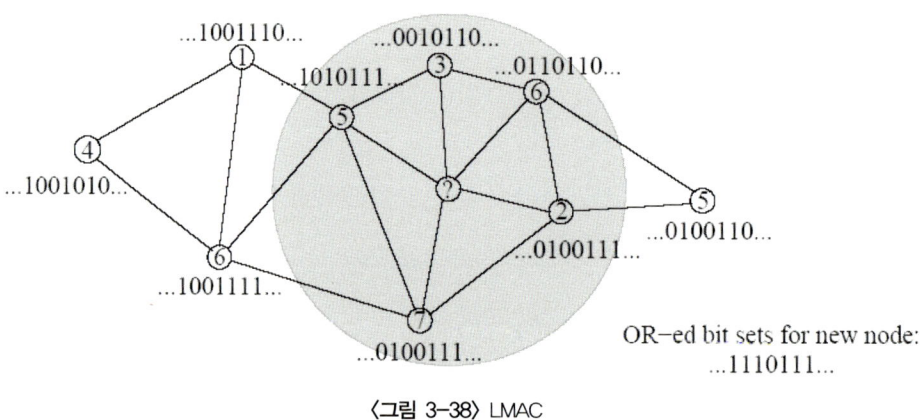

〈그림 3-38〉 LMAC

고정된 크기의 슈퍼프레임이 반복되고, 한 슈퍼프레임은 여러 개의 TDMA 슬롯으로 구성된다. 슬롯은 트래픽 제어 구간(traffic control section)과 뒤이은 데이터 전송 구간으로 이루어지는데, 트래픽 제어 구간에 이 슬롯을 소유하고 있는 노드 ID 정보와 이 노드의 이웃 노드가 차지하고 있는 슬롯들을 나타내는 비트 집합을 보낸다. 아울러 데이터의 목적지를 명시하여, 뒤이은 데이터 전송 구간에서 해당 목적지 노드만 깨어 있고 나머지 노드는 대기 상태로 설정 한다. 새로운 노드가 2-홉에서 충돌되지 않는 슬롯을 선택하기 위해, 노드는 이웃노드로부터 얻은 비트 집합을 OR 연산을 하여 나온 비트 정보을 보고 0에 해당하는 슬롯이 비어있는지를 판단한다. 그중 하나의 슬롯을 무작위로 선택하고, 그 슬롯에서 제어 정보를 보내기 시작한다. 만일 둘 이상의 노드가 동일한 슬롯을 선택하여 충돌이 일어나면, 이 충돌을 감지한 다른 노드가 자신의 제어 부분에서 충돌을 통보한다. 이 통보를 받게 된 충돌 노드들은 다시 슬롯 선택 과정을 수행한다.

3.6 HomeRF(Home Radio Frequency) 및 IrDA(Infrared Data Association)

3.6.1 HomeRF(Home Radio Frequency)

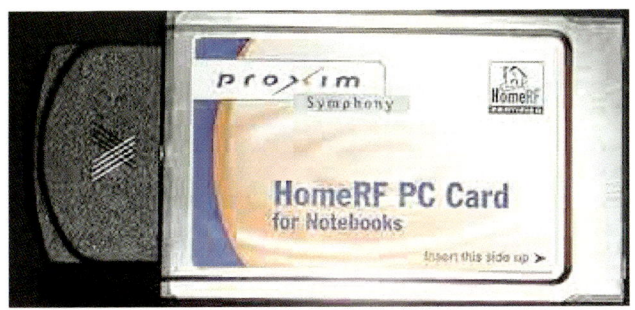

〈그림 3-39〉 Proxim's HomeRF PC Card adapter is a Type II card

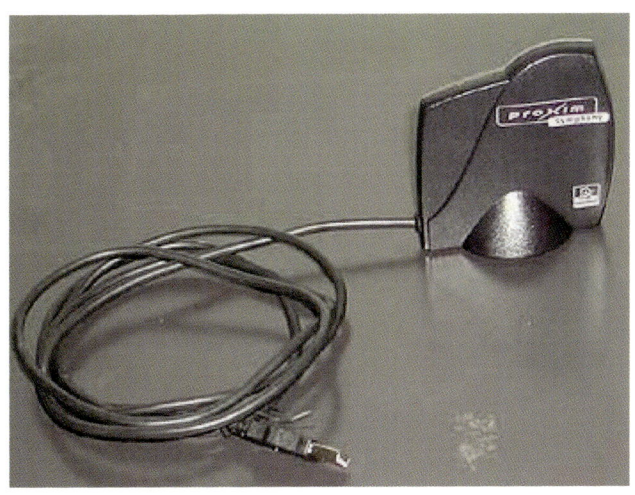

〈그림 3-40〉 Proxim's USB HomeRF adapter

HomeRF는 가정용 기기간의 무선 데이터 전송을 가능하게 하는 통신 프로토콜 이다. HomeRF WG(Working Group)는 PC와 댁내의 가전기기 사이의 무선 디지털 통신을 위한 공개된 사양을 확립하려는 목적으로 설립되었다. HomeRF WG는 개인용 컴퓨터(PC), 가전기기, 주변기기, 통신, 소프트웨어, 반도체 산업을 주도하는 기업들을 회원으로 포함하여 댁내에서의 무선 통신에 대한 프로토콜인 SWAP(Shared Wireless Access Protocol)가 개발되었다.

HomeRF는 약 40여 개의 기업을 회원으로 가지고 있으며 회원의 수가 빠른 속도로 증가하고 있다. HomeRF는 SWAP 사양의 정의를 돕고, 사양의 일본어 번역을 맡고 있는 HomeRF-Japan 소위원회와 무선 멀티미디어를 지원하기 위한 차세대 SWAP을 계획하고 있는 SWAP-MM과 저가의 프로토콜을 만들고 있는 SWAP-LITE의 3개의 소위원회로 나누어져 있다.

SWAP 사양은 댁내 환경에서 무선 음성과 LAN 데이터 서비스를 지원하는 새롭고 일반적인 무선 접면을 정의한다. SWAP은 PC에 의해 개발되고 있는 무선 통신 능력을 가진 많은 제품들과 댁내에서의 가전기기들 사이에 서로 간의 통신을 가능하게 하도록 정의되었으며 PC와 주변기기, 전화, 가전기기들이 서로 전선으로 연결되지 않고도 통신할 수 있도록 해 준다.

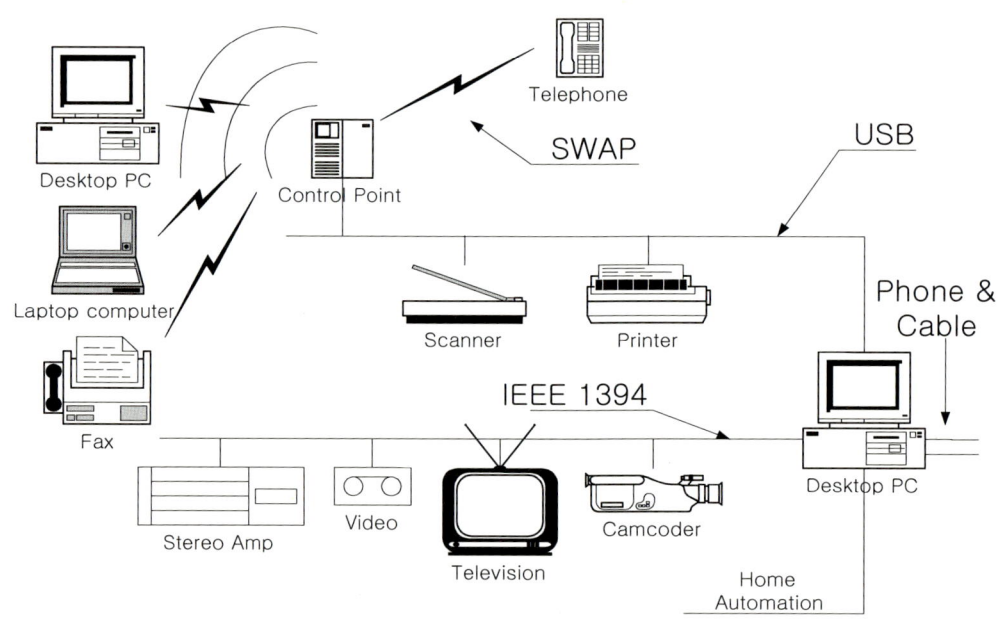

〈그림 3-41〉 SWAP의 기본 구조

SWAP는 전 세계적으로 사용이 가능한 2.4GHz의 대역폭을 사용하며 DECT(Digital Enhanced Cordless Telecommunication)와 IEEE 802.11 표준안의 요소들을 포함한다.

프로토콜 구조는 물리계층에서 IEEE 802.11의 무선 LAN 표준안을 닮았으며 음성과 같은 등시방식(Isochronous) 서비스를 제공하기 위해 DECT 표준안의 일부를 추가함으로써 MAC(Medium Access Control) 계층을 확장시켰다. 따라서 SWAP의 MAC 계층은 TCP/IP와 같은 데이터를 기본으로 하는 프로토콜과 DECT와 같은 음성을 기본으로 하는 프로토콜을 함께 지원할 수 있다. 즉 SWAP은 음성 서비스와 데이터 전송의 시간적인 특성이 중요한 서비스를 제공하는 TDMA(Time Division Multiple Access) 서비스와 고속의 패킷 데이터를 전송하는 CSMA/CD(Carrier Sense Multiple Access/Collision Avoidance) 서비스를 지원한다.

SWAP의 주된 시스템 변수를 살펴보면 2.4GHz ISM 대역을 사용하고 100mW의 전송 파워를 사용한다. 50hops/sec로 네트워크를 호핑하며 데이터 전송속도는 2FSK 변환을 할 경우에는 1Mbps까지 가능하며 4FSK 변환을 하면 2Mbps까지 가능하다. 127개까지의 기기를 연결할 수 있으며 애드 혹 방식의 네트워크 구성이 가능하다. 또 음성 통신으로 6개의 완전한 양방향 대화가 가능하며 데이터 압축 기법으로 LZRW3-A를 사용하고 48비트의 네트워크 ID를 사용하여 여러 개의 지역 네트워크가 동시에 동작할 수 있다.

SWAP을 좀 더 자세히 살펴보면, SWAP의 TDMA(Time Division Multiple Access) 서비스는 등시방식(Isochronous) 전송을 의미하고 등시방식의 전송을 하는 노드를 I노드라고 한다. 반면에 CSMA(Carrier Sense Multiple Access) 서비스는 비동기방식(Asynchronous) 전송을 의미하고 비동기방식의 전송을 하는 노드를 A노드라고 한다. 각 노드는 CP(Connection Point)로서 네트워크를 관리할 수 있는 기능을 갖는다. 또한 CP는 PC의 부가적인 접면을 포함한다. 활성화된 CP는 비콘을 전송하고 등시성 트래픽을 관리하며 PC가 없을 때라도 PSTN에의 접근을 지원할 수 있어야 한다. 전원 관리 노드는 A노드만이 가능하며 A노드 전원을 관리할 수 있고 PSTN에의 지원을 요구하지 않으며 활성화된 CP로 전이될 수 있다.

SWAP의 프레임 구조는 다음 그림과 같으며 CP에서의 비콘 신호가 프레임 구조를 설정한다. 20ms를 하나의 프레임 단위로 사용하며 이는 $125\mu s$의 160배이다. TDMA를 지원하는 DECT와 CSMA/CD를 지원하는 802.11이 하나의 프레임 안에서 동시에 존재할 수 있다. 데이터 전송의 경우에는 802.11로부터의 사양을 사용하며 신호의 발산 비용이 충분히 작고 모든 기기에 대해 홉 순서가 동일한 장점이 있다. 음성 전송의 경우에는 DECT를 사용한다. 32Kbps의 ADPCM을 사용하고 20ms의 프레임과 초기의 재전송, 끝의 outbound,

상향 및 하향링크의 Interleaving을 지원한다.

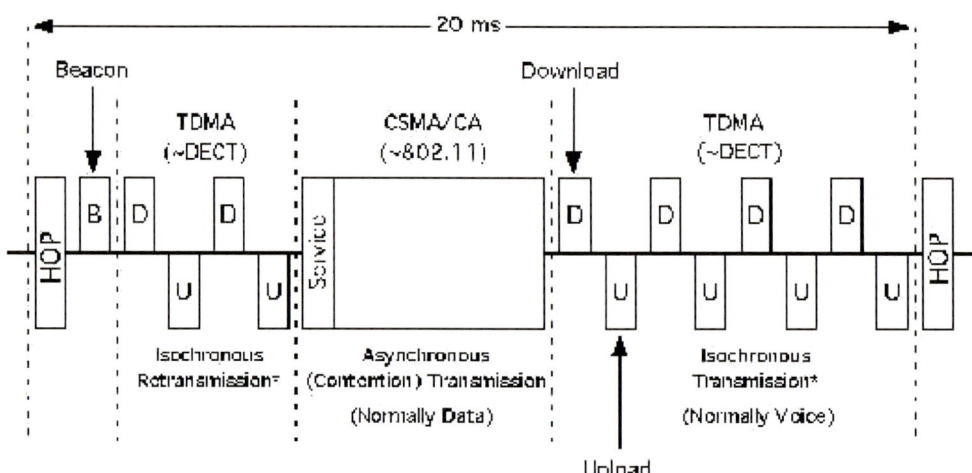

〈그림 3-42〉 SWAP 프레임 구조

등시방식 서비스는 무선의 전화나 비디오 폰에 사용된다. PC없이도 전화를 걸 수 있으며 PC가 연결될 경우 향상된 서비스를 제공할 수 있다. 반면에 비동기방식 서비스는 peer-to-peer 서비스이며 파일이나 모뎀, 프린터의 공유를 가능케 해 준다. 그 밖에 등시방식의 전송과 비동기방식의 혼용이 가능하며 비동기방식의 전송을 지원하는 노드는 전원 관리가 필요하다.

SWAP의 개발은 댁내 무선 LAN 환경의 구축 및 휴대가 가능한 개인용 인텔리전트 기기, 댁내 보안 시스템의 일시적인 제어 등의 실현을 가능하게 해 준다. SWAP는 최대 2Mbps의 전송속도를 가지므로 고화질의 영상 데이터의 전달에 적합하지 않다. 따라서 HomeRF는 10Mbps의 전송속도를 가지는 멀티미디어 표준 개발을 목표로 연구 중이다. Shared Wireless Access Protocol(SWAP)은 HomeRF라는 단체에 의해 표준화된 통신 규약이다. SWAP은 표준화한 단체의 이름에서 짐작할 수 있듯이 가정 내에서의 무선 통신을 목표로 제안되었다. SWAP은 음성 및 데이터 신호를 전송하고 공중전화망(PSTN)과 인터넷 상에서 상호 통신을 위해 설계되었다. 블루투스 표준과 마찬가지로, SWAP은 OSI 7계층을 모두 규정하였다.

SWAP 기술은 현존하는 무선 전화기 기술(DECT: Digital European Cordless Telephone)

과 무선 랜 기술(IEEE 802.11)의 확장선상에서 새로운 종류의 가정 무선 서비스를 위해 고안된 기술이다. 다른 말로 표현하면, SWAP은 Time critical 서비스를 위한 TDMA 서비스와 고속의 패킷 데이터를 전달을 위해 CSMA/CA 서비스를 동시에 제공한다.

SWAP 시스템은 애드 혹 네트워크로, 그리고 연결점(Connection Point: CP)을 이용한 하부 구조 네트워크로도 사용이 가능하다. 데이터의 전송만이 가능한 애드 혹에서는 모든 스테이션은 동등하며, 네트워크의 제어는 스테이션들 사이에 분배된다. 상호 통신하고 있는 음성 신호와 같은 Time critical 통신을 위해서는 시스템을 coordinate하기 위한 CP가 필요하다.

PSTN으로의 게이트웨이 역할을 수행하는 CP는 강화된 음성 및 데이터 서비스를 위해서 USB와 같은 표준 인터페이스를 이용하여 PC에 연결되어 사용할 수 있다. SWAP 시스템은 CP를 이용하여 각 장치들의 활성화와 폴링을 스케줄하여 장치의 배터리 수명을 연장시키기 위한 전력을 관리하는 기능을 지원한다.

SWAP 네트워크는 최대 127개의 노드와 6개의 전 양방향 음성 통신을 수용할 수 있다. SWAP 시스템은 2.4GHz 대역에서 동작하며, 초당 50회의 홉을 가지는 FHSS(Frequency Hopping Spread Spectrum) 기법을 사용한다. 변조를 위해서는 FSK(Frequency Shift Keying) 기법이 사용된다.

SWAP의 매체 접근 제어(Medium Access Control: MAC)은 그림과 같이 등시성(Isochronous)과 비동기(Asynchronous) 두 종류의 다른 슬롯들로 이루어져 있다. 특정 주파수에서 시스템의 형성되면, CP는 통신을 시작하기 위한 비콘 신호를 보낸다.

일단 동기화되게 되면, 전파는 음성과 데이터 송신을 위해 시간을 분할한다. 데이터는 프레임의 중간 부분에서 IEEE 802.11과 같은 CSMA/CA를 이용하여 송/수신된다. 음성 신호는 프레임의 뒷부분에서 TDMA를 이용하여 처리된다. 프레임의 앞부분은 이전 프레임에서 손실되거나 손상된 TDMA 데이터의 재전송을 위해 비축된다. 이렇게 TDMA와 CSMA/CA를 동시에 사용하기 때문에, SWAP은 혼합형 프로토콜이라고 할 수 있다.

● 기타 댁내 망 기술

그 밖에 VESA(Video Electronics Standards Association)는 PC와 주변기기, 그리고 가전제품을 Web 기반으로 통합하는 댁내 통신망의 개발에 중점을 두고 있다. 또 Sprint의 ION(Integrated On-Demand Network)에서는 상호 네트워킹 장비에 의존하지 않는 댁내 망 기술을 개발하고 있다.

VESA는 소니, 휴렛패커드(HP) 등의 기업이 회원으로 가입되어 있고 PC와 주변기기, 가전기기를 웹(WEB)을 기반으로 통합하는 VESA 홈 네트워크 표준안 마련에 적극 나서고 있다. 가정 내의 기기에 각각 IP 주소를 할당하여 제어할 수 있도록 하고 제어 명령어로서 HTTP를 사용한다. HTML과 XML 등의 웹언어를 지원하는 것이 특징이다. 이 표준안은 TV, VCR, DVD, PC 등을 연결하고자 하며 디지털 기기 간 전송 표준인 IEEE 1394를 기반으로 하고 있다.

Sprint사의 ION은 상호 네트워킹 장비에 의존하지 않으며 홈 터미널은 각각의 기기와 일대일로 연결되며 어떤 종류의 외부 네트워크와도 동작할 수 있다. 이 개념은 API(Application Program Interface)의 개발로 인해 현재의 기술만이 아닌 이후의 보다 나은 댁내 기술도 다룰 수 있는 능력을 가지고 있다. 다만 ION의 경우는 ION식 댁내의 장비의 가격이 높기 때문에 임대한다 하더라도 150~250달러에 이를 것이라 한다.

3.6.2 IrDA(Infrared Data Association)

Infrared Data Association(IrDA)는 IrDA-Data, IrDA-Control, 그리고 새롭게 제정된 표준인 Air의 세 가지의 적외선 통신 표준을 제정하였다. 본 절에서는 IrDA-Data를 중심으로 설명한다. 본문에의 IrDA는 IrDA-Data 표준을 의미한다. 일반적으로 IrDA는 케이블을 이용하여 연결하던 장치들에게 무선 연결을 제공하기 위해 사용되었다. IrDA는 좁은 각도(30° 원추체)상에서 Ad-hoc 데이터의 점 대 점 전송만 지원할 수 있다. 동작 거리는 0에서 1m이고, 전송속도는 9,600bps에서 16Mbps까지를 지원할 수 있다. <표 3-10>은 IrDA 통신 프로토콜의 상세 포맷을 보여 준다.

〈표 3-10〉 IrDA 구성 및 특징

IrTran-P	IrObex	IrLan	IrCom	IrMC
LM-LAS	Tiny Transport Protocol – Tiny TP			
Ir Link Mgmt – MUX – IrLMP				
Ir Link Access Protocol – IrLAP				
Async Serial-IR 9600-115.2Kb/s		Sync Serial-IR 1.152Mb/s		Sync 4PPM 4Mb/s

일반적인 IrDA의 특징은 다음과 같다.

① 전 세계적으로 사용할 수 있는 일반적인 무선 연결로 입증되었다.

② 약 5,000만 유닛이 설치되었다.

③ 많은 하드웨어와 소프트웨어 플랫폼이 제공된다.

④ 점 대 점 케이블 대체를 위해 설계되었다.

⑤ 새로운 표준과의 호환성이 보장되었다.

⑥ 좁은 각도(30도)의 원추형의 point-and-shoot 방식의 애플리케이션이다.

⑦ 다른 전자 장비와의 간섭이 전혀 없고, 하위 레벨에서의 보안이 제공된다.

⑧ 고속 데이터의 속도는 현재 4Mbps이고 16Mbps는 현재 개발 중이다.

IrDA는 노트북, 데스크톱, 그리고 핸드 헬드 컴퓨터 등을 프린터, 전화기, 모뎀, 디지털 카메라, LAN 접근 장치, 의학용 그리고 산업용 장비 등의 여러 가지 주변기기들과 무선 데이터의 전송을 위한 연결 매체로서 사용된다. 전 세계적으로 1억 5,000만 개의 유닛이 설치되었고, 그 수는 매년 40%씩 증가한다. IrDA는 모든 종류의 개인용 컴퓨터, 주변기기, 임베디드 시스템과 장치들에 사용될 수 있다. 또한, IrDA의 전 세계적인 사용과 수용은 다른 표준 기구의 IrDA 표준을 가속화시키는 결과를 가져오고 있다. 전 세계적인 IrDA 표준의 채택과 구현은 범용의 하드웨어 포트와 빠른 소프트웨어 호환성을 가져다줄 것이다.

CHAPTER 04

네트워크 기반 임베디드
시스템의 설계 및 실습

4.1 Mica2를 이용한 센서네트워크 노드 실습

본 실습에서는 Crossbow에서 나오는 IEEE 802.15.4 기반의 칩셋은 CC2420과 CC1100을 사용한다. MicaZ의 경우 CC2420을 사용한다.

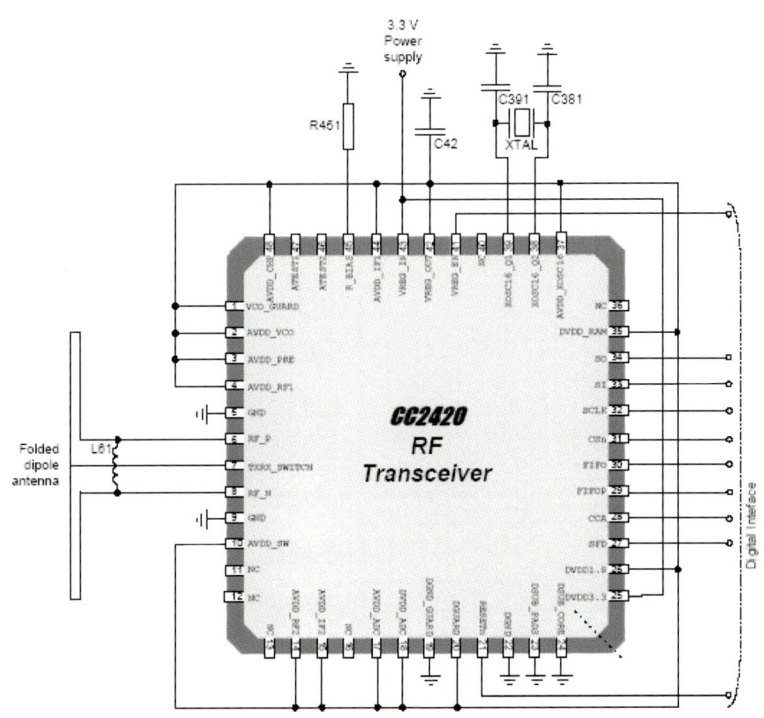

〈그림 4-1〉 Chipcon CC2420의 애플리케이션 회로도

<그림 4-1>에서 CC2420은 IEEE 802.15.4 통신을 지원하기 위해 Chipcon에서 개발한 저전력 RF 트랜시버이다. 사용 주파수는 2.4GHz의 ISM 밴드를 사용한다. 가장 큰 특징은 전력소모가 적다는 점이다. 송·수신 시 전류소모는 각각 17.4mA, 19.4mA이고, 공급 전원은 3.6V 이하로 전력의 소모를 줄여 장기간 사용이 가능하도록 구성되었다.

4.1.1 Mica2 보드 소개 및 특징

국내에서 많이 사용하는 Sensor Network 개발 장치로는 Crossbow와 Telos의 장치가 있으며, 본 교재에서는 Crossbow의 장치를 가지고 실습을 하고자 한다.

가. Mica2 Mote

- 3세대의 저 전력, 무선, 센서 네트워크를 가능하게 하는 모듈
- 작은, 무선의 Smart Sensors 플랫폼
- 1년 정도의 배터리 수명(Sleep Modes)
- 315,433 또는 869/916 MHz의 다중채널 사용
- 온도 Expansion Connector for Light, Temperature, RH, Barometric Pressure, Acceleration/Seismic, Acoustic, Magnetic 등으로의 확장

〈그림 4-2〉 Mica2 보드

나. MIB510CA: Mote 인터페이스 보드

- PC나 다른 컴퓨터 플랫폼 간의 연결
- 프로그래밍과 데이터 통신을 위한 RS-232 시리얼 통신

〈그림 4-3〉 MIB510CA

다. MTS300CA; SENSOR, DATA 수집 보드

• 다양한 센싱 모듈 • Light, Temperature, Acoustic, Sounder Sensing • Mica와 Mica2 Motes에 사용	 〈그림 4-4〉 MTS300CA

4.1.2 TinyOS 프로그램 설치 및 업데이트

본 절에서는 CC2420이나 CC1100 같은 802.15.4 기반의 무선 통신을 사용하는 임베디드 시스템에서 사용된 운영체제인 TinyOS의 설치방법과 사용 예를 설명한다.

가. TinyOS 설치

① MOTE-KIT 구매 시 제공된 CD에 Tinyos install 디렉토리가 있다(또는 www.tinyos.net 에 가면 download받을 수 있다).

② 여기에 들어가면 tinyos-1.1.0-1is.exe 파일이 있다. 이 파일을 더블 클릭하면 installshield wizard를 통해 install되고 wizard에 나오는 옵션에 따라 설치하면 된다.

나. TinyOS 업데이트

① TinyOS를 update하기 위해서는 www.tinyos.net에 가면 최신 버전의 tinyos update 파 일을 받을 수 있다. 이 파일은 rpm 파일 형태로 제공되는데, windows에서 설치할 수 없고 Cygwin 환경에서 설치가 가능하다.

② Tinyos Update rpm 파일을 구해서 설치된 TinyOS 디렉토리에 복사를 한다. 여기서는 C:\tinyos\cygwin\tmp에 복사한다고 가정한다.

③ 다음과 같은 명령을 통해 update할 수 있다. 먼저 update 파일이 복사된 tmp로 이동한 다음 update하면 된다.

```
$ cd /tmp
$ rpm force ignoreos Uvh tinyos-1.1.7July2004cvs-1.cygwin.noarch.rpm
```

④ 설치가 완료되었으면 설치된 버전은 다음과 같이 확인할 수 있다.

```
$ rpm qa
```

4.1.3 Cygwin 실행

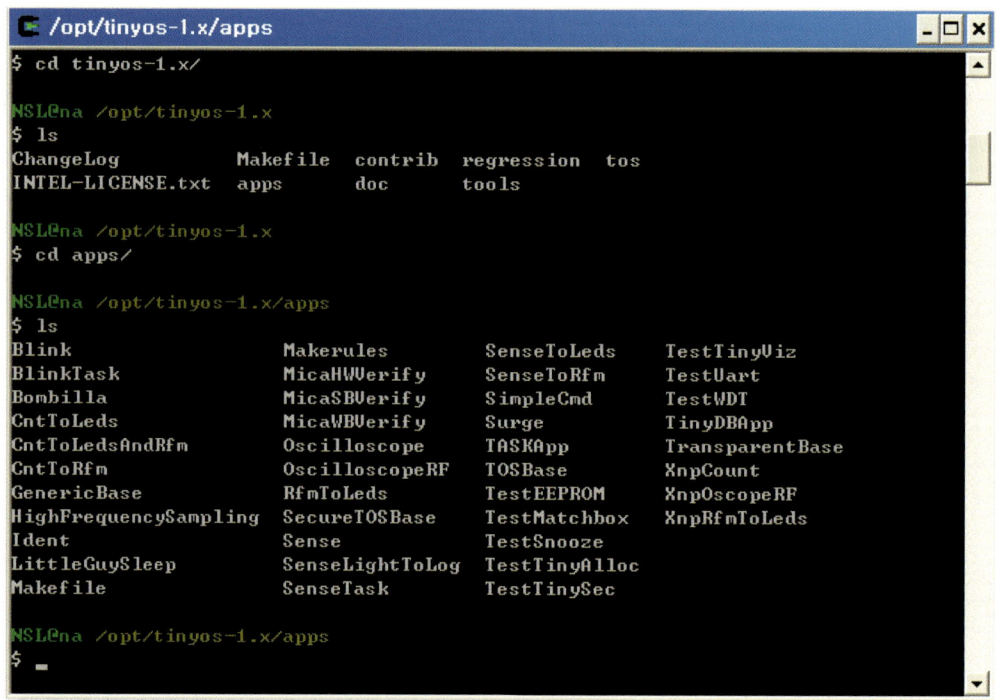

〈그림 4-5〉 Cygwin 실행화면 (1)

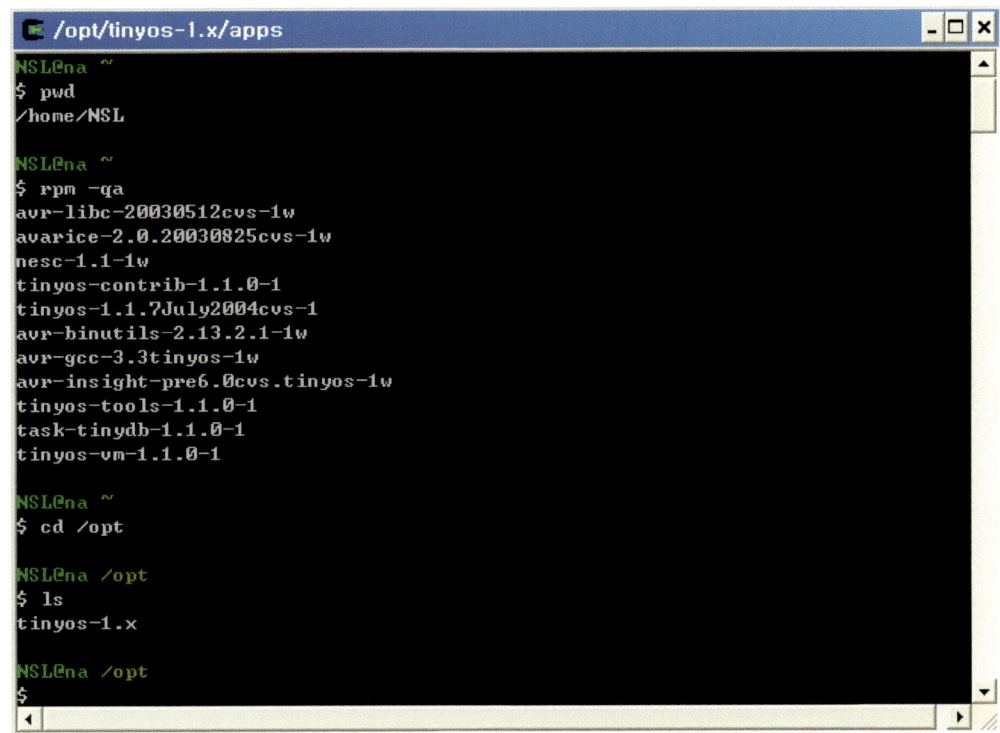

```
/opt/tinyos-1.x/apps

NSL@na ~
$ pwd
/home/NSL

NSL@na ~
$ rpm -qa
avr-libc-20030512cvs-1w
avarice-2.0.20030825cvs-1w
nesc-1.1-1w
tinyos-contrib-1.1.0-1
tinyos-1.1.7July2004cvs-1
avr-binutils-2.13.2.1-1w
avr-gcc-3.3tinyos-1w
avr-insight-pre6.0cvs.tinyos-1w
tinyos-tools-1.1.0-1
task-tinydb-1.1.0-1
tinyos-vm-1.1.0-1

NSL@na ~
$ cd /opt

NSL@na /opt
$ ls
tinyos-1.x

NSL@na /opt
$
```

〈그림 4-6〉 Cygwin 실행화면 (2)

4.1.4 Mica2 보드 설정

<그림 4-7>과 같이 MIB510과 MICA2 보드를 연결하고 MIB510의 시리얼포트와 호스트
PC의 시리얼 포트와 연결하면 된다.

〈그림 4-7〉 MIB510과 Mica2 보드를 연결한 그림

가. 프로그래밍 방법

```
$ MIB510=/dev/ttyS0 make install mica2
```

위의 명령은 MIB510 보드와 호스트 PC COM1 PORT를 통해 작성된 애플리케이션 소스를 Mica2 보드에 컴파일 한 후 Mica2 보드에 업로딩한다는 의미이다.

① make에 대한 디바이스 주소 주는 방법

```
make [re]install.<addr> <platform>
```

- <addr>: device address install.0, install.1, install.2
- <platform>: target platform mica, mica2, mica2dot, micaz
- make: 소스 컴파일을 수행한다.
- install: 컴파일을 한 후 해당 디바이스의 flash에 업로딩한다.
- reinstall: compile은 수행하지 않고 장치의 flash에 uploading만 한다.

4.2 유선 네트워크 기반 임베디드 시스템 설계에 대한 예제

본 절에서는 유선기반 네트워크 임베디드 시스템 설계의 예로 고속 및 저속 전력선 통신(PLC) 기능을 지원하는 다양한 칩셋을 이용하여 임베디드 시스템을 설계한다. <그림 4-8>은 고속 및 저속 전력선 통신 모뎀이 장착된 보드에 대한 구조도이다.

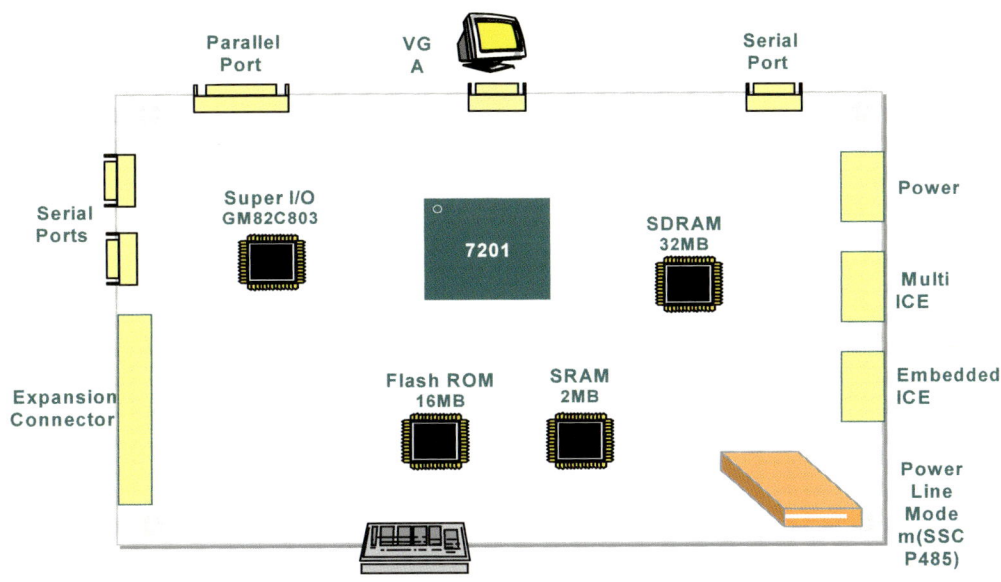

〈그림 4-8〉 PLC 모뎀이 장착된 보드에 대한 구조도

<그림 4-8>에 소개된 것처럼, 개발 보드는 목적과 방향에 맞도록 Win CE 포팅이 가능한 ARM 칩과 전력선 통신이 가능하기 위하여 SSC P485 전력선 송수신 칩을 이용하여 전체 보드의 구조를 잡았다. ARM 칩으로는 GMS30C7201인 현대에서 제공되는 칩을 사용하였는데, 선택한 이유는 다음과 같다.

- WinCE 기반 응용장치(application)로 적합하다.
- UPnP(Universal Plug & Play) 지원이 가능하다.
- 디버깅이나 테스트와 관련한 다양한 리소스를 제공한다(예: 모니터링 프로그램, Win CE 플랫폼 빌더, 테스트 프로그램 등).

SSC P485 칩의 선택은, CEBus 계열의 프로토콜을 사용하는 것에 중점을 두었다. 앞으로 PLC 모뎀들이 장착된 디바이스는 CEBus 프로토콜을 따를 것으로 예상이 된다. 따라서 SSC P485 칩의 이용은 그러한 프로토콜에 응용이 용이할 것으로 보인다. 이러한 주요한 칩들 외에도 개발 보드에는 GM82C803와 같은 WinCE에 대한 디버깅을 위한 칩과 SDRAM, 플래시 롬(flash Rom), SRAM과 같은 메모리칩들이 첨가된다. 이러한 칩들에 의해서 개발 보드를 통하여 원하는 목적과 방향에 맞도록 디버깅 및 테스트를 할 수 있으며, 이러한 디버깅 및 테스트 및 모니터링은 위의 개발 보드에 보이는 포트들을 통하여 이루어진다.

- 디버깅: Multi ICE port, Parallel port 및 Serial ports
- 모니터링: VGA port
- 테스트: Parallel port 및 Serial ports

4.2.1 Hardware 부분별 구조 및 설명: 저속

가. SSC P485

SSC P485는 저속 전력선 칩으로 CEBus 장치와 호환이 가능하다.

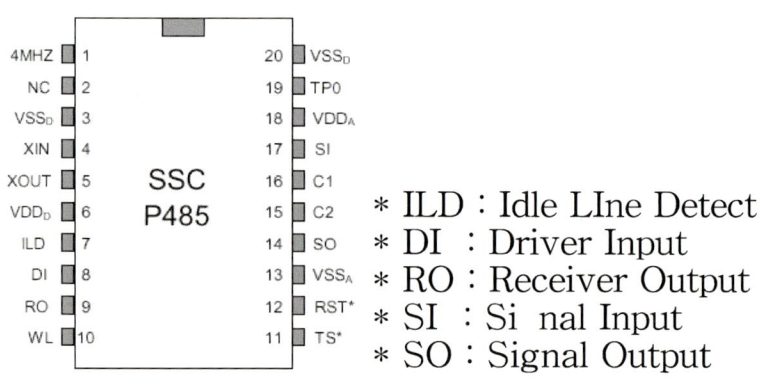

〈그림 4-9〉 SSC P485 전력선 송수신 칩

<그림 4-9>는 SSC P485 칩에 대한 그림이며, 이 칩의 특징은 다음과 같다.

- 저렴한 네트워킹 제품 구현 가능
- 확산 스펙트럼 캐리어 통신 기술

- 9,600baud 전송속도
- 간단한 호스트 인터페이스
- 저전력 동작(+5V)

나. SSC P485: Application

SSC P485는 다음 <그림 4-10>과 같은 구조로 응용되어 사용될 수 있다.

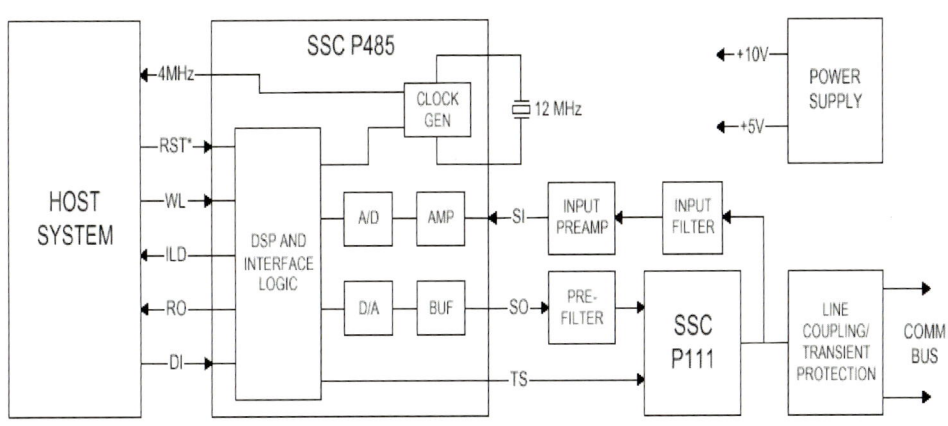

〈그림 4-10〉 SSC P485 Application

<그림 4-10>과 같이 SSC P485 칩은 AC 전력선 쪽에서 들어오는 아날로그 부분과 호스트 시스템으로 들어가는 디지털 부분으로 나누어 살펴볼 수 있다.

① 아날로그 부분

아날로그 부분은 SSC P485의 SI와 SO에 의해서 전력선 부분과 연결된다. 보통 전력선은 여러 가전기기들이 물려 있고, 다양한 노이즈에 노출되어 있기 때문에 데이터의 손실을 막기 위해서 특별한 신호 전송 방식을 선택해야 한다. 보통 전력선에 잘 이용되는 데이터 엔코딩 방식으로는 확산 스펙트럼 방식이 사용되고 있고, 이 칩에서도 역시 이러한 방식을 따르고 있다. 데이터가 100~400kHz 사이에서 전력선으로 전송된다. 따라서 이러한 데이터를 잘 받아들이기 위해서 밴드·패스 필터가 사용되고 있고, AC 라인에서의 과도 응답을 방지하기 위해서 변압기를 이용하고 있다. SSC P111 칩은, 전력선을 통하여서 외부에서 데이터가 전송되고 그 데이터가 SI핀을 통하여서 SSC P485 칩으로 들어갈 때,

SO쪽으로 신호가 새는 것을 방지하기 위한 수단인 동시에, SO 핀을 통해서 데이터를 보낼 때, 데이터를 증폭시켜 주는 역할을 하기도 한다.

② 디지털 부분

호스트와의 통신 부분에서는 DI와 RO가 데이터의 전송 통로로 사용되며, 다중 노드로 물려 있는 상태에서도 정해진 노드와의 일대일 통신이 가능하도록 하기 위해서 ILD 핀을 제공하고 있다. 예를 들어, ILD가 high일 때는 채널을 아무도 이용하지 않고 있다고 판단하여 많은 노드에서 각각 데이터를 보낼 수가 있고, 그중에서 경쟁 방식에 의해 먼저 들어온 데이터에 대해서 일대일 통신이 되고, 일단 한 노드가 경쟁에서 이겨서 채널을 이용할 수 있게 되면 ILD는 low가 된다. 따라서 ILD가 low일 때는 채널이 이용되고 있는 상태이므로 다른 노드에서는 데이터를 보낼 수가 없다. 이와 같은 흐름에 의해서 호스트와의 통신이 이루어진다.

③ 동작 과정

SSC P485를 통하여 호스트와 전력선부와의 통신은 다음과 같은 과정에 의해서 이루어진다.

<그림 4-11>에서 보이는 것처럼, 데이터의 전송은 "Contention Resolution"에 의해서 시작된다. P485는 보내지는 데이터의 첫 캐릭터를 기초로 하여 preamble을 만들어 낸다. Contention Resolution은 이러한 preamble이 unique하기를 원한다. 따라서, 채널이 이용 가능(ILD=high)하고 Contention Resolution이 시작되면 네트워크상에 존재하는 많은 전송자(transmitter)들 중에서 먼저 P485로 들어온 preamble에 대해서만 데이터 전송이 허락된다. 일단 네트워크상에 존재하는 전송자들 중에서 어느 한 전송자가 채널을 잡게 되면, 이때부터 preamble과 함께 따라오는 일련의 데이터들이 P485를 통해서 전송된다(이때 ILD=low).

이와 함께 P485는 호스트에게 보내진 캐릭터들에 대한 에코(echo)를 보내 준다. 따라서 호스트는, 보내는 데이터와 P485에서 들어오는 에코를 비교하여 자신이 보내는 데이터가 계속 전송이 되고 있는지를 판단할 수가 있다. 만약 P485가 에코로 보내 준 데이터와 호스트가 보낸 데이터가 다르다면, 이것은 전력선(외부)을 통하여 P485로 데이터가 들어오고 있는 중이라고 판단하여 P485는 데이터의 전송을 마치고, 수신 모드로 들어가게 된다.

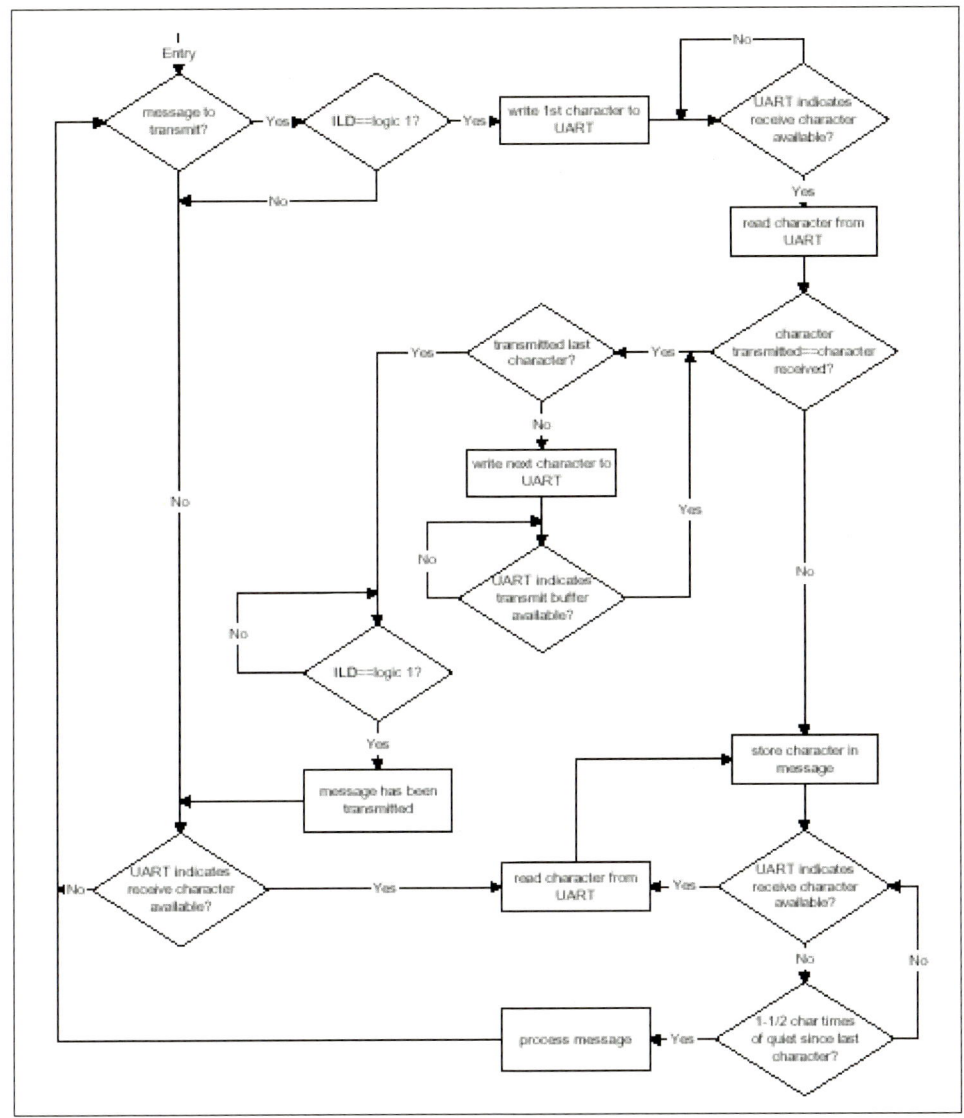

〈그림 4-11〉 SSC P485 내부에서의 동작 관계

일단 이와 같은 방식에 의해서 데이터의 전송을 마치게 되면, 이것은 전송된 패킷의 end 쪽인 stop 비트가 몇 번 발견되느냐에 의해 판단할 수가 있는데, 보통 stop 비트가 5번 이상 발견되면 P485는 데이터의 전송이 확실히 끝났다고 판단하게 된다. P485는 ILD를 high로 만들게 되고, 다시 Contention Resolution이 시작된다.

다음 그림들은 전송자와 수신기에서 이루어지는 이러한 일련의 과정들을 자세히 나타내 주고 있다.

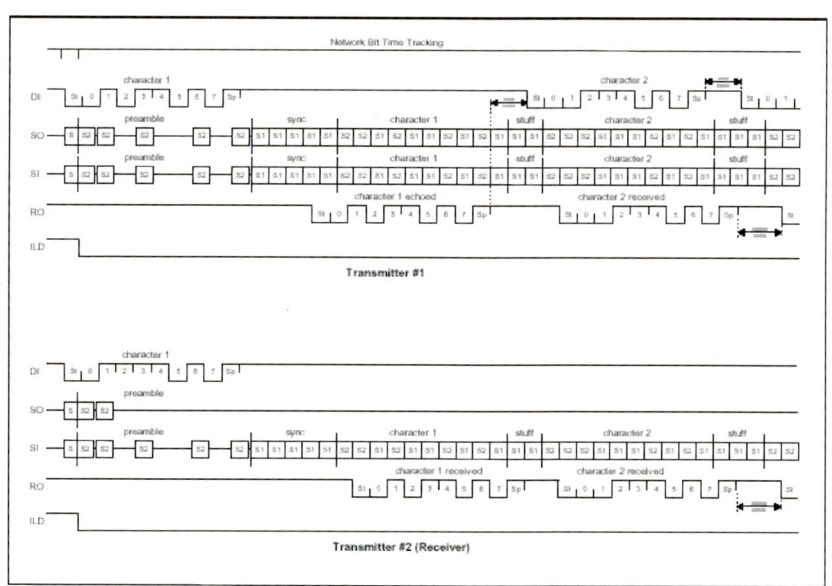

〈그림 4-12〉 Contention Resolution Timing

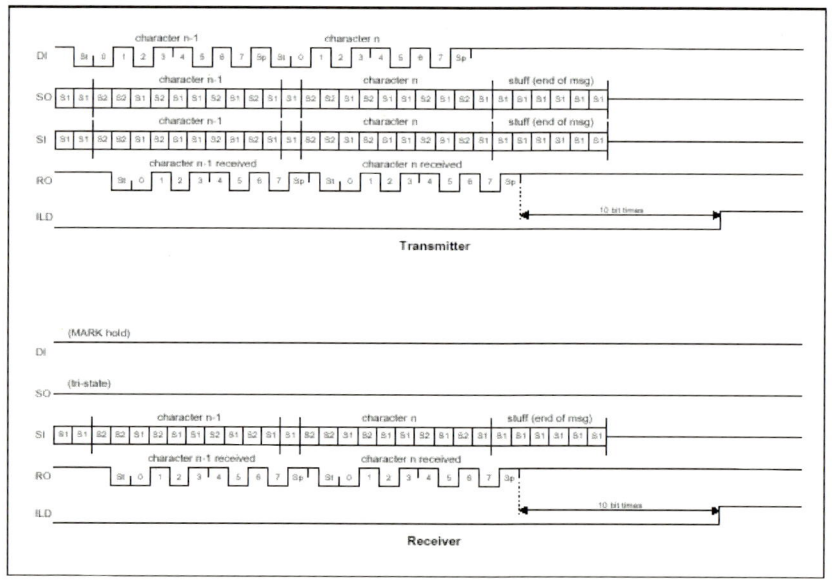

〈그림 4-13〉 End of Message Timing

위의 <그림 4-12>와 <그림 4-13>처럼 데이터를 보낼 때는 '1', '0'으로 보내게 되는데, 아날로그에서는 이것을 위에서 언급한 것처럼 확산 스펙트럼방식을 이용해서 보내게 되며, P485는 이때 1과 0을 PRK(Phase Reverse Keying) 기법을 이용해서 처리를 한다 PRK

기법이란 위상을 180도 바꾸어서 보내는 것을 말한다. 이렇게 위상을 바꿈으로써 P485는 1과 0의 구분을 할 수가 있다. <그림 4-14>는 이러한 PRK 기법을 사용하여 P485가 데이터를 보내는 것을 그린 것이다.

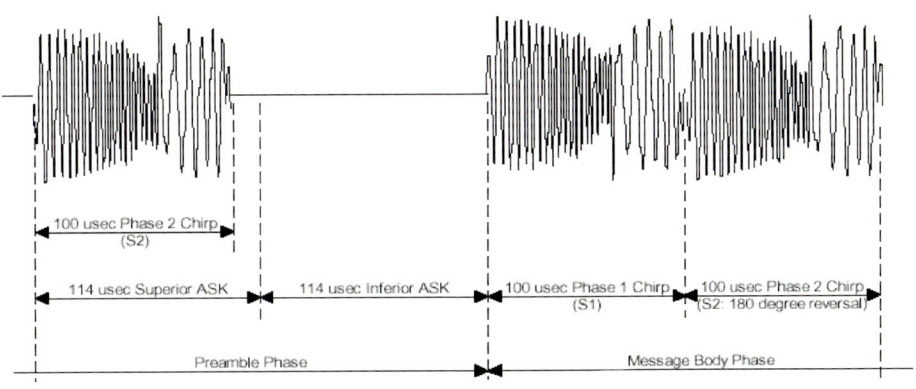

〈그림 4-14〉 PRK 기법을 사용하여 보낸 데이터 모양

④ P485를 이용하여 실제 제작한 설계도(PLC 모뎀 부분)

<그림 4-15>는 P485를 이용해 실제로 제작한 보드의 모뎀부분 설계도이다.

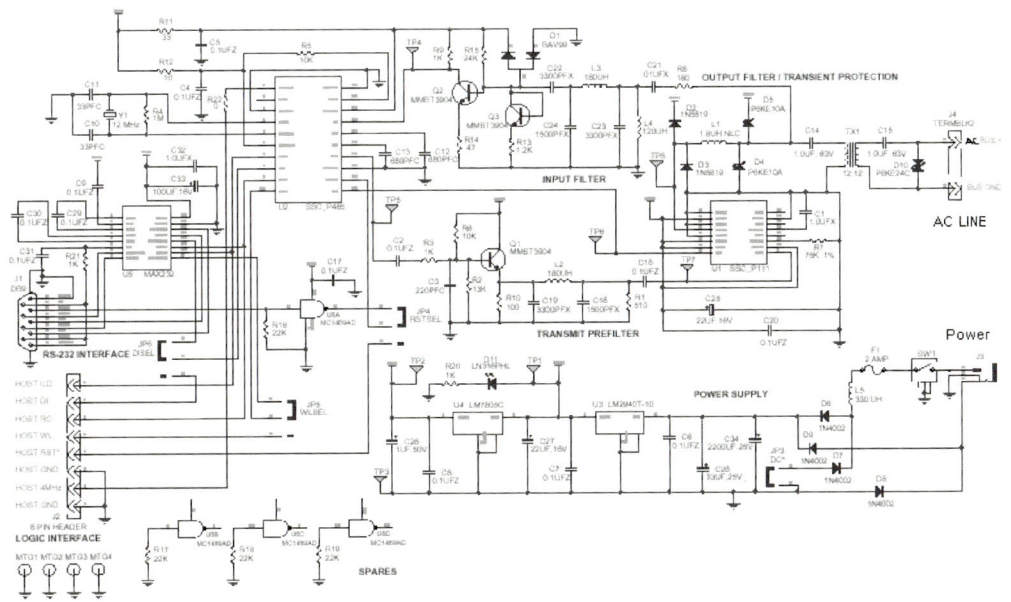

〈그림 4-15〉 SSC P485를 이용한 모뎀 부분 설계도

다. ARM720T(GMS30C7201)

① GMS30C7201

GMS30C7201은 ARM720T CPU와 Piccolo DSP, 그리고 그 외의 다양한 타입의 디바이스들을 제어하기 위한 시스템 로직c를 포함하고 있는 "highly-integrated microprocessor"이다. 이 칩은 PDA, 스마트 폰, 인터넷 가전, 자동차 내비게이션 등의 응용을 포함하여 Windows CE 지원이 가능한 많은 응용을 지원하고 있다.

다음 <그림 4-16>은 GMS30C7201 지원 분야와 간단한 특징들을 소개하고 있다.

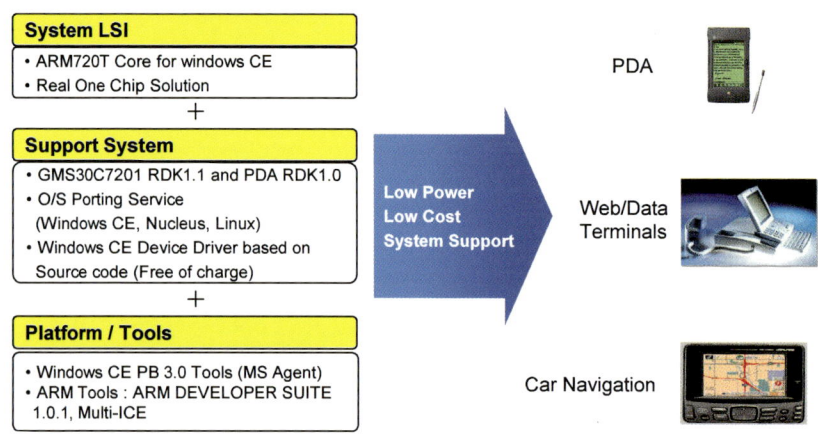

〈그림 4-16〉 GMS30C7201 Application

GMS30C7201은 다음과 같은 특징들을 갖는다.

- 32-비트 ARM7TDMI RISC static CMOS CPU core

- 8K바이트s combined instruction/data cache

- Windows CE을 위한 메모리 관리 모듈

- Piccolo DSP(supports softmodem)

- Piccolo DSP을 위한 512-바이트 인스트럭션 캐쉬

- Litte Endian 운영 시스템 지원

- 단일 칩 구조의 주변 장치:

- 다중 채널 DMA

- 타이머

- 인터럽트 제어기

- ROM, Flash, SRAM, SDRAM을 위한 메모리 제어기

- PCMCIA Ⅱ/ CFC

- 전원 관리 모듈

- STN 또는 TFT LCD을 위한 LCD 제어기

- 단일칩 DAC 기반의 VGA 제어기(direct drive of monitors)

- 실시단 클럭(32.768kHz 수정 발진기)

- 적외선 통신 기능(IrDA support for 4Mbps and lower rates)

- 2UARTs(16C550 호환)

- AFE(Analog Front End or CODEC) 인터 페이스

- 키보드 제어기

- GPIO

- MMC 카드를 위한 동기 직렬 인터페이스

- USB(target)

- ADC 및 인터페이스 모듈(touch panel)

- DAC 및 인터페이스 모듈(sound output)

- PLL

- JTAG debug interface and boundary scan

- 0.35mm 공정

- 3.3V 전원 공급기

- 360-pin BGA 패키지

- 60MHz 동작 주파수

- 저전력 소비

다음 <그림 4-17>은 위와 같은 특징들을 가지고 있는 GMS30C7201의 내부 구조를 나타
낸 것이다.

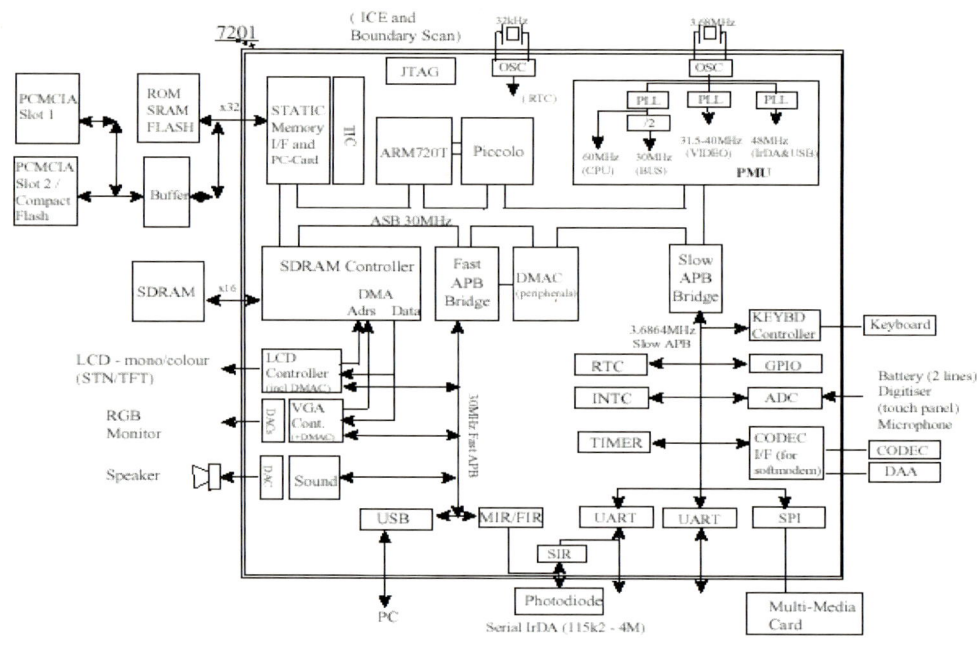

〈그림 4-17〉 GMS30C7201의 내부 구조

② GMS30C7201 - Application

이러한 특징들을 가지고 있는 GMS30C7201을 이용하여 개발 보드를 만들기 위해서는, 이 칩이 SSC P485 부분과 연결이 되도록 설계해야 하는데, 이미 위에서 소개한 바대로 SSC P485의 설계는 끝났고, <그림 4-15>에서 봤던 것처럼 SSC P485 설계도에서는 RS232 시리얼 통신이 가능하도록 포트를 설계하였다. 이것은 GMS30C7201의 시리얼 부분을 이 용하여 단일 보드 형태로 만들기 위한 계획에 의거한 것이다. 개발 보드의 목적이 전력선 을 통한 디바이스의 제어와 WinCE 포팅에 집약되어 있기 때문에 GMS30C7201는 개발 보 드의 목적과 방향에 맞게 설계되었다.

GMS30C7201을 이용하여 개발 보드를 만들 때, 개발 보드는 다음과 같이 크게 두 부분 으로 나뉘어서 동작하게 될 것이다. 이때 각각에 대한 동작을 유도하기 위해서 점퍼를 만 들어 원하는 모드를 택할 수 있도록 만들었다.

- Main 부분: 개발 보드에서 보통 디버깅이 끝나고 나서 WinCE를 바탕으로 다양한 응 용 및 테스트를 할 수 있는 부분으로서, 주요 동작에 관계하는 칩들은 <그림 4-18>에 소개되어 있는 것과 같다. 이 부분은 주로 소프트웨어 작업이 필요하며, 다양한 이미 지 다운로딩 및 실행이 이루어진다. 지원되는 툴로는 Windows CE PB 3.0이 있다.

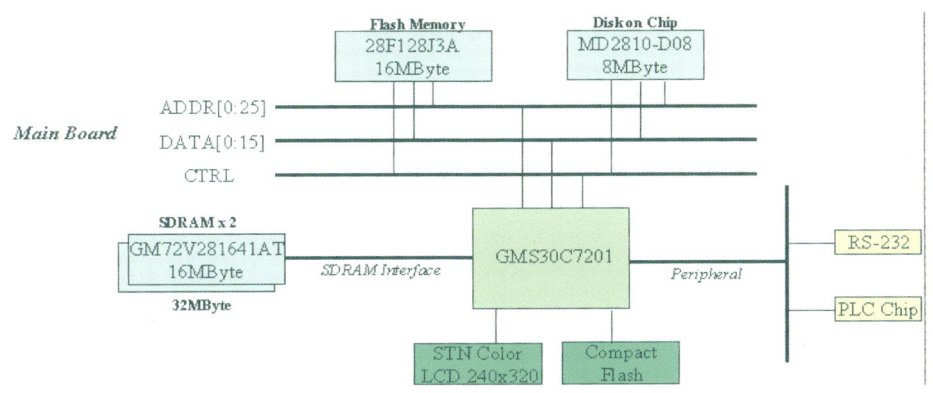

〈그림 4-18〉 개발 보드의 구성도

- 디버깅 모듈: 처음 개발 보드를 개발하고 나서 개발 보드의 성능을 확인하기 위해서는 보드에 대한 디버깅이 필요한데 이때 사용되는 부분이다. <그림 4-19>는 이러한 debug 부분에 관한 것이다. 이용되는 부분들은 그림에 소개되어 있는 바와 같다. 지원되는 tool은 다양하지만, 여기서는 ADS(Arm Developer Suite) 1.0.1과 Multi-ICE를 이용한다.

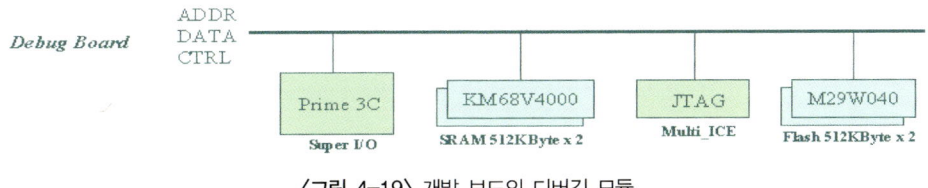

〈그림 4-19〉 개발 보드의 디버깅 모듈

③ GMS30C7201 - 디버깅 툴

<그림 4-20>은 개발 보드에서 이용될 디버깅 툴과 연결 동작을 보여 준다.

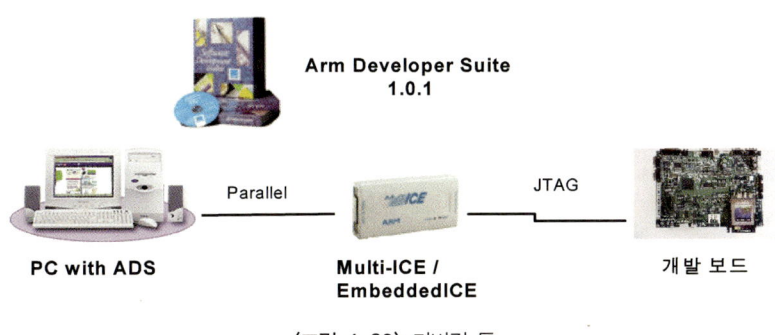

〈그림 4-20〉 디버깅 툴

ADS와 Multi-ICE를 이용하여 디버깅을 할 때, Multi-ICE는 하드웨어와 PC 사이에서 서버로서 동작한다. 위의 그림처럼 설치된 상태에서 PC상에서 Multi-ICE 서버를 실행시키면 <그림 4-21>과 같은 화면이 뜬다.

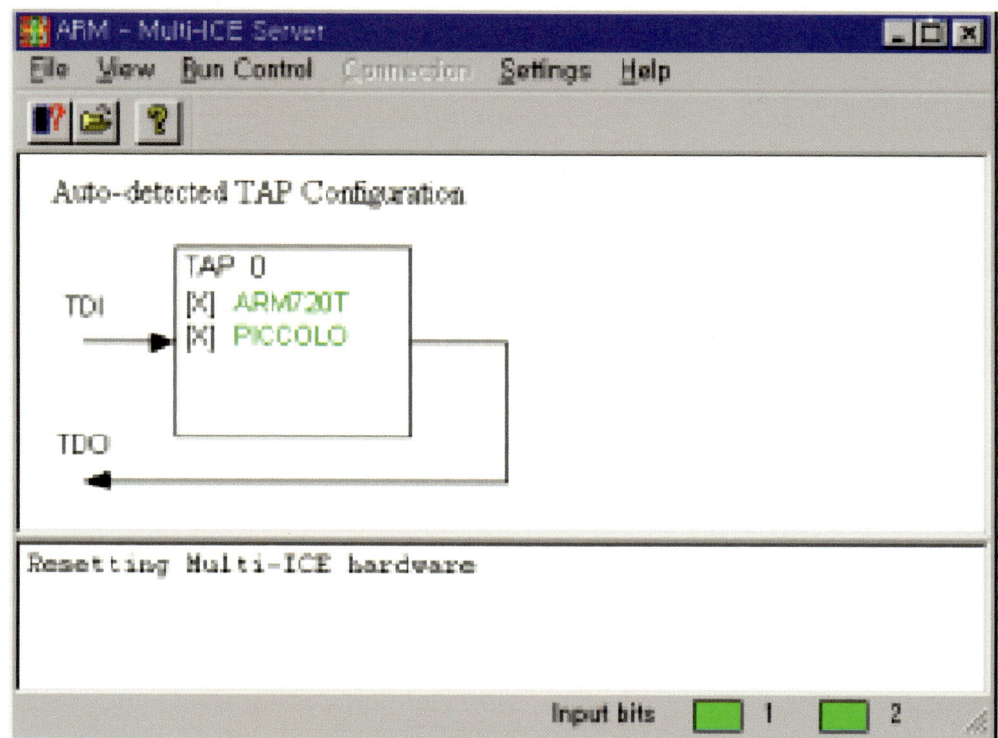

〈그림 4-21〉 Running Multi-ICE 서버

Multi-ICE 서버가 올바르게 작동되면 위와 같은 그림이 뜨게 된다. 그러나 올바르게 작동되지 않는다면, ARM720T 대신에 'UNKNOWN'이라는 글자가 뜨게 된다. 이럴 때는 대부분이 CPU의 납땜 불량이다.

위와 같은 상태가 되면 이때부터 개발보드의 각 부분에 대해서 디버깅을 할 수가 있다. 디버깅을 할 때는 ADS라는 프로그램을 이용하게 된다.

ADS와 Multi-ICE 서버를 연동하여 동작시키기 위해서는 ADS에서 다음과 같이 Multi-ICE를 연결해 주어야 한다.

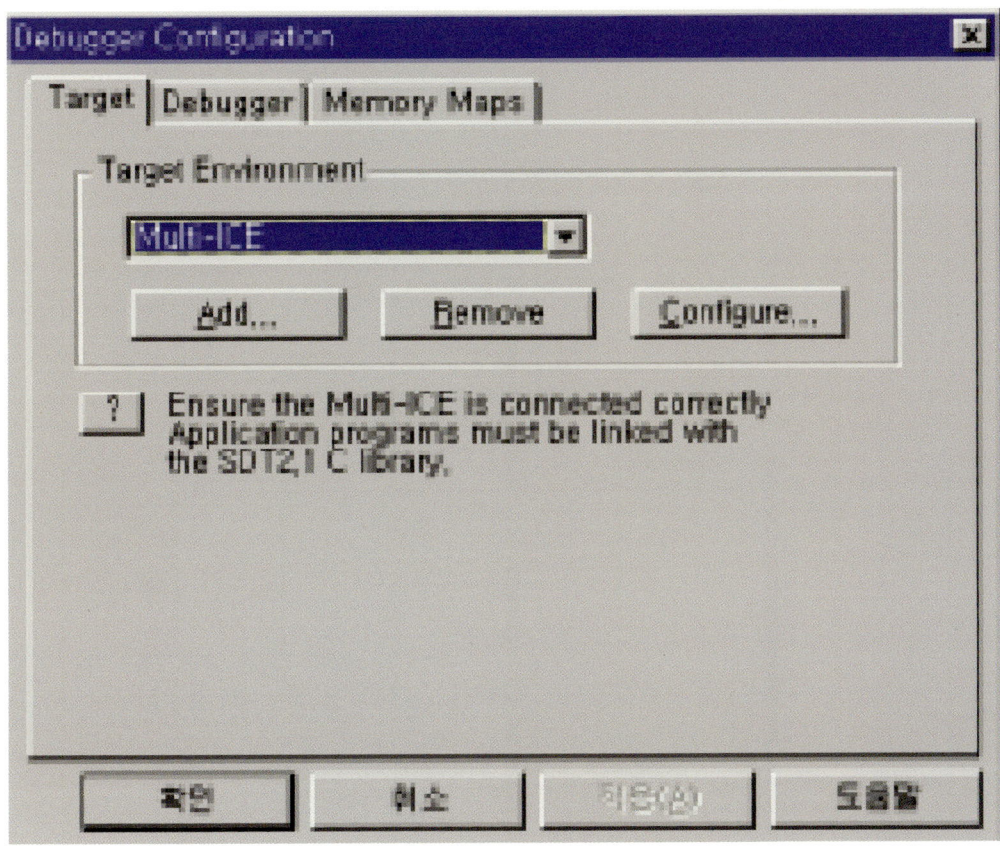

〈그림 4-22〉 ADS와 Multi-ICE의 연결

<그림 4-22>와 같은 링크 과정이 끝나면, 개발 보드에 대해서 **Multi-ICE**를 이용한 **PC**상에서의 원격 디버깅이 가능하게 된다. 위와 같은 디버깅 툴을 이용하여 제공되는 프로그램들을 통하여 칩들의 작동 상태를 체크해 볼 수가 있고, 이와 함께 다양한 다운로딩 이미지를 만들어 개발 보드에 포팅할 수도 있다.

4.2.2 Hardware 제작: 저속 전력선 통신 칩 사용의 예

다음 <그림 4-23>은 하드웨어 제작 과정을 나타내고 있다.

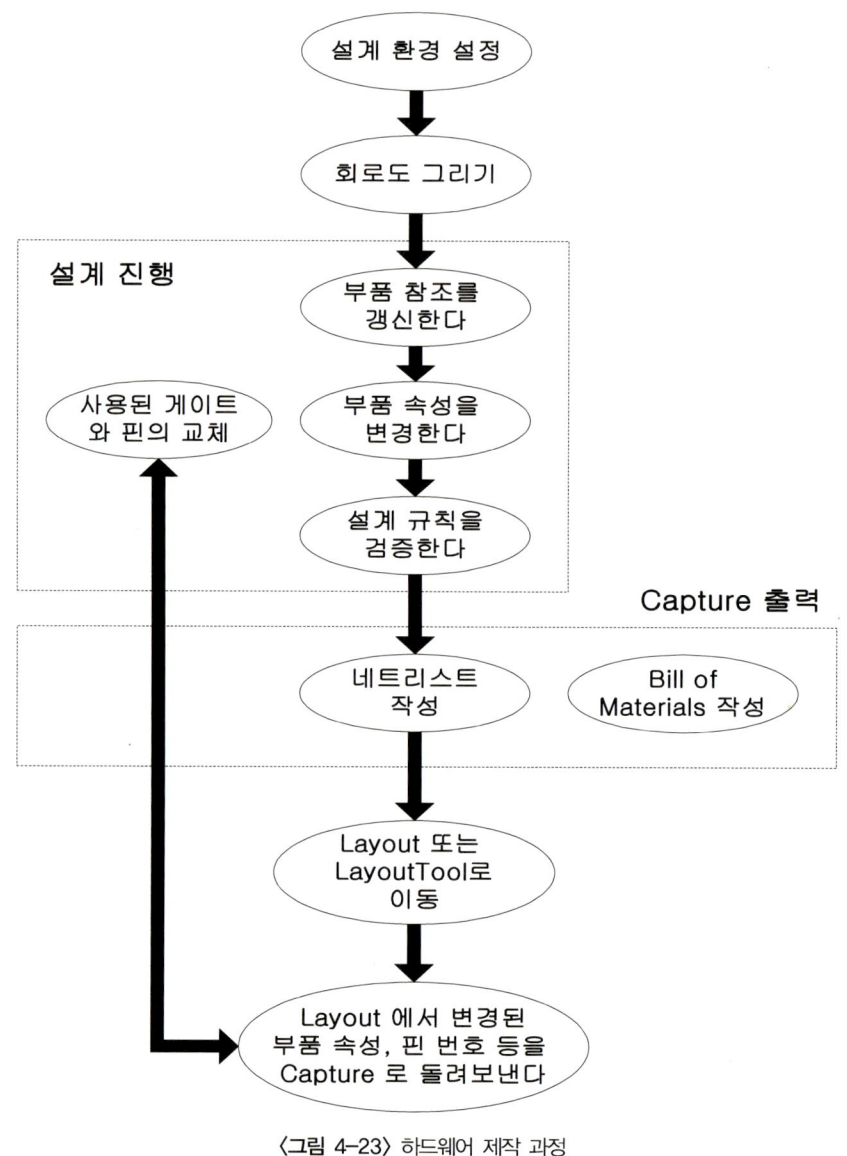

<그림 4-23> 하드웨어 제작 과정

하드웨어 디자인할 때 이용하는 툴은 여러 가지가 있겠으나, 여기서는 OrCAD 툴을 이용하여 디자인하였다. 하드웨어 디자인은 크게 두 가지로 볼 수가 있다. 각 부품 및 소자들의 논리적인 연결을 블록 단위로 디자인하는 캡처 디자인과 실제 보드에 맞게 부품 및 소자를 실제적으로 연결 및 디자인하는 레이아웃 디자인이 있다. 캡처 디자인과 레이아웃 디자인은 네트리스트 파일을 서로 공유하게 된다. 캡처 디자인에서 최종 출력된 네트리스트 파일을 입력 값으로 받아들여 레이아웃 디자인은 작업을 수행하게 되는 것이다.

가. PCB 레이아웃 설계

<그림 4-24>는 위와 같은 캡처 디자인을 바탕으로 실제 PCB 형태의 레이아웃 디자인을 통하여 최종 완성한 부품 배치도이다.

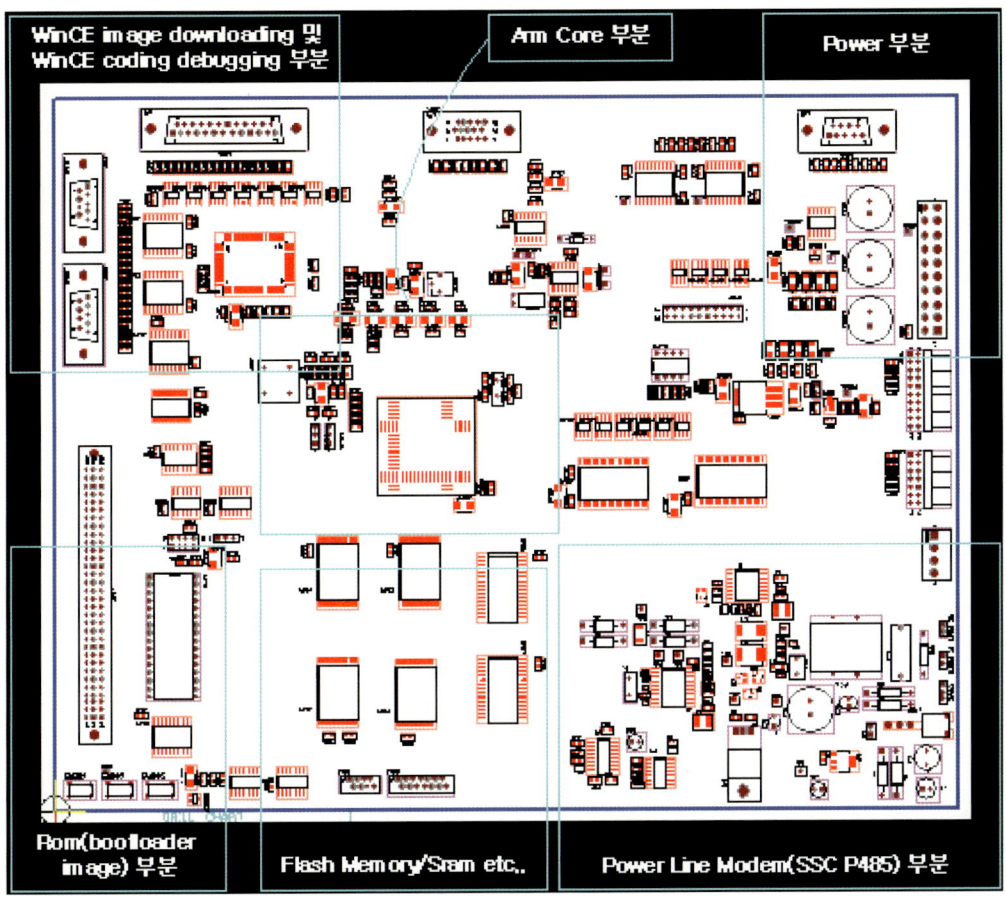

〈그림 4-24〉 Lay out 디자인의 부품 배치도

위의 그림처럼 부품 배치가 끝나면 실제 라우팅 작업에 들어가게 된다. 라우팅 작업이란, 각 부품 간의 핀과 핀 사이의 최적 경로를 발견하여 연결하는 것을 의미한다. 이와 같은 라우팅 과정을 통해 PCB의 모든 과정이 끝나면 gerber 파일을 생성하고 이 처리 과정을 통해 보드를 만들게 된다. 마지막 단계로 실제 납땜 및 디버깅 과정을 거쳐 보드 완성 작업에 이르게 된다.

4.2.3 고속 전력선 기반 임베디드 시스템 설계

고속의 하드웨어는 앞에서 설명한 저속의 하드웨어의 구조와 거의 동일한 구조를 가지고 있다. 따라서 이 절에서 소개하는 내용은 전체적인 내용보다는 각 부분에 대한 설명을 위주로 하도록 한다.

가. StrongARM

저속의 시스템과 마찬가지로 고속의 시스템을 개발하기 위해서는 먼저 시스템에서 필요로 하는 기능을 바탕으로 시스템의 스펙을 결정해야 한다. 우리가 개발하고자 하는 시스템은 리눅스(혹은 WinCE)상에서 UPnP를 통해 홈 자동화 시스템을 구축하는 것이다. 이러한 가정에서 설정된 시스템의 사양은 아래와 같다.

- CPU: Intel StrongARM SA-1110
- 주 메모리: SDRAM 32MB
- Boot ROM: Intel StrataFlash 16MB
- I/O
    i. 이더넷 제어기: CS8900A
    ii. 임베디드 USB 제어기
    iii. Serial Port
    iv. 28 GPIO
- ROM 프로그램
    i. JTAG 프로그래밍(Flash memory)
    ii. 이더넷 프로토콜 인터페이스
- 운영 체제
    i. 임베디드 Linux
    ii. WinCE 3.0
- 응용 프로그램
    i. UPnP 실장
    ii. 장치 에뮬레이터 실장

본 시스템은 범용 클라이언트/서버 시스템으로 일반적인 CPU 보드의 기능을 갖게 된
다. 전체 시스템을 총괄적으로 제어하는 CPU로 Intel StrongARM이 사용되며, Boot Loader,
운영 체제 등을 저장해 두기 위한 공간으로 Flash 메모리가 16MB정도 필요하다. 시스템
주메모리의 가격이 저렴하고, StrongARM에 바로 인터페이스가 가능한 SDRAM을 32MB
내장한다. Flash 메모리의 프로그램은 ROM Writer 등을 사용하지 않고 보드에 장착한 상
태로 프로그램을 변경할 수 있도록 하는 OBP(On board Programming) 기능을 위해
StrongARM에서 제공하는 JTAG port를 내장한다.

기본적인 사용자 인터페이스는 StrongARM에 내장되어 있는 USB, 시리얼 포트를 각각
1개씩 사용하고, UPnP를 위해서 이더넷이 필요하므로 별도의 이더넷 제어기를 추가한다.
이더넷 제어기는 Cirrus Logic사의 CS8900A를 사용하고, 이 기능을 이용하여 Linux 등 사
이즈가 큰 프로그램의 다운로드에 사용한다. 아래의 그림에 전체 시스템의 구조를 나타내
는 블록 다이어그램을 나타내었다. <그림 4-25>에서 보듯이 StrongARM에서 기본적으로
제공하는 기능이 많기 때문에 시스템 보드의 크기는 작게 설계가 가능하다.

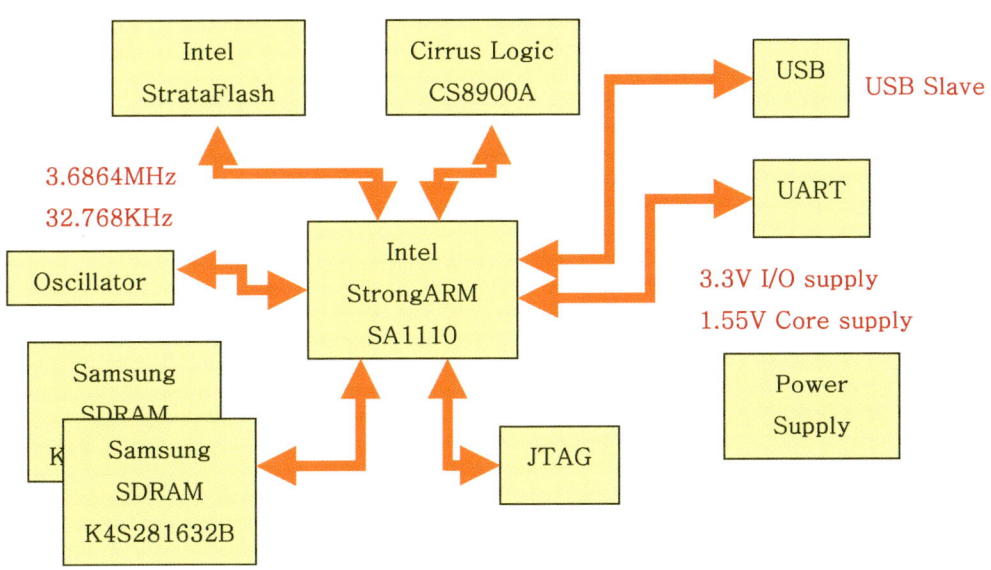

〈그림 4-25〉 StrongARM의 기능 블록 다이어그램

인텔 스트롱 암(Intel StrongARM) 기반의 CPU 보드를 설계하기 위해서는 여러 가지 방
법이 있지만 가장 좋은 방법은 Intel에서 제공하는 참조 보드의 회로를 참조하는 것이다.

이 밖에도 시중에 많은 종류의 StrongARM 기반의 회로가 공개되어 있으며 이것을 참조하여 필요한 기능의 하드웨어 설계를 완성할 수 있다.

StrongARM으로 하드웨어를 설계하게 되면 PCB 디자인할 때 일반적인 간단한 시스템의 설계에 비해 간단하지는 않은데, StrongARM이 1mm pitch에 mBGA package이기 때문이다. 이 때문에 4층으로는 약간 설계가 어렵고, 6층 이상을 사용하든지, 아니면 4층으로하게 되면 굉장한 노력을 해야 한다. 아래 <그림 4-26>은 4층으로 설계한 예를 보여 준다.

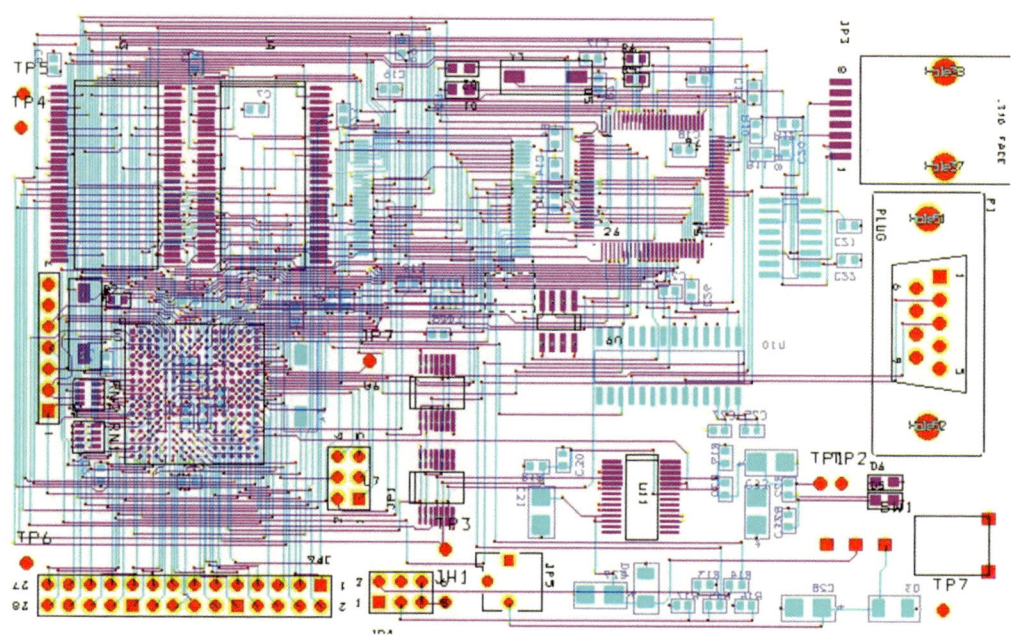

〈그림 4-26〉 StrongARM 기반으로 설계된 전력선용 통신장치의 회로도

나. IPL0201: 고속 전력선 통신용 Inari 칩

① IPL0201: Features

<그림 4-27>은 IPL0201 칩의 그림을 나타낸 것이다. IPL0201 칩은 "broadband home networking applications"를 target으로 사용되는 MAC/PHY 2Mbps 전력선 통신망 제어기이다. IPL0201은 가정에 이미 배선되어 있는 전력선을 이용하여 고속 인터넷 접속이나 광대역 게이트웨이와 같은 임베디드시스템 또는 전력선(Powerline)과 USB를 인터페이스하는 전력선 통신망 연결 장치 등의 응용 시스템에 사용할 수 있다.

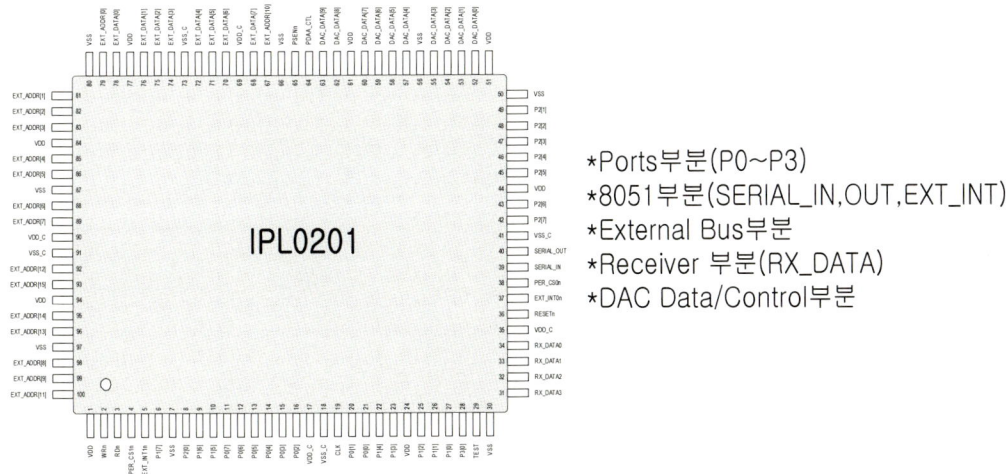

*Ports부분(P0~P3)
*8051부분(SERIAL_IN,OUT,EXT_INT)
*External Bus부분
*Receiver 부분(RX_DATA)
*DAC Data/Control부분

〈그림 4-27〉 IPL0201 Inari 고속 칩

특히 데이터, 제어, 등속통신(Isochronous Communication) 등을 포함한 모든 정보형태 (information type)를 지원하기 때문에 고속에서 요구하는 TV, 비디오와 같은 streaming data 에 적합하다. <그림 4-28>은 IPL0201의 기능별 블록 다이어그램이다.

<그림 4-28>을 바탕으로 IPL0201의 특징을 정리하면 다음과 같다.

<Micro Controller>

• 8051 호환 명령 집합

-Industry standard development tools

-8-10MIPS

-4clock/instruction cycle

-3가지 형태의 8-비트 I/O 포트

-256바이트s RAM

-2KB 버퍼 RAM

-Addressed 64KB external ROM and 64KB external RAM

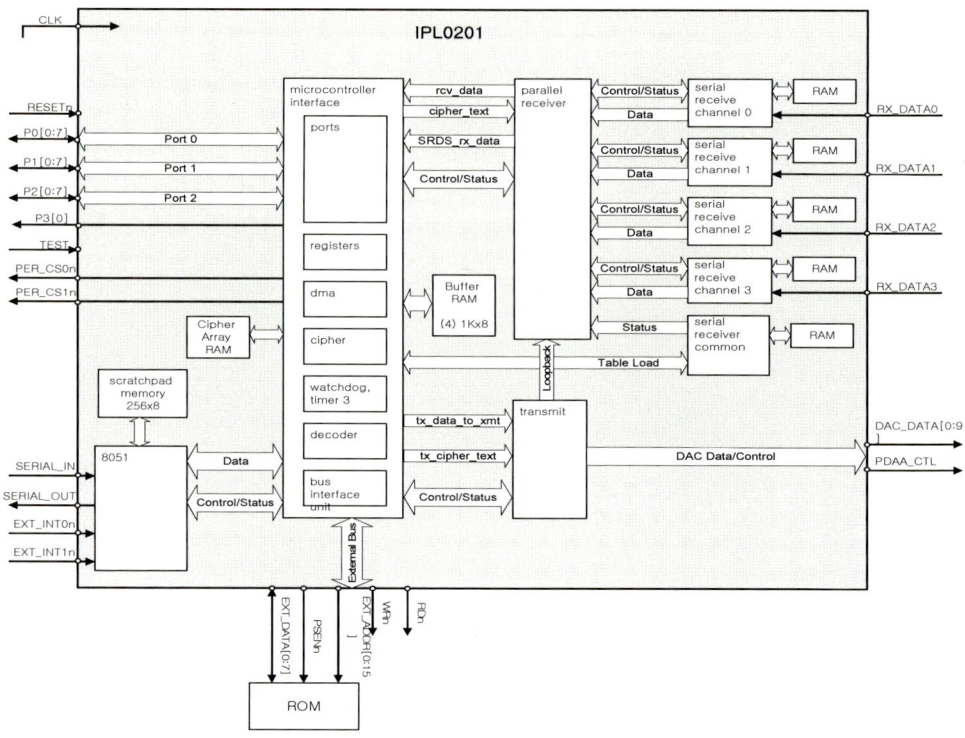

〈그림 4-28〉 IPL0201의 기능별 블록 다이어그램

<호스트 응용 인터페이스>

-2개의 프로그램 가능 칩 선택 기능

-2개의 외부 인터럽트 입력

-Non-multiplexed address/data bus

-외부기기 연동을 위한 브리지 지원

-병렬 포트 (IEEE 1284)

- Philips PDIUSBD12D와 연동된 USB 지원 기능

- Inari Common Application Language (iCAL) interface

<Security and Error Detection>

-32-바이트 encryption array

-256-비트 Diffie-Hellman public key exchange

-패킷 레벨 암호 인증

－16-비트 CRC

<Inari's Powerline Exchange (PLX) 임베디드 프로토콜>

－Firmware Application Programming Interfaces(APIs) including QoS

－MAC layer 패킷 pacing(throttling)

－등속 통신(isochronous communications)을 위한 타임 슬롯 보장

－32-비트 장치 addressing capabilities

－Automatic transmit 패킷 포맷팅(formatting)

－Automatic address recognition and packet reception

위와 같은 특징을 가진 IPL0201은 외부의 PDAA(Powerline Data Access Arrangement)를 통하여 전력선에 연결된다. PDAA는 전력선 상에서 나타나는 high voltage가 IPL0201 칩으로 들어오는 것을 차단한다. 이때, 데이터는 PDAA를 통하여 BPSK(Binary Phase Shift Keying) 또는 QPSK(Quadrature Phase Shift Keying) 변조 기법을 사용하여 전력선을 통하여 외부로 송신된다. 송신 과정에서 PDAA는 필터와 선형 전력 증폭기로 구성된다. 수신 과정에서 PDAA는 수신 데이터를 4개의 캐리어 신호로 나눈다. 이 캐리어 신호들은 4개의 신호를 발생시키는 4개의 오실레이터(oscillator)와 혼합된다.

<그림 4-29>는 PDAA의 채널 필터링 다이어그램을 나타낸 것이다.

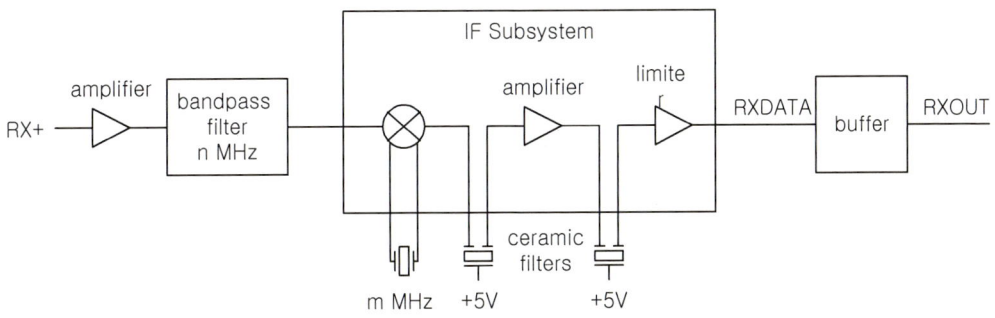

〈그림 4-29〉 수신부 채널 필터링 다이어그램

② IPL0201－Application: Nebo 전력선 연결기법

Inari 칩인 IPL0201은 다음 <표 4-1>과 같은 OSI 7계층 구조를 가지고 있다.

〈표 4-1〉 OSI 7 계층과 Inari 프로토콜 스택

OSI Model Layers	PNT (Embedded Application)	PNT (PC Application)
Application	ICAL	Windows, embedded applications supplied by the developer
Presentation	N/A	Windows, etc.
Session	N/A	Windows, etc.
Transport	PLX Protocol	PLX + Windows, etc.
Network	PLX Protocol	PLX + Windows, etc.
Data Link	PLX Protocol	PLX Protocol
Physical	DPL	DPL

Inari에서 제공하는 소프트웨어인 Nebo 프로그램은 IPL0201 칩과 연동하여 전력선 네트워킹이 가능하게 한다. Nebo 프로그램은 다음과 같은 일을 할 수 있게 한다.

- IPL0201이 장착된 네트워크 어댑터가 있는 컴퓨터들은 전력선을 통하여 파일 및 폴더를 서로 공유할 수 있다.
- TCP/IP나 IPX와 같은 다른 프로토콜을 사용하는 전력선 통신망상에서의 컴퓨터와의 통신이 가능하다.
- 전력선 네트워크에 연결되어 있는 컴퓨터에 연결되어 있는 프린터나 여러 다른 디바이스들을 공유할 수 있다.
- 인터넷 연결이 없는 컴퓨터라 할지라도 Inari 네트워크 어댑터가 장착되어 있다면, 인터넷 연결이 있는 전력선 네트워크 컴퓨터를 이용하여 인터넷에 연결을 할 수가 있다. <그림 4-30>은 IPL0201 네트워크 어댑터가 장착된 컴퓨터들끼리의 인터넷 공유 기능을 보여 준다.

〈그림 4-30〉 전력선 네트워크상에서의 인터넷 공유

③ IPL0201: 보드 설계

IPL0201 칩을 이용하여 위와 같은 실제 특징들을 갖추기 위해서는 IPL0201을 이용한 애플리케이션 보드의 제작이 필요하다. 보드 설계에는 전력선과의 인터페이스를 위한 PDAA 부분이 구현과 IPL0201의 core인 8051 코드를 실행하기 위한 외부 롬 메모리가 필요하다. 또한 병렬/USB 포트 등이 필요하다. <그림 4-31>은 이를 바탕으로 그린 보드 다이어그램을 나타낸 것이다.

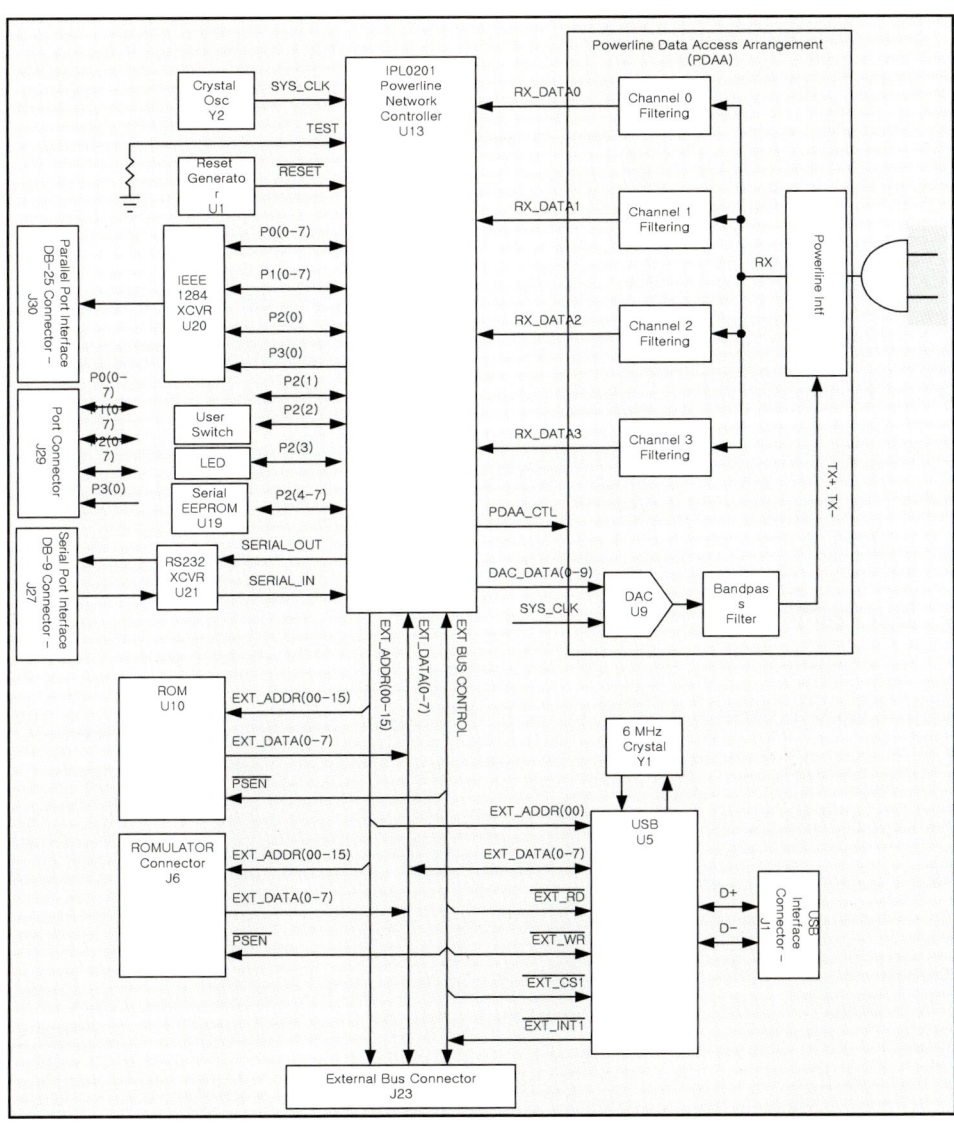

〈그림 4-31〉 보드 상세도

4.3 전력선 기반의 상용 장치를 이용한 전력선 통신망 실습 및 예제

Lonworks는 미국의 Echelon사의 빌딩 자동화용으로 개발된 프로토콜이다.

Lonworks는 개방적이고, 단위 디바이스가 서로 상호 운용 가능하고, 따라서 여러 벤더의 제품을 사용/대체할 수 있는 제어와 관련된 모든 분야에서의 네트워크 구축을 위해서 탄생하였다.

이러한 제어 네트워크는 디바이스 제조업자, 시스템 통합자, 그리고 사용자 모두에게 이익을 주기 위함이다.

따라서 단위 디바이스부터 상위 애플리케이션까지 한 벤더의 폐쇄적인 제품으로 시스템 설치부터 유지보수, 시스템 업그레이드까지 종속적인 네트워크를 구축하는 게 아니라, 각 분야별 디바이스 개발, 시스템 통합, 유지보수 등의 작업을 전문화하여 하나의 통합된 네트워크 시스템으로 구축하자는 것이 Lonworks 네트워크가 추구하는 바이다.

Lonworks는 원래 빌딩 자동화를 위해서 만들어졌으나 이를 응용해 산업용 또는 홈 자동화용으로 응용되고 있다.

테스트베드에 사용될 Echelon사의 제품은 다음과 같다.

4.3.1 i.Lon 서버

i.Lon 1000 인터넷 서버는 인터넷을 통해 각종 제어를 가능하도록 만들어 주는 장치이다. 이 장비를 통해 홈 시큐리티와 각종 가전제품을 웹상에서 제어하는 것이 가능하고, 원격에서 홈의 상태를 체크하고 점검할 수 있다.

이 장비를 통해 Lonworks 의 제어망과 IP기반의 데이터 통신망을 통합적으로 운용할 수 있으며, 이미 각종 애플리케이션에 사용되고 있다.

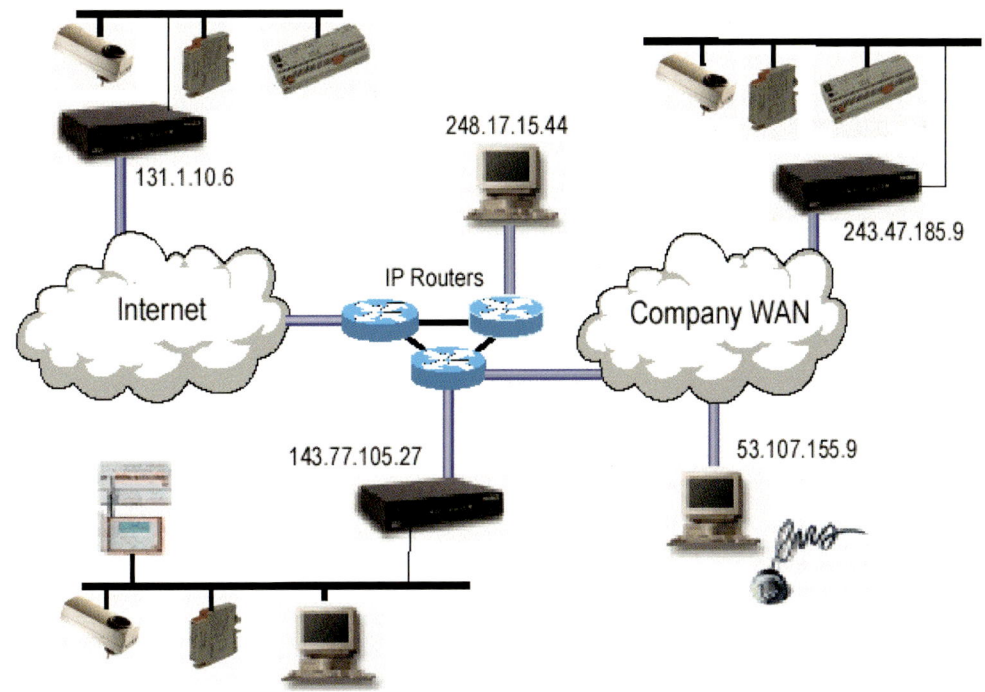

〈그림 4-32〉 Lonworks application

위의 <그림 4-32>는 i.Lon 서버를 이용하여 Lonworks Network와 Internet이 연결하여 사용하고 있는 애플리케이션의 한 예이다. i.Lon 서버를 이용하면, Lontalk를 이용하는 제어 시스템과 TCP/IP를 사용하는 LAN/WAN System을 바로 연결하여 사용할 수 있으며, 웹에서의 각 기기의 컨트롤도 가능해진다.

4.3.2 NodeBuilder

노드 빌더는 개개의 Lonworks 장치들을 프로그램하고 디버깅할 수 있는 개발용 툴이다. 즉, Lonworks 장치별로 개발할 수 있도록 고안된 툴이라고 할 수 있다.

노드 빌더로 개발한 장치들로 시스템을 구성하고 네트워크를 설정하려면 LonBulider가 필요하다.

PCNSS PC Interface Card

LTM-10 LonTalk Node

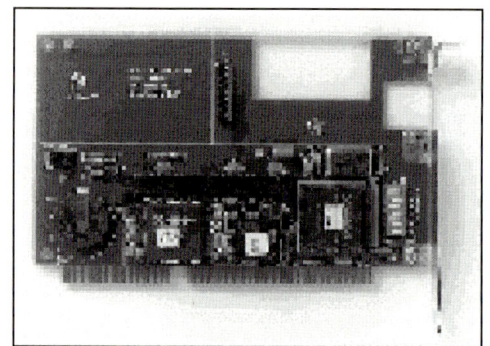

〈그림 4-33〉 Lonworks—Nodebuilder (1)

Motorola Gizmo 3

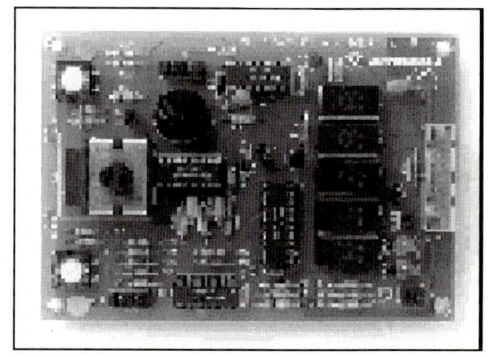

〈그림 4-34〉 Lonworks—Nodebuilder (2)

4.3.3 TP/PL Converter

이는 서로 다른 두 개의 타입의 송신기(Transceiver)가 서로 영향을 미치지 않으면서, 네트워크를 구성할 수 있도록 하기 위하여 고안된 장치이다. 우리는 이 장치를 TP-based인 i.Lon 서버와 전력선 통신을 사용할 노드 빌더를 연결하는 데 사용하게 될 것이다.

4.3.4 Lonmaker for Windows

Lonworks 시스템에서 Lonworks 네트워크의 구성, 설치 및 상위 애플리케이션 개발을 위한 네트워크 관리 아키텍처이자 시스템 통합자를 위한 개발 툴을 LNS(Lonworks Network Service)라고 부른다. 이러한 LNS환경에서 Lonworks 디바이스를 구성하고 설치하는 애플리케이션 프로그램이 바로 Lonmaker for Windows이다.

이 프로그램은 Visio Stencil로 구성되어 있으며, 비교적 간단한 작업으로 네트워크를 구성/유지, 보수할 수 있다.

4.3.5 Power Line Communication Analyzer

Lonworks 전력선 기기 간의 패킷이 전달되는 과정을 볼 수 있으며, Attenuation, Error 등을 체크할 수 있는 기능을 가지고 있다.

4.3.6 Nodebuilder System

Lonworks 시스템은 크게 두 가지로 나뉜다. 하나는 Nodebuilder을 이용한 시스템이고, 다른 하나는 i.Lon 서버와 Lonpoint를 이용한 시스템이다. 후에 두 시스템을 통합하는 작업도 필요하다.

우선, Nodebuilder를 이용한 시스템의 개요는 아래와 같다.

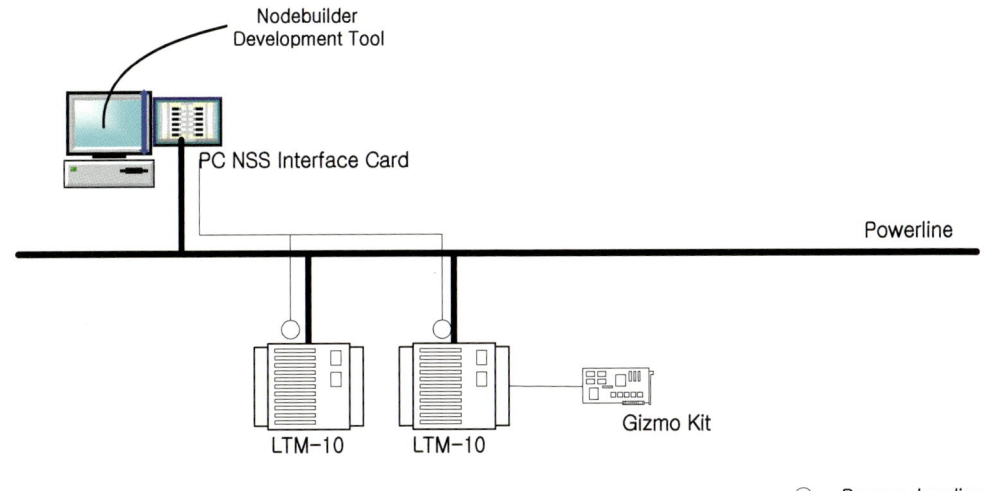

〈그림 4-35〉 Lonworks system 구성도

개발과정은 먼저 PC에 PC NSS 인터페이스 카드를 설치하고 노드 빌더 개발 툴을 설치한다. 이때, NSS Card, LTM-10 장비는 모두 연결 장치를 통해 전력선과 연결되어 있어야 한다.

개발준비가 완료되면 노드 빌더 개발 툴을 이용하여, LTM-10 모듈에 로딩할 프로그램을 작성한다. 툴을 이용하여 Compiler, Building, Loading의 과정을 단순히 처리할 수 있다. 프로그램은 Neuron C Programming으로 전체적으로 단순화된 C compiler로 되어 있으며, 타이밍(Timing)과 이벤팅(Eventing)의 개념이 추가되어 있다(Neuron C 프로그래밍은 Echelon 사의 매뉴얼 참조).

Loading 과정을 마치고 난 뒤, Binding 과정이 필요하다.

Binding은 두 LTM-10 모듈이 서로를 Neuron ID를 통해 Lonwork Network에서 상호 인식 가능하게 하고, 서로 전달할 Network 변수의 연관관계를 설정하는 작업이다. 이 작업은 NetUtil 프로그램을 통해 이루어진다(NetUtil 프로그램은 Echelon사의 홈페이지에서 얻을 수 있다).

Binding까지의 과정이 마치면, 두 LTM-10기기는 통신이 가능하다.

본 테스트베드에서는 한 기기에서 다른 기기에 신호응답요구를 보내면 LTM-10기기의 LED를 ON시킨 후(5초 후 OFF), Gizmo Kit의 온도센서를 이용하여 현재온도에 대한 데이터를 업데이트 하여 보여 주는 프로그램을 작성하였다.

4.4 Windows CE 네트워크 기반 임베디드 시스템의 구현 실습

4.4.1 Windows CE의 구조 및 기능

Windows CE는 Non-PC 디바이스들을 위한 마이크로소프트사의 새로운 임베디드 오퍼레이팅 시스템으로 핸드 헬드(Handheld) 컴퓨터, 터미널, 산업용 제어기 및 다른 소형 컴퓨터 등에서부터 인터넷 TV, 디지털 셋톱박스, 웹 폰 등과 인터넷 디바이스에 이르기까지 모든 분야에서 사용 가능한 32비트 윈도우 호환성을 가진 오퍼레이팅 시스템이다.

본 절에서 Windows CE를 OS로 선정한 이유는 다음과 같다. 첫째, 가정용 PC의 OS의 대부분을 차지하는 Windows 계열과 호환성이 높아 사용자의 편리성 및 네트워크 작업의 편리성이 증대된다. 둘째, 본 과제에서 사용하는 홈 네트워크용 미들웨어인 UPnP가 기본적으로 포함되어 있어 별도의 작업 없이 UPnP 메커니즘을 이용할 수 있다. 그 밖에 SNMP와 같은 다양한 네트워크 표준을 지원하며, Application 개발용 도구도 잘 지원되고 있다.

가. Windows CE 3.0의 구성

Windows CE는 메모리 사용 최소화를 위해 개개의 모듈과 서브모듈 또는 구성요소들로 이루어져 있다. 따라서 주어진 임베디드 Application에 맞게 이 모듈을 구성하여 OS를 만들 수 있다. 자세한 내용은 www.microsoft.com에서 기술지원노트를 볼 수 있다.

나. Windows CE 3.0의 기능

① Real-Time 기능

스레드의 동기화를 위해 세마포어 기능이 추가되었으며, 빠른 이벤트 응답을 위해 Nested 인터럽트를 지원하며 무엇보다 완벽한 실시간(Real-time) 기능을 제공한다.

② Windows Media Player 기능

DirectX와 Windows Media Technologies를 제공한다. 즉 Windows CE에서 ASF/ASX 스트리밍 및 A/C codec 기능으로 MPEG-4, WMA와 MP3 지원이 가능하다.

③ Web 서버 기능

SNMP 기능이 추가되었으며, HTTP 서버와 Sample Telnet 서버와 같은 web 서버 기능이 가능하다.

④ Smartcard 기능

SmartCards와 interact할 수 있는 SmartCard API와 드라이버를 제공한다.

⑤ 임베디드 Visual Tools 3.0

Platform builder 3.0에서는 Visual Basic 및 Visual C++으로 임베디드 응용 프로그램 개발을 위해 최적화된 임베디드 Visual Tools 3.0이 포함되어 있다.

다. Windows CE Tool 소개

<Software>

- Platform Builder 3.0
- 임베디드 Visual Tools 3.0

4.4.2 Windows CE porting on CEPC and ARM

가. CEPC 구성

CEPC의 하드웨어 구성은 다음과 같다. Intel Celeron Processor(633MHz), Samsung 128MDRam, ATI rage 128 그래픽 카드, 8029 이더넷 카드, Parallel cable, 시리얼 케이블, 하드웨어 구성 시 CEPC에서 그래픽카드를 인식하는 데 어려움이 있다. CE 이미지를 만들면 자체에서 디스플레이용 드라이버를 제공하는데 이중 ddi_flat이 기본값으로 설정되어 있다. 구성 초기에 사용한 S3Trio64V2나 S3Vision868 모델은 ddi_s3v가 제공됨에도 제대로 작동을 하지 않았다. 따라서 ATI로 그래픽카드를 교체한 후 적절한 해상도를 얻을 수 있었다. CE의 그래픽 해상도는 플랫폼(platform)에 의해 결정되고 OS에서 자체적으로 조절할 수 없다.

나. WinCE의 OS System 개발용 빌더에 있는 라이브러리를 참조한다.

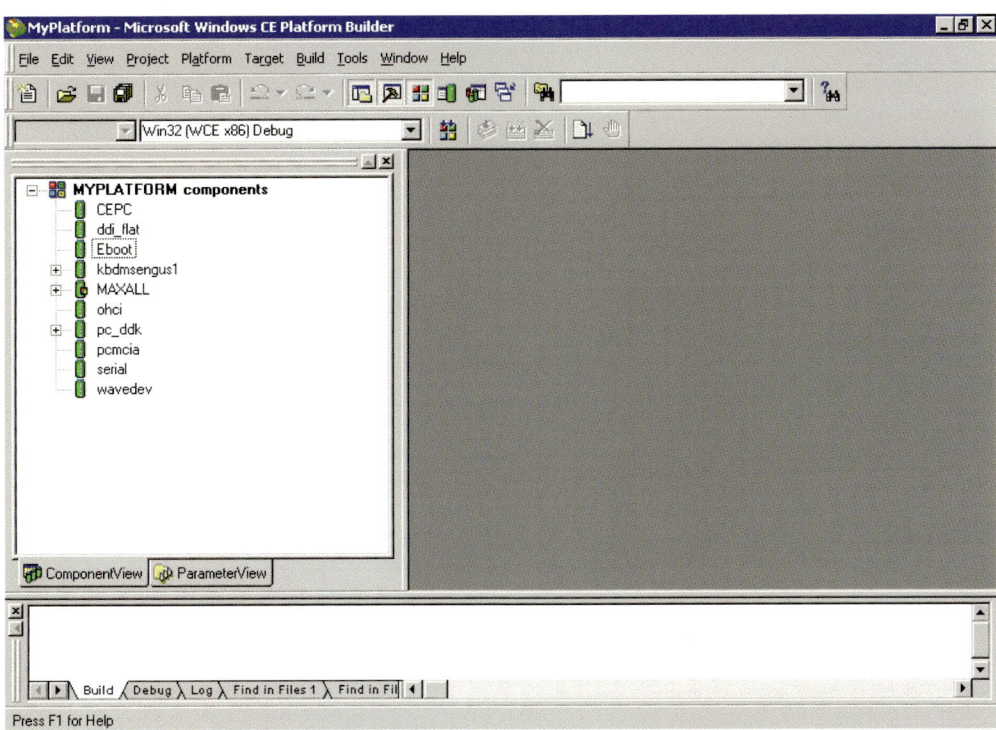

〈그림 4-36〉 마이크로 소프트 사의 CE Platform Builder

Transfer Connection 시 이더넷과 병렬통신을 이용할 수 있다. 이더넷 연결을 할 경우 PCI 카드는 IRQ(IObase=0), ISA 카드의 경우 IRQ, IObase를 모두 설정해 주어야 한다. IRQ는 시리얼통신을 이용해 CEPC의 설정에 따라 설정한다. IP는 subnet에 있는 주소로 한다. IP 설정 시 IP=:147.46.76.250의 형식으로 한다. IP 입력 형식이 틀릴 경우 에러메시지가 발생하지 않고 IP를 찾지 못해 정지한다. 시리얼 통신을 통해 보면 이더넷 카드(Ethernet Card)를 설정하지 못했다는 메시지가 나온다. 병렬통신(Parallel)은 이미지 다운로드 시간이 많이 소요된다. 양쪽 PC의 BIOS 설정에서 Port를 bi-directional(EPP)로 설정한다.

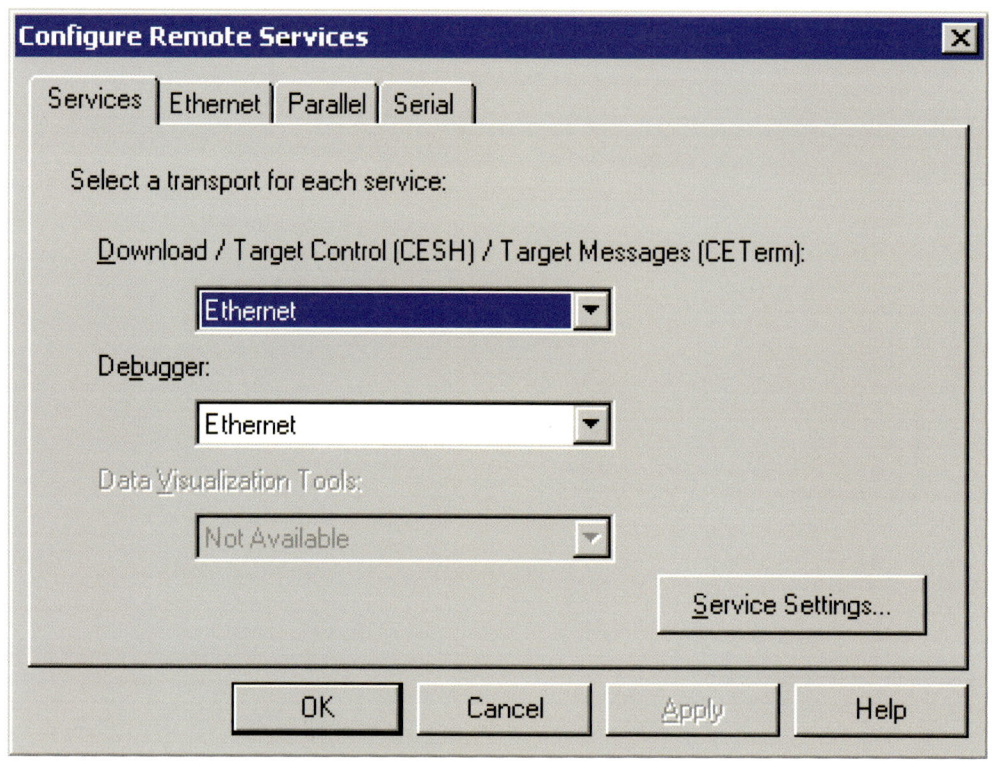

〈그림 4-37〉 Transfer Setting

다. Porting

이더넷(Ethernet)을 이용하여 Image를 다운로드하였을 경우, 이더넷 카드(Ethernet card)
가 한 장 더 필요하다. 병렬통신(Parallel)의 경우는 한 장의 카드만으로 통신이 가능하다.
Builder Windows에서 parameter에 있는 platform.reg file을 수정한다. 그래픽 카드가 PCI 타
입이므로 IF CEPC_NE2000_PCI 부분에서 IP(Serial을 통해 network adaptor를 검색한다.
Gateway 등을 설정하고 platform setting에서 Environment를 CEPC_NE2000_PCI = 1로 set
한다. 이때 반드시 set 버튼을 눌러야 한다. DNS의 경우 기본으로 주어진 값이 없는데, Ip
등을 설정하는 맨 뒤에 "DNS" = "147.46.80.1"의 형태로 입력해 준다. 역시 입력 형태를
위의 Ip 등의 기본값 형태와 동일하게 한다. 형태가 다를 경우 build 시 에러가 발생한다.
DNS와 WINS의 key는 다음과 같다. "DNS":multi_sz, "WINS":multi_sz. WINS는 설정하지
않는다. EnableDHCP는 모두 0으로 세팅하여야 한다. DHCP를 1로 하였을 경우 CEPC에서
자동으로 IP와 DNS를 잡아 준다고 하지만, 실제로는 구현이 어렵다.

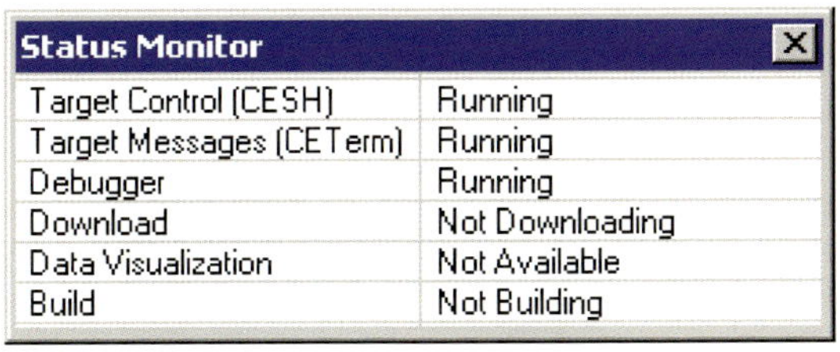

〈그림 4-38〉 Status Monitor

라. ARM 실장 기법

ARM 보드 구성은 다음과 같다. GMS30C7201 참조보드(GMS320C7201 CPU 포함), REPOTEC PCMCIA Ethernet 카드(NE2000 호환), 병렬포트(Parallel port)와 직렬포트(Serial port)를 연결한다.

Wince300 하위의 플랫폼 디렉토리에 HEI7201을 복사한다. 이름은 바꿀 수 있다. 파일 메뉴(File Menu)의 New를 눌러 새 워크 스페이스를 만든다. CPU 선택에서 ARM720을 선택한다. My BSP를 선택하고 Subdirectory의 경로를 위의 폴더 이름을 적어 준다. Maximum OS를 선택한다.

플랫폼을 설정(Platform-setting)하기 위해서는 언어와 시스템 설정, 환경 설정을 선택해야 한다. CD의 wince300\public\common\oak\drivers\display를 PC의 같은 이름의 폴더로 복사한다. Build 메뉴의 Open Build Release Directory를 열고 다음을 실행시킨다. Set WINCEREL＝ 1(Build 시 항상 setting을 해 줘야 한다), Build -cfs. 플랫폼을 Build한다. 처음 Build 시 에러 가 발생하는데 m8bpp.lib, m8dr.lib, wrap2bpp.lib, wrap2dr.lib, wrap4bpp.lib, wrap4dr.lib, wrap8bpp.lib, wrap8dr.lib(이 파일들은 wince300\public\common\oak\lib\arm\arm720\ce\retail에 있다)들을 wince300\public\HEI7201\wince300\cesysgen\oak\lib\arm\arm720\ce\retail로 복사한다. CESH modify: regedt32.exe를 실행시킨다. [HKEY_LOCAL_MACHINE\SYSTEM\ControlSet001\ Services\ppsh\default]에서 "Flahgs＝3"으로 바꿔 준다. 이미지를 다운로드하기 위해 EPROM 모드를 바꿔 준다: JP201에서 CS0가 EPROM이고 CS1이 플래시 메모리이다. Boot 비트도 EPROM의 데이터 단위가 8비트이므로 바꿔 준다.

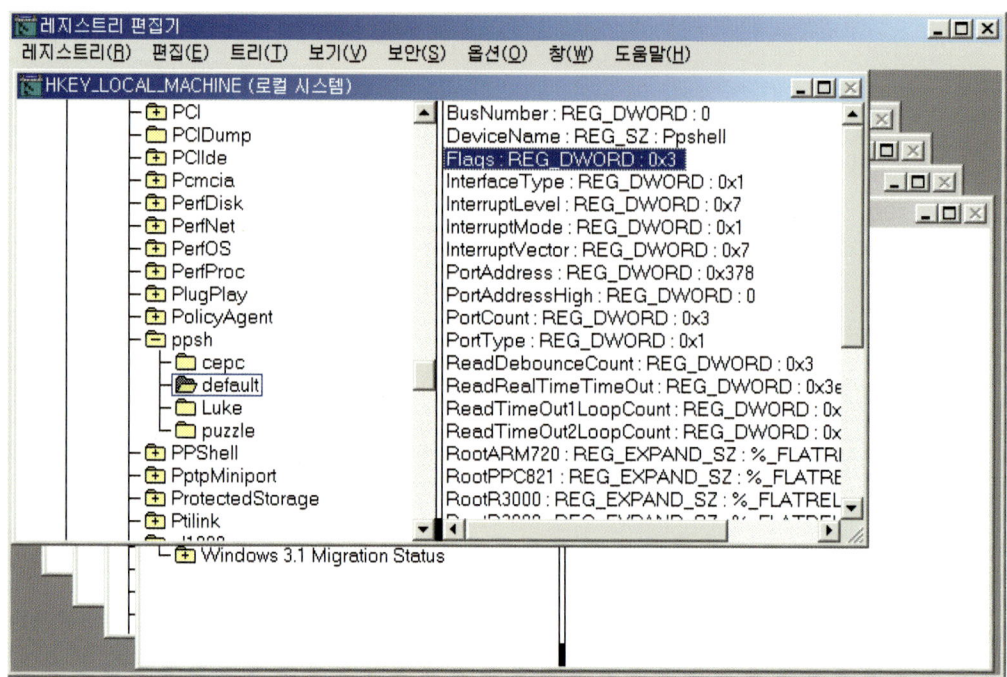

〈그림 4-39〉 registry 편집

JP201	BootROM Selection
1-2, 3-5, 4-6	Flash : WinCE Boot Default
1-3, 2-4, 5-7	EPROM Boot
1-3, 2-4,5-6	SRAM : When using Multi-ICE

〈그림 4-40〉 Boot ROM Jumper 설정

4.5 정보가전용 Linux용 에뮬레이터 개발 및 실습

본 절에서는 전력선 통신(PLC: Power Line Communication)을 사용한 홈 네트워크 시스템 구축의 한 단계로서, Microsoft의 UPnP(Universal Plug and Play)를 middle ware로 하는 가상 장치 에뮬레이터 모듈의 제작에 관한 내용을 기술한다. 현재 미국 MS사를 주축으로 하여 구성된 UPnP 포럼에는 Intel과 같은 영향력 있는 기업들이 다수 참여하고 있어, 경쟁 관계에 있는 Sun사의 Jini 프로토콜에 비하여 유리한 입장에 놓여 있는 것으로 보인다. UPnP의 강점이라면 역시 전 세계적으로 가장 광범한 영향력을 행사하고 있는 MS가 자사의 운영체제 차원에서 직접 지원하고 있다는 점이며(Windows Millenium Edition에 UPnP package가 기본으로 제공된다), 따라서 이 분야의 표준으로 자리매김할 가능성이 높다고 하겠다. Sun사의 Jini 프로토콜이 나름대로의 좋은 성능과 안정성, 그리고 Java 언어의 최대 강점인 휴대성 등을 앞세우며 선전하고 있으나, 본 절에서는 전술한 바와 같이 좀 더 표준에 가깝게 다가서고 있는 UPnP를 사용하였다.

에뮬레이터 제작의 기본 Tool로는 Intel사에서 제공하는 UPnP Software 개발 툴 Ver. 1.0.1 for 리눅스(Linux)를 사용한다. Intel의 SDK에는 장치 예로서 TV 에뮬레이터가 포함되어 있다. 이번 프로젝트에서는 이 TV 장치 에뮬레이터를 바탕으로 하여 필수 가전제품 중의 하나인 냉장고를 모델링하였다.

4.5.1 환경설정

Linux는 이미 다양한 임베디드 장치(Embedded System)에서 운영체제로 널리 사용되고 있으며, 앞으로도 그 점유율은 더욱 늘어날 전망이다. 그 이유는 Linux가 가지는 서버 기능적 측면에서의 뛰어난 안정성과 네트워크에 대한 완벽한 지원에서 기인한다. 초창기의 Linux는 설치과정이 매우 복잡하여 많은 시행착오가 필요했다. 그러나 Redhat 계열을 위시한 최근의 리눅스 배포판들은 이와 같은 설치상의 난해함이 거의 사라진 상태이다.

본 프로젝트에서는 개발 환경으로 Mandrake Linux Ver. 7.0을 사용하였다. 에뮬레이터를 개발하기 위한 선결작업으로서, Linux 및 Intel UPnP SDK의 올바른 설치가 이루어져야 한다. Linux의 설치과정은 설치 프로그램이 자세하게 안내하므로 크게 문제될 것이 없다.

아래의 1, 2항 정도의 사항만 주의하면 될 것이다. Linux가 올바르게 설치되면, Intel에서 제공하는 UPnP Software Development Kit for Linux를 다운로드하여 설치하면 된다. 이어서, SDK 내에 포함된 sample TV 에뮬레이터를 설치하고 올바르게 동작하는지 테스트한다.

가. 파티션, 할당(Partitioning)

리눅스를 설치하는 시점에서 이미 시스템 상에 다른 운영체제가 설치되어 있는 경우가 많다. 본 에뮬레이터를 개발한 환경을 예로 들자면 시스템에 이미 MS Windows 2000 서버 edition이 설치되어 있었다. 이 경우 우선 디스크 드라이브를 Defragmentation(조각모음)하고 새로 Partition을 지정해 주는 작업이 이루어져야 한다. 먼저 윈도우 상에서 디스크 조각모음을 수행한 후, Mandrake Linux 설치 CD를 넣고 설치(Install)를 시작하면 디스크 Partition을 지정해야 하는 과정이 있다. 이때 파티션은 다음과 같은 순서로 분할하는 것이 좋다.

- Boot partition: 시스템 부팅을 위한 커널이 저장되는 partition. 맨 먼저 이 파티션을 잡아 준다. 16Mb 이하로 잡는다.
- Swap partition: 가상메모리로 이용되는 영역. 시스템와 주 메모리와 비슷한 크기로 잡으면 된다.
- Root partition: 실제로 리눅스가 사용하게 될 영역. 대체로 2~3기가 정도면 충분하다.

나. 네트워크 세팅

컴맨드 터미널 상에서 "netconf"라고 타이핑하여 실행시키는 방법과, KDE Control panel의 네트워크 설정 항목을 클릭하여 실행하는 방법이 있다. IP, DNS 등 네트워크와 관련된 모든 사항을 설정할 수 있다. 이 부분이 올바르게 설정되어야 리눅스 상에서 네트워크를 사용할 수 있다.

다. UPnP SDK의 설치 및 TV 예제 장치의 동작 확인

Intel에서 제공하는 Linux용 UPnP SDK는 tar와 gzip으로 압축되어 있다. 압축을 해제한 directory에서 "make install"을 typing함으로써 SDK는 간단히 설치된다. 단, 시스템에 이미 g++이 설치되어 있어야 한다. g++은 MS Windows 계열의 C++에 대응되는 UNIX용 C++ 라이브러리이다. SDK는 g++의 표준 라이브러리를 사용하므로 g++이 설치되어 있지 않으면 컴파일 과정에서 에러가 발생하면서 설치가 되지 않는다.

SDK의 설치가 올바르게 이루어지면, /sample/tvdevice에서 sample TV 에뮬레이터를 설치한다. 우선 /sample/tvdevice/web에 포함된 description 문서(tvdevicedesc.xml)에서 base URL을 수정해 주어야 한다. 작업하는 시스템의 IP address와 동일하게 잡아 주면 되고 에뮬레이터가 사용할 포트 번호는 그대로 사용하거나(port 5431) 다른 적당한 번호로 바꾸어도 상관없는 것 같다(예: port 5432). 다음, tvdevice directory에서 "make"를 입력하면 자동으로 컴파일된다.

설치가 완료된 후 실행시켜 본 결과 올바르게 동작하면, 이제 윈도 시스템이 설치된 PC에서 본 에뮬레이터가 정상적으로 검색되는지를 확인해야 한다. 만약 윈도 시스템 상에 UPnP 패키지가 정상적으로 설치되어 있고, 네트워크 설정에 문제가 없다면, 에뮬레이터가 실행되는 순간 윈도 계열 시스템 트레이에 디바이스 아이콘이 뜬다. 이제 <내 네트워크 환경>에서 이 에뮬레이터를 더블클릭하면 인터넷 익스플로러가 실행되면서 Presentation 웹 페이지가 뜬다. 에뮬레이터의 각 기능은 이 페이지에서 동작시켜 볼 수 있다.

라. 예제 소스 코드의 분석

예제 TV 에뮬레이터는 다음과 같은 파일들로 구성되어 있다.

- 기본 Source Codes: upnp_tv_device.c upnp_tv_ctrlpt.c sample_util.c
- 헤더 Files: upnp_tv_device.h upnp_tv_ctrlpt.h sample_util.h
- XML description documents (/web): tvdevicedesc.xml tvcontrolSCPDxml tvpictureSCPD.xml
- Presentation Web page (/web): tvdevicepres.html

upnp_tv_device.c는 TV 장치의 에뮬레이터이고 upnp_tv_ctrlpt.c는 이 디바이스에 대응되는 UCP(User Control Point)이다. 모두 표준 C언어로 작성되어 있다.

sample_util.c는 장치 에뮬레이터와 UCP가 사용하는 다양한 함수들을 모아 둔 파일로서 일종의 라이브러리처럼 사용된다.

tvdevicedesc.xml은 UPnP Device description, tvcontrolSCPD.xml과 tvpictureSCPD.xml은 SCPD(Service Control Protocol Definition) description에 해당한다.

tvdevicepres.html은 Presentation 웹 페이지로서, Windows 계열 시스템에서 장치를 제어할 때 실제로 보이는 화면에 해당한다.

주요 함수들과 그 기능은 다음과 같다.

▶ sample_util.c
- SampleUtil_GetElementValue: 주어진 DOM 노드의 값을 스트링으로 변환한다.
- SampleUtil_GetFirstServiceList: 인자로 주어진 description 문서를 분석하여 첫 번째로 발견되는 서비스 항목을 DOM 노드 목록 형태(list type)으로 return한다.
- SampleUtil_GetFirstDocumentItem, SampleUtil_GetFirstElementItem: 인자로 받아들인 String 과 같은 이름을 가지는 문서 또는 요소들을 찾아내어 그 값을 string으로 반환한다.
- SampleUtil_PrintEventType: callback event type을 출력한다.
- SampleUtil_PrintEvent: callback event structure의 내용을 자세하게 출력한다.
- SampleUtil_FindAndParseService: 인자로 받아들인 ID를 갖는 서비스를 DOM description 문서에서 찾아내어 이를 파싱한다.

위에서 특히 주목할 만한 것은 SampleUtil_GetFirstServiceList인데, 전술한 바와 같이 이 함수는 인자로 받아들인 description 문서를 첫머리부터 순서대로 검색하여 서비스 목록이 찾아지면 곧바로 그 내용을 리턴한다. 여기에서 문제가 생기는데, 임베디드 장치 목록을 포함하는 기본 디바이스의 경우, 그 자신의 장치 description 내부에서 각 임베디드 장치의 서비스 항목을 포함하게 되는데, SampleUtil_GetFirstServiceList를 사용하면 root 장치의 서비스 항목을 발견하는 순간 곧바로 그것을 반려해 버리게 되므로 임베디드 장치의 서비스 항목들을 찾을 수가 없게 된다. 임베디드 장치를 포함시키는 문제는 여기서 해결해야 한다.

▶ upnp_tv_device.c
- TvDeviceStateTableInit: TV 장치의 상태 변수 표를 초기화하고, description 문서로부터 식별 인자(identifier) 정보를 뽑아낸다. 인자로는 description 문서의 URL을 받아들인다.
- TvDeviceHandleSubscriptionRequest: subscription request callback 도중 호출된다.
- TvDeviceHandleGetVarRequest: get variable request callback 도중 호출된다.
- TvDeviceSetServiceTableVar: state table을 업데이트하고, 새로운 상태 변수 표를 알린다.

그 외에 변수 이름, 서비스 형태 등을 저장하는 몇 개의 배열들이 있다.

그 외 각 서비스에 해당하는 함수들은 Power On/Off, 화면 조절, 채널 조절 등이 있다.

4.5.2 에뮬레이터의 구조와 기능

Linux용 에뮬레이터로서 냉장고를 모델링하였다. 그 구조는 <그림 4-41>과 같다. 냉장고 에뮬레이터는 기본 장치와 4개의 하부 디바이스로 구성된다. 그러나 위 소스코드 분석의 Sample_Util 난에 서술한 바와 같이 임베디드 장치를 붙여 넣는 것에 어려움이 있어, 임베디드 장치에 해당하는 부분을 기본 장치의 서비스로 대체하였다. 결국 실제 소스코드에서는 단일 디바이스만으로 구성된 것인데, 임베디드 장치를 포함하기 위해서는 sample_util.c에서 어떤 디바이스 description 문서에 대해 모든 서비스 리스트를 뽑아내는 함수를 새로 작성해 주어야 한다. 만약 꼭 임베디드 디바이스를 포함하는 구조로 작성하고 싶다면 API 설명 문서를 참조하여 그와 같은 함수를 작성하면 가능할 것이라 여겨진다.

본 에뮬레이터는 다음과 같은 서비스와 동작을 지원한다.

- 기본 디바이스: 디바이스 power on/off, Status(SLEEP, QUIET, GENERAL, SPEEDY, TURBO의 5단계), Power Save Mode on/off
- Freezer, Refrigerator, Vegetable: Door, Lamp, Defrost, Temperature 및 Humidity 조절
- Dispenser: Status(chilled water, cubedice, crushdice의 세 가지 상태), Lamp on/off

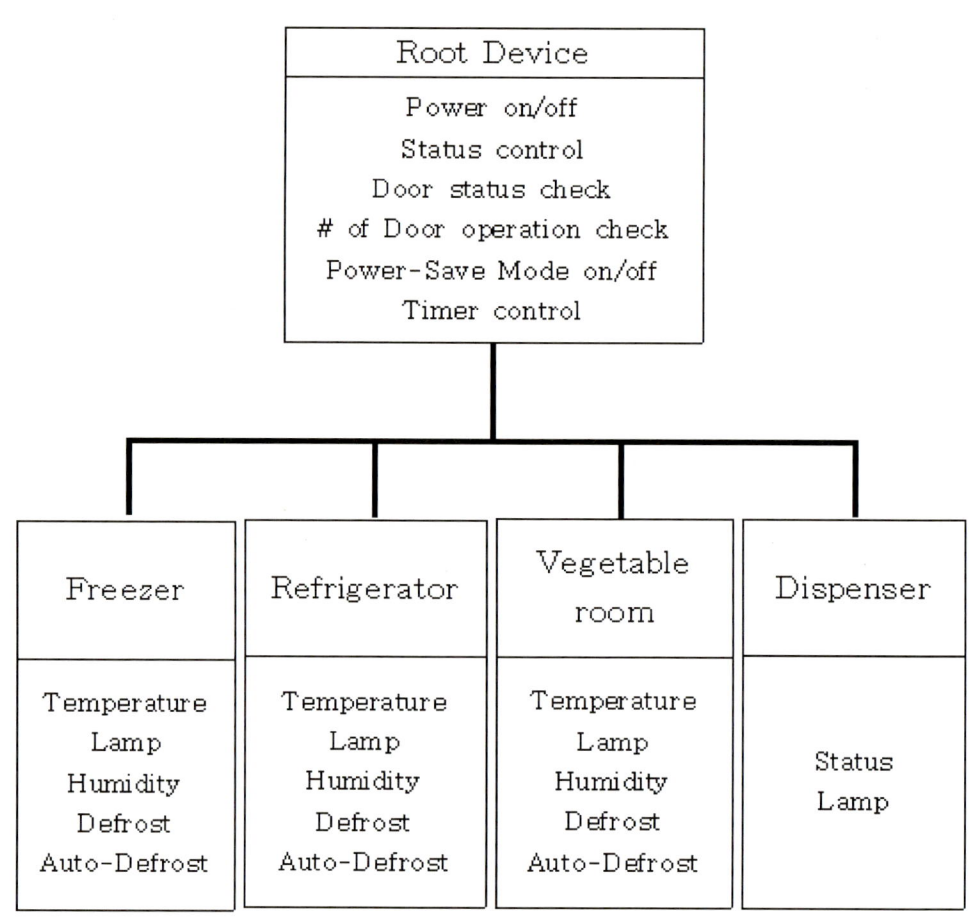

〈그림 4-41〉 냉장고 에뮬레이터의 구조

4.5.3 XML Description

위의 모델링에 따라 작성한 디바이스 기술방법과 서비스 기술방법은 4.6.2절에 서술한다.

4.5.4 Presentation Web Page

Presentation 페이지는 TV 예제 장치의 페이지와 기본적인 형식은 같게 유지하면서 인터페이스를 약간 개선하는 방향으로 꾸며 보았다. 리눅스 PC 쪽에서 에뮬레이터를 띄우고 윈도 계열 PC에서 http://147.46.76.246:5431/web/RFdevicepres.html을 열어 보면 presentation

페이지를 확인할 수 있다. 다음은 실제 presentation 페이지 동작 화면을 캡처한 것이다. 그림을 보면서 설명하겠다.

먼저, 처음 에뮬레이터를 띄운 상태에서는 다음과 같은 화면을 볼 수 있을 것이다.

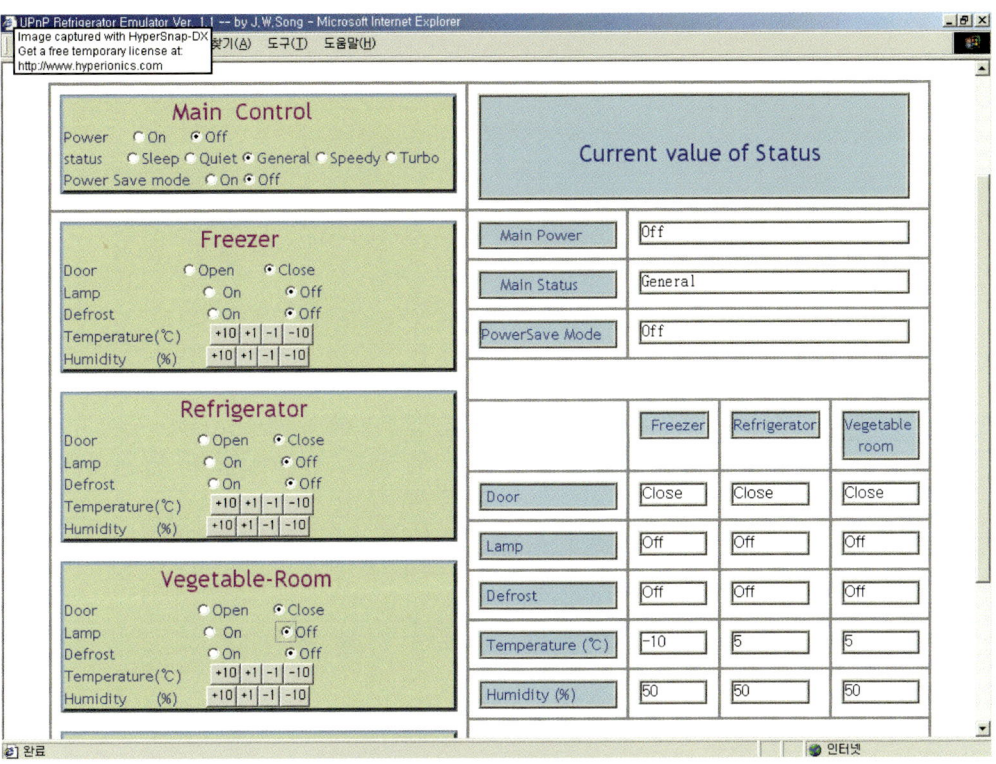

〈그림 4-42〉 사용자 인터페이스 초기화면

presentation 페이지 자체가 한 화면에 들어오지 않아 위에서 보는 바와 같이 부분 캡처하였다. <그림 4-42>에서 보는 바와 같이 화면 좌측은 각종 기능의 조절 버튼이 배치되어 있고, 우측에 보이는 표 에는 이에 해당하는 냉장고 각종 상태 변수들의 값이 표시된다. 현재 표시되고 있는 각 변수의 값이 바로 기본값이다. 이 상태에서 좌측의 power on을 클릭하면 표의 power 변수의 값이 on으로 바뀌는 것을 확인할 수 있다.

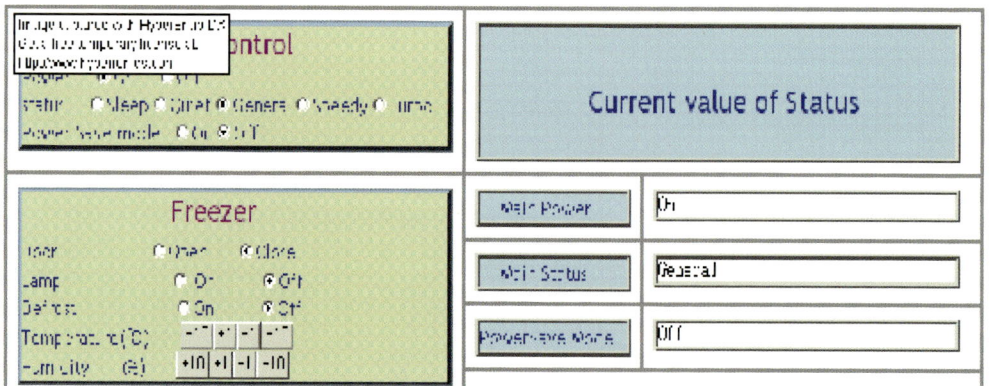

〈그림 4-43〉 Power ON

냉장고 에뮬레이터에서 냉장실의 온도를 10도 높여 보면,

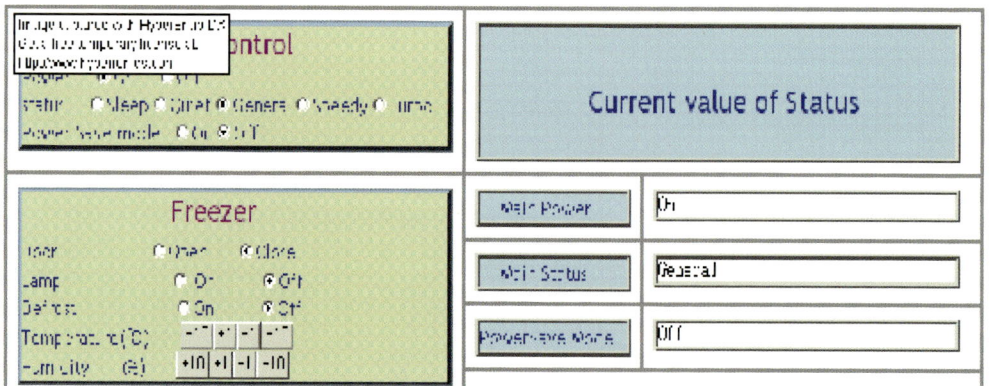

	Freezer	Refrigerator	Vegetable room
Door	Close	Close	Close
Lamp	Off	Off	Off
Defrost	Off	Off	Off
Temperature (℃)	-10	5	5
Humidity (%)	50	50	50

Dispenser Status	Chilledwater
Dispenser Lamp	Off

〈그림 4-44〉 온도 10도 상승 실행 이전

다음과 같이 냉장실 온도가 종전의 5도에서 15도로 바뀐 것을 확인할 수 있다.

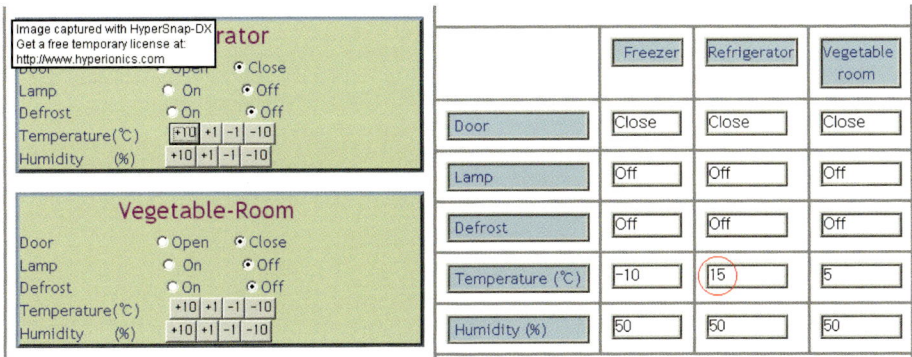

〈그림 4-45〉 온도 10도 상승 실행결과

한편, 지금까지 캡처 화면에 나타나지 않았던 아래쪽에는 얼음 공급기 조절 버튼과 해당하는 표가 배치되어 있다. 다음 〈그림 4-46〉과 같이 얼음 공급기의 현재 상태는 잔 얼음 (Crushed Ice)으로 되어 있다.

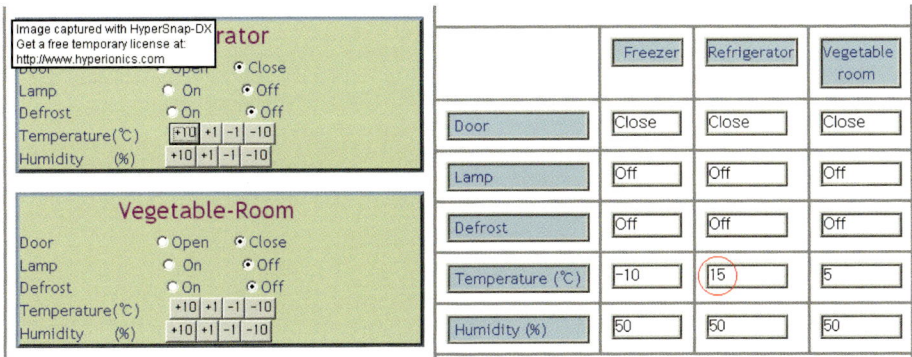

〈그림 4-46〉 Dispenser 변경 실행 이전

이제 Dispenser의 상태를 사각 얼음(Cubed Ice)으로 바꾸어 본다.

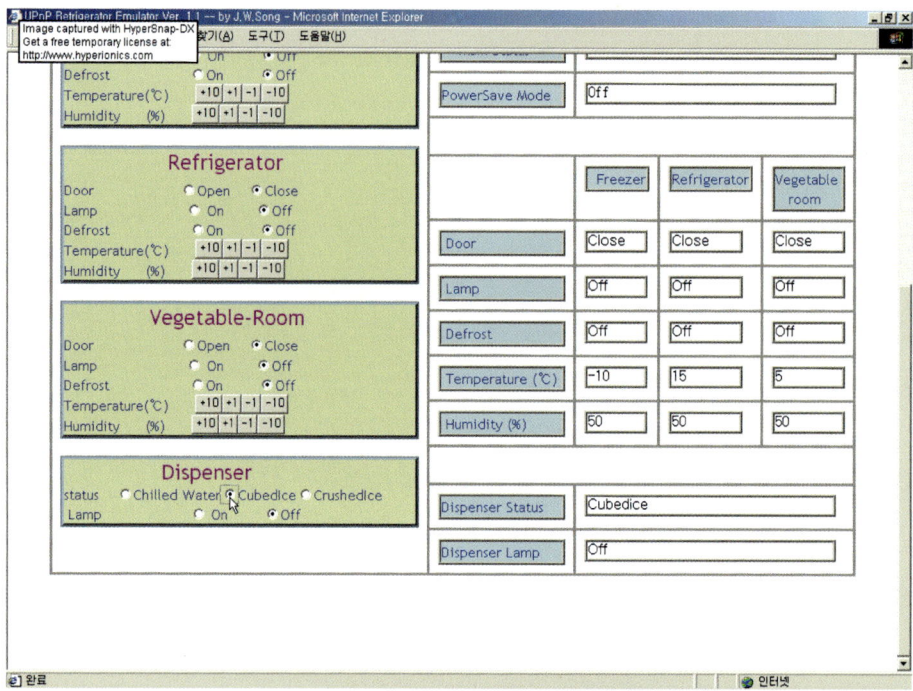

〈그림 4-47〉 Dispenser 변경 실행 결과

4.6 Arm 프로세서(Velos kit) 기반 네트워크 임베디드 시스템의 실습 및 예제

본 교재에서 테스터를 위해 사용된 시스템의 OS를 다음과 같이 간단히 소개한다.

Velos는 임베디드 시스템 응용 장비를 위한 작고 빠른 실시간 운영 체제 솔루션이다. Velos는 다른 OS와 비교하여 훨씬 작은 메모리로 원하는 기능을 구현할 수 있으며, 우선 순위 기반 멀티태스킹 선점형 스케줄러와 주기 스레드 등 최적화된 실시간 API로 실시간 성능을 요하는 제품의 품질을 한 단계 올려 준다.

뿐만 아니라 핵심부터 상위 미들웨어까지 모듈화된 구조로, 원하는 기능만을 쉽게 추가하거나 제거하여 빠른 최적화가 가능하다. 또한 POSIX 등 세계 표준을 따르기 때문에 익숙하고 쉬운 개발이 가능하며, API 호환성을 보장하여 오픈 소스도 쉽게 Velos에 포팅할 수 있다.

그리고 표준적인 개발 도구를 통해 프로그래머가 편안한 환경에서 작업할 수 있다. Velos를 선택하면 제품 설계부터 양산까지 최고의 RTOS 엔지니어에게서 차별화된 기술 지원을 받을 수 있다.

① 주요 장점

- 적은 메모리 요구량: 임베디드 리눅스 대비 20%의 메모리로 동일 시스템 구성이 가능하여 제품 단가를 낮출 수 있다.
- 컴포넌트 기반 커널: 커널이 기능별로 모듈화되어 사용자가 필요한 커널컴포넌트만으로 최적화가 가능하다.
- 강력한 실시간 성능: QoS를 지원하는 선점형 실시간 스케줄러로 최적의 실시간 수행을 보장한다.
- 용이한 포팅 구조: 하드웨어에 의존적인 코드를 최소화하여 새로운 하드웨어로의 포팅이 매우 쉽다.
- 풍부한 미들웨어 지원: 다양한 표준 라이브러리를 지원하여 원하는 기능을 손쉽게 구현할 수 있다.
- 저전력 지원: DPM(Dynamic Power Management)을 지원하여 저전력 시스템을 용이하

게 구축할 수 있다.

- 편리한 개발 환경
- 소스 코드 제공: 문제 발생 시 커널 소스 코드 확인을 통해 빠른 해결이 가능하다.
- Royalty Free, 경쟁력 있는 라이선스 비용: 타 외산 RTOS에 비해 확실한 비용 절감이 가능하다.

② 휴대폰 에뮬레이터 개발 소개 2-TRACE32-PowerTools

TRACE32-PowerTools는 지난 30여 년간 세계에서 가장 많이 보급된 임베디드 시스템 개발 툴로서, 특히 노키아, 삼성 등 전 세계 휴대폰 개발자들이 개발 표준 장비로 사용하고 있다. <그림 4-48>은 Trace 32-PT을 사용하고 예를 보여 준다.

JTAG 디버거를 기본으로 하여 MPU와 DSP가 동시 내장된 H/W 기반 시스템의 보드 bring-up에서 S/W 디버깅, Flash 프로그래밍, 코드 품질 검증까지 가능한 고속의 디버깅 시스템을 보유하고 있으며, 장비 1대로 ARM, PowerPC, MIPS, SH 등 다양한 아키텍처를 지원할 수 있는 모듈 방식으로 설계되어 장기투자에 적합한 경제적, 고성능의 개발 장비이다.

〈그림 4-48〉 TRACE32-PowerTools

- Advantages
－소프트웨어와 하드웨어의 품질, 성능의 동시 분석 가능
－타깃과 인터페이스가 용이하고 동작 시 장애 현상 거의 없음
- Benefits
－가장 많은 칩 벤더들과의 협력관계로 선행 개발 지원

-개발 시간 감소

-ROI(투자 효과)가 가장 높음: 저가 툴은 장애가 빈번히 발생

-1개의 기본 모듈로 다양한 아키텍처를 지원함으로써 비용 절감

-업계 표준 툴이므로 다양한 제품이나 프로젝트에 적용 가능

● Features

-JTAG/BDM/OCDS/ONCE 등 표준디버깅 로직을 사용하는 모든 칩셋 지원

-ARM ETM에서 전 모드(Normal, Mux, Demux) 지원, ETB 지원

-고속 플래시 프로그래밍 지원(JTAG Based/Target Based)

-호스트 인터페이스로서 USB 또는 10/100 Base-T 이더넷 지원

-Windows, Linux, UNIX 호스트 지원

● 지원 프로세서

-ARM7/ARM9/ARM11, JANUS, XScale, Bulverde

-PowerPC 계열(PPC400/440/603/740/750, PowerQuiccll, MPC82xx, MPC85xx, MPC55xx, MPC74xx 등)

-C166CBC/C166S 계열

-MIPS4K, SH2, SH3, SH4, OMAP, TriCore, M-Core, StarCore 등

-Teak, Teaklite, Oak, Ceva-X

● Functions

-Multi-core/Multi-processor

-ETM/ETB를 이용한 Trace/Trigger 지원

-모듈/함수/테스트 성능 분석(Performance 기능)

-Code Coverage 측정

-Velos, Symbian, REX, Nucleus 등 20개 이상의 RTOS 지원

-On-chip trace, On-chip break

● PowerDebug

-JTAG,BDM,OCDS,ETM,NEXUS 등의 모든 표준 온-칩 디버그 인터페이스 지원(기본형)

-최신의 디버거 기능을 탑재한 세계에서 가장 빠른 디버거

-USB 또는 10/100 Base-T 이더넷 호스트 인터페이스

-고속 프로세서 내장

- 1MB/sec 이상의 초고속 다운로드
- 고도의 디버거 기능과 해석 결과를 신속하게 실행하여 표시

- PowerTrace
- 고밀도 FPGA 기술과 최신 VHDL 설계 기법을 이용하여 복잡한 PowerDebug와 16M 프레임의 트레이스 기능을 콤팩트하게 결합시킨 고성능 모듈
- 트레이스 데이터는 타깃 CPU 아키텍처에 대응한 특정한 프리프로세서에 의해 해석되어 트레이스 메모리에 저장
- 프리프로세서를 교환함으로써 다른 아키텍처의 프로세서에도 간단하게 적용 가능
- ARM-ETM, NEXUS 또는 IBM RISC Trace를 모두 지원

- PowerProbe
- 고도의 트리거 기능을 탑재한 64채널/400MHz 로직 애널라이저
- 50MHz의 패턴 제너레이터와 SoC 타깃용 트레이스 어댑터를 옵션으로 연결
- FPGA 내 1024개의 시그널까지 FPGA 설계를 재컴파일하지 않고 샘플링
- PowerNexus와 RISC, Trace툴 또는 기타 ICE와 병행하여 사용 시 시간의 상관관계를 표시

- PowerIntergrator
- 500MHz/204 채널 로직 애널라이저
- PowerDebug JTAG 에뮬레이터와 동기하여 동작 시 USB, CAN, JTAG 등 프로토콜 해석 기능
- 8ns의 타임스탬프 기능을 이용하여 기타 애널라이저에 의해 얻어진 데이터상에서 시간의 상관관계를 해석

- Multi-core/Multi-processor 디버깅 실현
- 동종 또는 이종의 Multi-processor/Multi-core를 포함한 애플리케이션의 디버깅 지원
- 고품질 디버거는 Multi-processor/Multi-core 디버깅용으로 결합
- Start/Stop의 동기화 실현

- 지원 RTOS
- Velos, REX, OSEK, ProOSEK, Nucleus PLUS
- AMX, Precise/MQX, uC/OS-Ⅱ, ChorusOS, Nucleus, uCLinux, pSOS+, Quardros, RTXC, SMX, ECOS, QNX, VxWorks, embOS, DSP/BIOS, Real-time Craft, Windows CE, OSE,

ThreadX

－Symbian OS, Linux

● Context Tracking System(CTS)

－트레이스된 정보를 기본으로 임의의 지점에서 타깃 시스템의 상태를 재생성하고 그 지점으로부터 프로그램을 스탭, 스탭백, 스탭오버하면서 레지스터와 변수 확인 가능

－많은 트레이스 정보를 신속히 해석하여 타깃 시스템의 동작 불량을 일으킨 명령, 데이터가 있다면 시스템의 State를 단시간에 발견

－트레이스된 정보를 상세하게 HLL로 표시

－스택 프레임 표시

－트레이스된 내용 내에 레지스터 변수 표시

－함수의 네스팅 정보를 트레이스 파라미터와 함께 표시

4.6.1 프로그램 설치

4.6.1.1 winIDEA 프로그램 설치

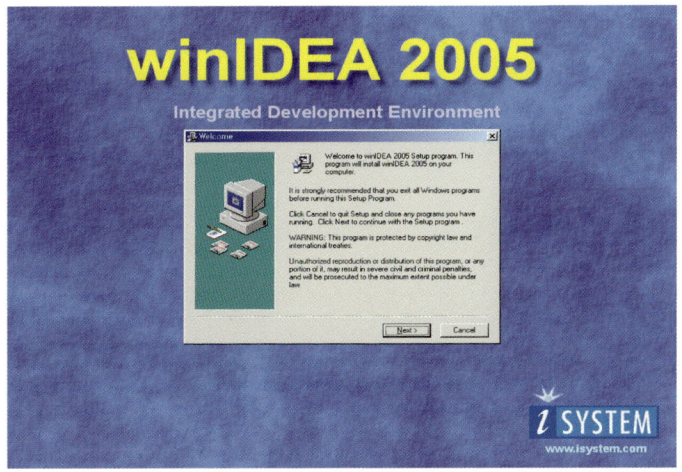

〈그림 4-49〉 winIDEA 설치 화면

winIDEA2005를 이용하여 ARM9에 맞게 컴파일을 할 수 있다. 프로그램 설치 시 Yes/No를 물어보는데 No를 권장한다. Yes 선택 시 다른 보드 컴파일러 또한 설치된다.

4.6.1.2 TFTP 프로그램 설치

키트에 프로그램(이미지)을 다운로드(tftp)하기 위한 프로그램으로 옵션(options)에서 다운로드할 폴더를 설정해야 한다.

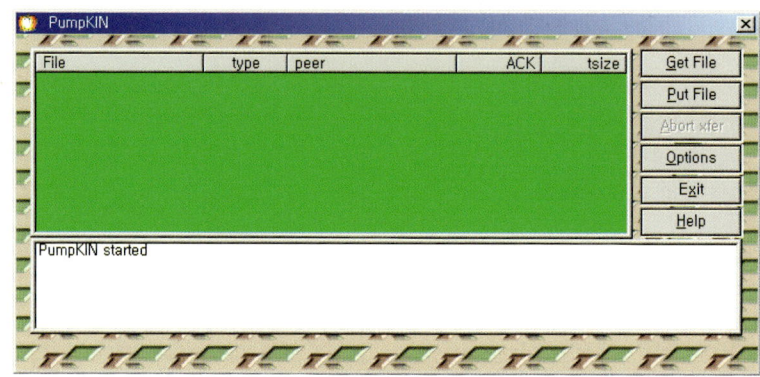

〈그림 4-50〉 TFTP 프로그램

4.6.1.3 하이퍼 터미널

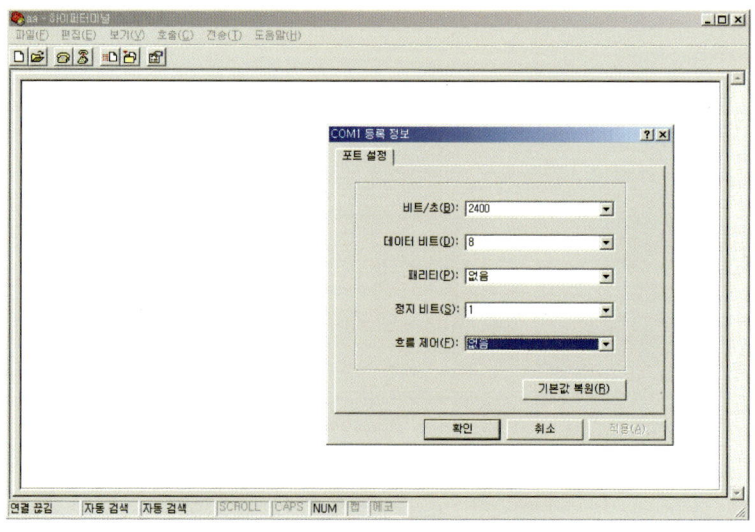

〈그림 4-51〉 하이퍼 터미널 통신 설정 화면

하이퍼 터미널을 이용해 통신을 하고 다음과 같이 통신을 설정한다.

－속도: 115200, 데이터 비트: 2비트, 패리티: 없음, 정시비드: 1비드, 흐름제어: 없음

4.6.2 하드웨어 구성

4.6.2.1 실험에 사용되는 키트(MRP-S3C2440)

실험에 사용한 임베디드 시스템은 MDS Technology의 MRP-S3C2440 보드로 확장포트를 이용해 CDMA를 사용할 수 있으며 기본적으로 이더넷(802.3)을 지원한다.

〈그림 4-52〉 Velos 키트

하드웨어의 구성은 다음과 같이 되어 있다.

- CPU: Samsung S3C2440A 16/32 비트 RISC Microprocessor
- Core: ARM920T with MMU, ARM920T with MMU, AMBA Bus, 16KB instruction/16KB data cache
- 부트 롬: AMD 4M바이트, Intel StrataFlash 16M바이트
- SDRAM: 64M바이트 (32M바이트 x 2)
- STN / TFT LCD(3.8") interface With Touch Screen
- CDMA: CNI CDMA module
- 카메라: 1.3M Pixel

- 이더넷: 10 based-T 이더넷

- PCMCIA: Type Ⅱ

- USB: 호스트 1 port / Slave 1 port

- 직렬통신: RS-232C 2-Port

- SD/MMC: 1 slot

- IrDA: 1 port

- IDE: 1 slot

- JTAG: 20 Pin Interface

- 키패드: 25ea

- 스피커: 1 Output

- MIC: 1 Input

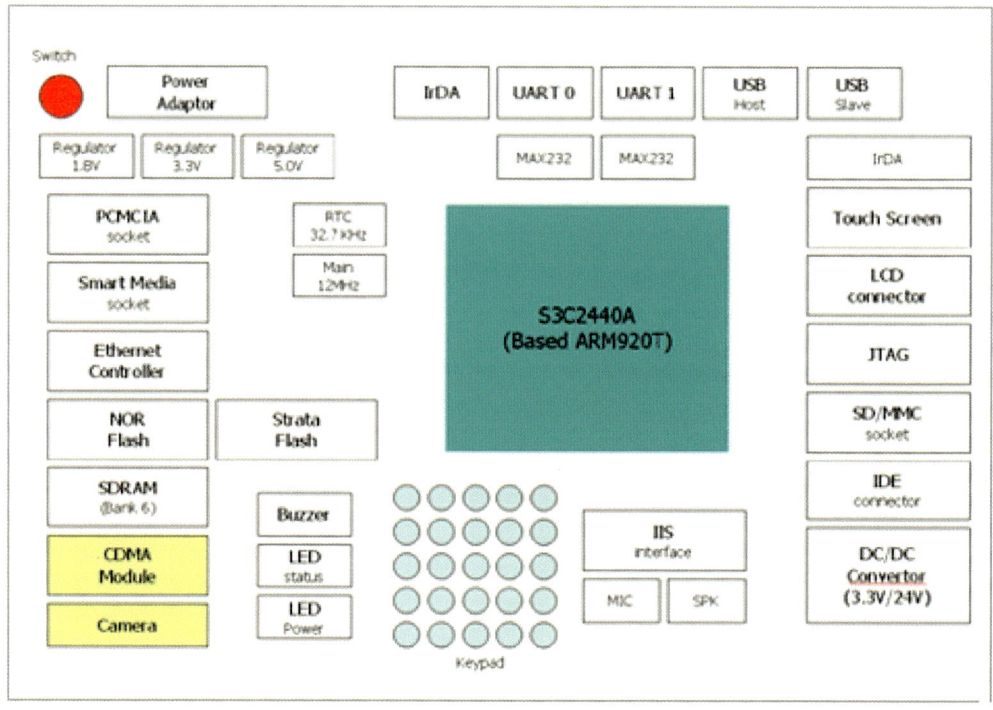

〈그림 4-53〉 하드웨어 구성 블록 다이어그램

4.6.3 프로그램 작성, 컴파일 및 이미지 다운로드

4.6.3.1 소스 작성, 컴파일

프로그램은 winIDEA에서 작성하여 컴파일 및 디버깅 작업이 가능하다.

예를 들어 MSD사에서 지원해 주는 Velos 운영체제를 이용할 경우 환경이 기설정된 Velos_arm920t_rebis 파일을 이용하여 쉽게 Velos 환경설정을 할 수 있다.

단, 이 winIDEA 프로그램은 디버깅 기능이 있는 것이 아니기 때문에 에러 발견 시 쉽게 찾아낼 수 없어서 디버깅하기 어렵다는 단점이 있다.

프로그램 작성 후 project > make 실행 시 obj파일, bin파일이 만들어지고 tftp프로그램을 이용하여 하이퍼터미널로 키트(MRP-S3C2440)에 bin파일 다운로드가 가능하다.

4.6.3.2 bin파일 다운로드

하이퍼터미널을 이용하여 기본적으로 키트와 통신이 가능하고, 키트의 IP설정 및 기타 환경변수 수정이 가능하다.

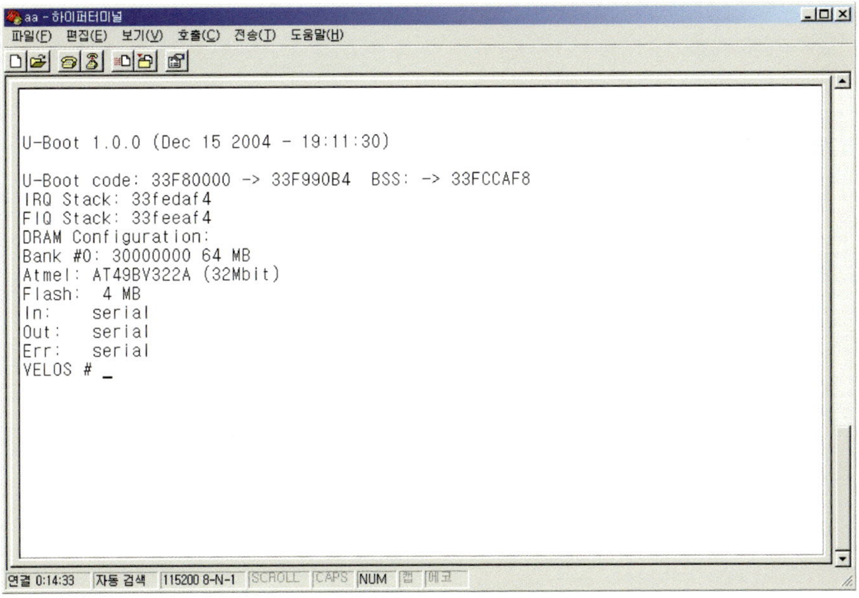

〈그림 4-54〉 초기화면

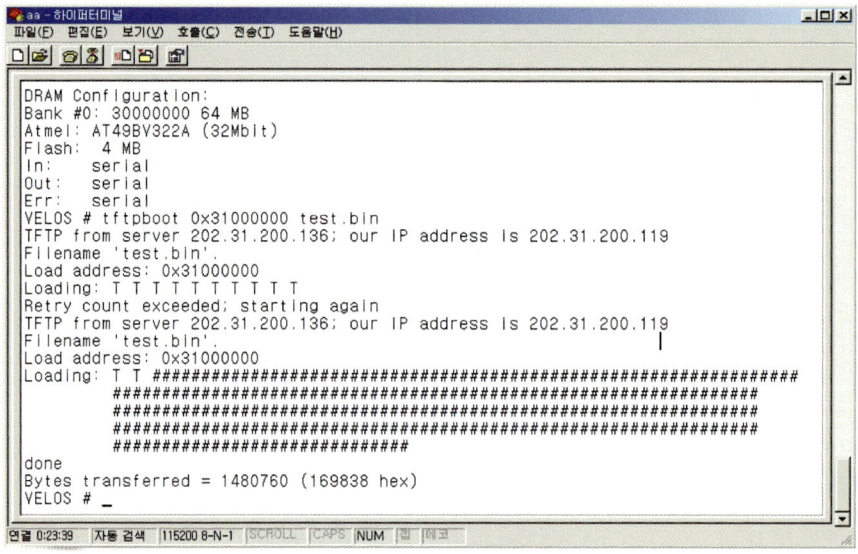

```
FIQ Stack: 33feeaf4
DRAM Configuration:
Bank #0: 30000000 64 MB
Atmel: AT49BV322A (32Mbit)
Flash:  4 MB
In:     serial
Out:    serial
Err:    serial
VELOS # pritenv
Unknown command 'pritenv' - try 'help'
VELOS # printenv
bootdelay=1
baudrate=115200
netmask=255.255.255.0
gatewayip=202.31.200.1
Ipaddr=202.31.200.119
ethaddr=00:48:54:88:D8:40
serverip=202.31.200.139
stdin=serial
stdout=serial
stderr=serial

Environment size: 186/65532 bytes
VELOS #
```

〈그림 4-55〉 환경변수 설정 화면

환경변수 설정은 키트의 ip, 게이트웨이, netmask, 서버 IP 설정 등이 있다. 여기서 서버의 IP는 tftp를 통하여 이미지를 다운할 곳은 IP 주소를 의미한다. 그리고 printenv 명령을 이용하면 설정된 값을 확인할 수 있는데 mac address도 확인할 수 있다. 변수 변경 시 setenv 명령과 saveenv 명령을 이용한다.

```
DRAM Configuration:
Bank #0: 30000000 64 MB
Atmel: AT49BV322A (32Mbit)
Flash:  4 MB
In:     serial
Out:    serial
Err:    serial
VELOS # tftpboot 0x31000000 test.bin
TFTP from server 202.31.200.136; our IP address Is 202.31.200.119
Filename 'test.bin'.
Load address: 0x31000000
Loading: T T T T T T T T T
Retry count exceeded; starting again
TFTP from server 202.31.200.136; our IP address Is 202.31.200.119
Filename 'test.bin'.
Load address: 0x31000000
Loading: T T ################################################################
         ##########################################################
         ##########################################################
         ###########################
done
Bytes transferred = 1480760 (169838 hex)
VELOS # _
```

〈그림 4-56〉 이미지 다운로드

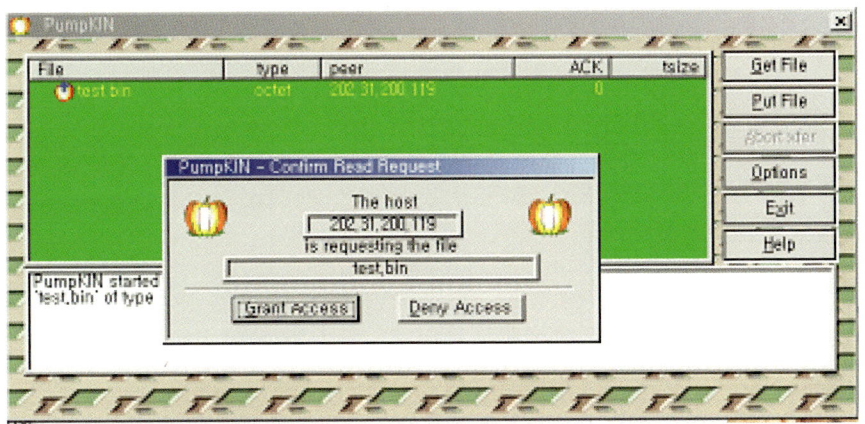

〈그림 4-57〉 TFTP서버에서 bin 파일 다운로드 확인

go 0x31000000 명령을 이용하여 프로그램 실행한다.

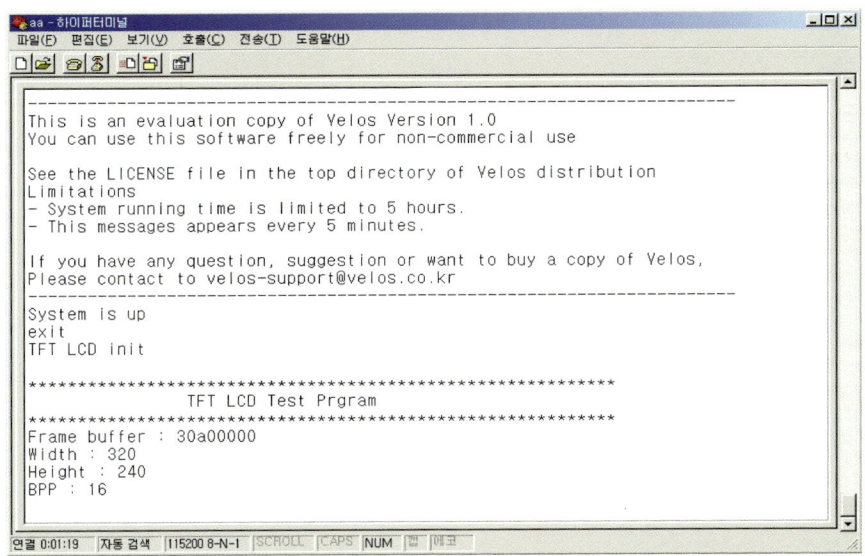

〈그림 4-58〉 프로그램 실행화면

4.6.4 매뉴얼

4.6.4.1 커널 이해하기(Kernel_Understanding.pdf)

● Velos 커널의 구성과 소개

- 스레드의 개념
- 스케줄링(고정 우선순위 선점형, FIFO와 라운드 로빈, 주기 스레드)
- 동기화(뮤텍스, 세마포어, 조건변수)
- 메시지 통신(메시지 큐)
- 인터럽트(처리, 등록)
- 동적 메모리 할당, 시그널

⇒ 임베디드 운영체제에서 기본적으로 주어지는 기능으로 각 기능에 대하여 자세한 설명과 함수에 대하여 나타나 있다. 예제 소스는 프로그래밍 레퍼런스를 참조하면 된다.

4.6.4.2 Velos 시작하기(Getting_Started.pdf)

본 절에서는 MRP-S3C2440 보드가 아닌 다른 키트를 이용하였고 개발 환경 또한 TFTP를 이용한 이미지 다운로드가 아닌 디버거 장비를 이용한 개발 환경이며, Velos 특징, 하드웨어 개발 환경 설정에 대해 나타낸다.

- 프로그래밍 레퍼런스(Programming_Reference.pdf)
 -Velos의 기본 프로그래밍 특징과 과정
 -Main()함수, 터미널(하이퍼 터미널)을 이용한 입출력
 -스레드 프로그래밍(Pthread)
 -동기화(뮤텍스, 세마포어, 조건변수)
 -메시지 전달
 -타이머 처리
 -인터럽트

⇒ 프로그래밍의 자세한 설명과 예제, 라이브러리 함수 대하여 자세히 적혀 있다.

- 윈도우 프로그래밍 가이드(Window_Programming_Guide.doc)
 -마이크로윈도우 시스템 구조
 -윈도우 프로그램, 컨트롤, 타이머, 비트맵 처리
 -마이크로윈도우 API

⇒ LCD에 마이크로 윈도우를 나타내는 프로그래밍으로 실제 윈도우의 API와 비슷한

프로그램 문법으로 임베디드 시스템에서도 사용이 가능하다.

- 네트워킹 사용 설명서(Networking-Rewriting.doc)

- 네트워크 스택 소개, 설정

- 네트워크 프로그래밍(UDP 예제, TCP 예제)

- 네트워크 관련 API

⇒ 네트워크 관련 프로그래밍 기법이 소개되어 있다.

4.7 지그비 프로토콜 기반의 임베디드 시스템의 실습

4.7.1 프로그램 설치

PonyProg2000 프로그램(Download: http://www.lancos.com/ppwin95.html)을 먼저 살펴보자. ISP Cable을 이용하여 컴파일하여야 하기 때문에 PonyProg2000이 필요하다. 설치화면은 아래 그림과 같다. <그림 4-59>는 프로그램 설치 시 Yes or No를 물어보는데 Yes를 권장한다.

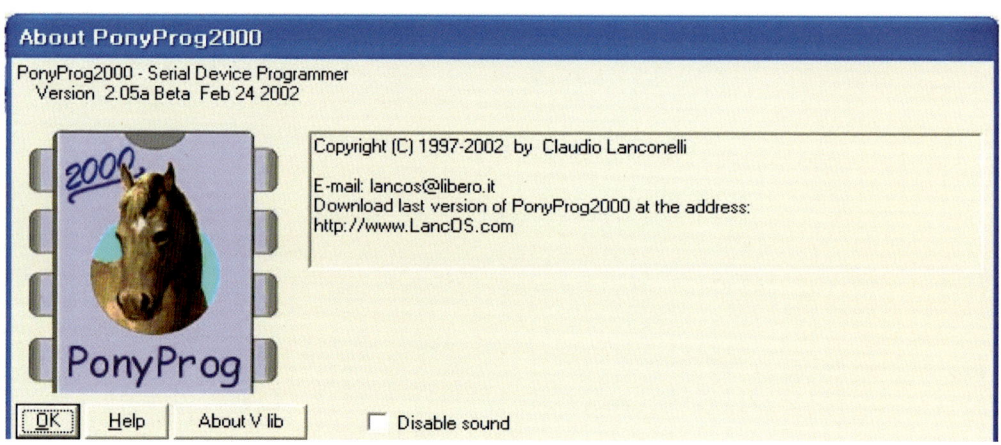

<그림 4-59> PonyProg200 설치화면

4.7.2 ISP Cable 제작

JTAG, RS-232C, ISP Cable 중 ISP Cable을 사용하여 다운로딩한다. ISP Cable의 회로도는 아래 그림과 같다. 병렬포트, 100K 저항, 0.1uF 콘덴서, 74HC244 등의 재료가 필요하다. <그림 4-60>은 JTAG Cable의 회로도를 보여 준다.

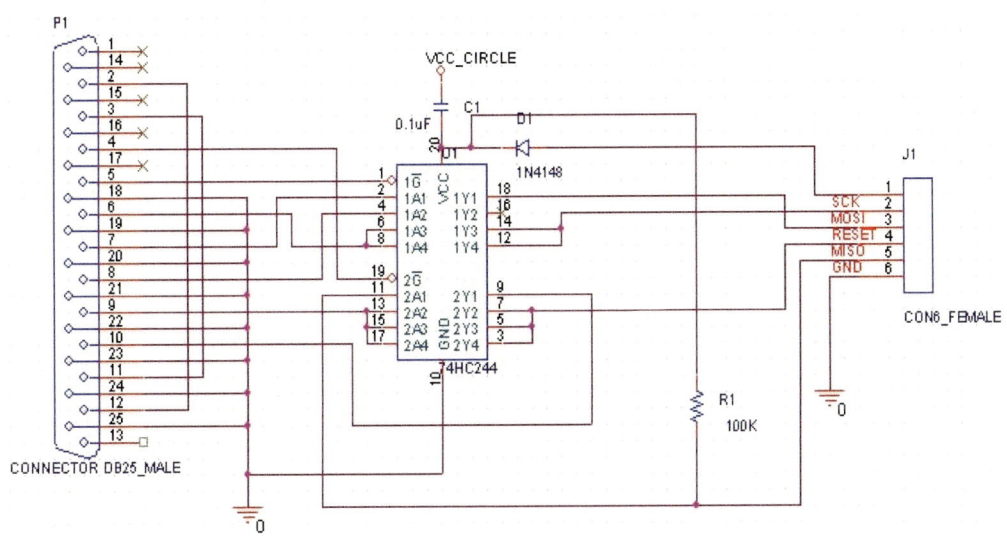

〈그림 4-60〉 ISP 다운로드 케이블 회로도

4.7.3 하드웨어 구성

<그림 4-61>은 실험에 사용되는 키트는 **Korwin KW-ZP-DKM1**이며, 규격은 아래와 같다.

〈그림 4-61〉 Korwin KW-ZP-DKM1 보드

이 제품은 칩콘의 **CC2420**을 사용했으며 **ISM** 대역의 주파수를 쓰는 **Crossbow**나 **Telos** 장치와도 같이 사용 가능하다.

- Specification

 −802.15.4 Transceiver: Chipcon CC2420

 −사용 주파수: 2.400~2.4835GHz

 −변조 및 전송방식: DSSS with Q-PSK

 −최대 전송 속도: 250Kbps

 −Output Power: 0dbm

 −안테나: PCB 안테나

 −MCU: Atmel ATMEGA128L(8MHz)

 −프로그램 Flash 메모리: 128K바이트s

 −EEPROM: 4K바이트s

 −RAM: 4K바이트s(MCU 내부) or 외부 32K바이트s

 −Output interface: UART, SPI, GPIO

 −UI: Push S/W, LED, 가변 저항, DIP S/W

 −PCB: Main 2layer, RF 4layer

 −기타(어댑터)

4.7.4 다운로딩 방법

ISP Cable(6PIN)은 <표 4-2>에 따라 연결할 수 있다.

<표 4-2> ISP 케이블 구조

JTAG 10 Pin						RS-232C
MOIS	VCC	MISO	SCK	RST	GND	

그리고 PC용 프로그램인 PonyProg2000과 ISP 케이블을 이용하여 다운로드하는 방법은
다음과 같다.

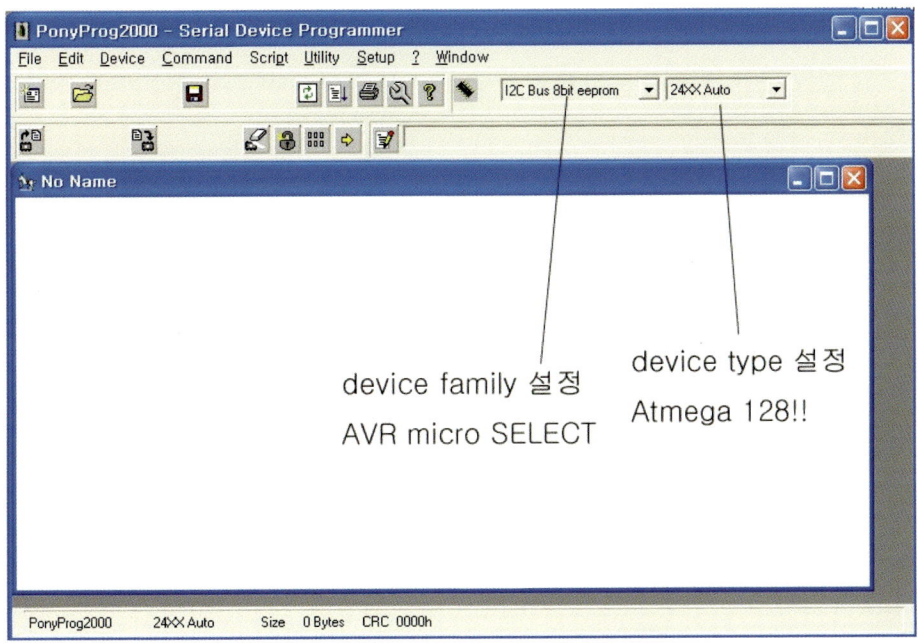

<그림 4-62> 타깃 보드의 디바이스 설정 화면

첫 번째로 *.hex file이나 *.rom file을 선택하여 다운로드한다.

[File] 탭을 누른 후, [Open device file]을 선택한다.

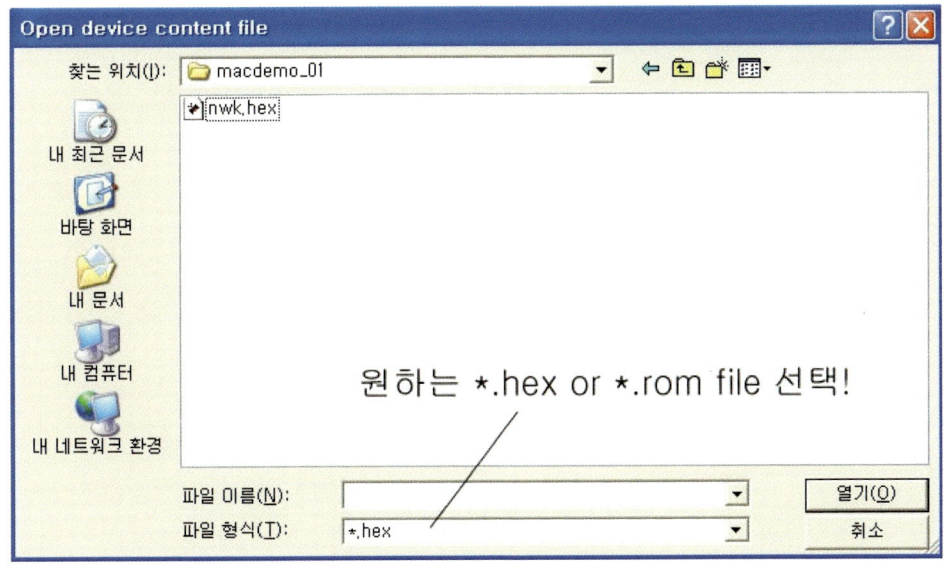

<그림 4-63> 다운로드 파일 선택

다운로드할 파일을 선택하였으면 해당 파일을 컴파일한다. open 아이콘을 눌러도 위와 같은 파일 선택 창이 나타난다. 위와 같은 순서로 실행하면 된다. 선택한 file을 열게 되면 아래와 같은 그림이 나타난다.

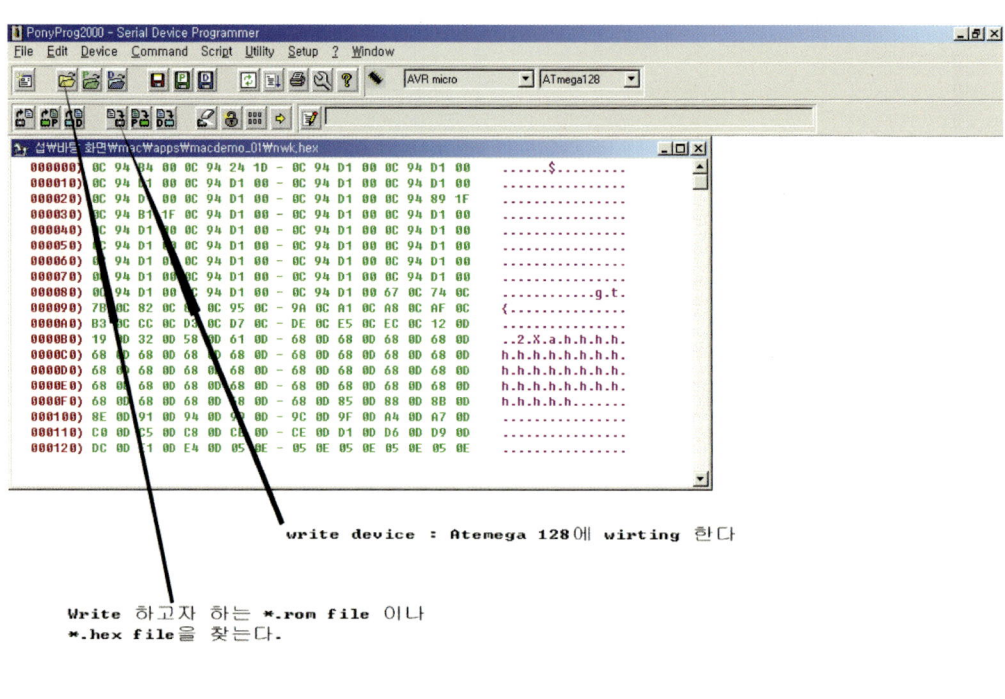

〈그림 4-64〉 다운로드할 파일을 읽어 온 그림

Write 아이콘을 클릭하여 다운로딩을 시작한다.

〈그림 4-65〉 나운로딩 장면

참고문헌

J. A. DiGirolamo, "HOME NETWORKS – FROM TOASTERS TO HDTV", International Conference on Consumer Electronics, pp.82~83, Jun. 1996.

S. Koutroubinas, T. Antonakopoulos and V. Makios, "A new efficient access protocol for integrating multimedia services in the home environment", IEEE Transactions on Consumer Electronics, vol. 45, no. 3, pp.481~487, Aug. 1999.

J. Desbonnet and P. M. Corcoran, "System Architecture and Implemenation of A CEBus/INTERNET Gateway", IEEE Transactions on Consumer Electronics, vol. 43, no. 4, pp.1057~1062, Nov. 1998.

David L. Waring, Kenneth J. Kerpez and Steven G. Ungar, "A newly emerging customer premises paradigm for delivery of network-basedservices", Journal of Computer Networks, vol.31, No.4, pp.411~424, 1999.

Universal Plug and Play Device Architecture Specification Version 2.0, Microsoft Corporation, June, 2005.

HomePnP Specification Version 1.0, CEBus Industry Council, Apr, 2001.

ECHONET specification Version 1.0, ECHONET forum, Feburary, 2000.

Home System specification Version 2.0, EHS, March, 2002.

P. M. Cocoran, Papai F. and Zoldi A., "User Interface Technologies for Home Appliances and Networks", IEEE Transactions on Consumer Electronics, Vol. 44, No. 3, pp.679~685, Aug. 1998.

T. Igarashi, K. Okamura, T. Nishimura, T. Ozawa and H. Takizuka "Home Network File System for Home Network Based On IEEE-1394 Technology", IEEE Transaction on Consumer Electronics, Vol. 45, No. 3, pp.1000~1003, Aug. 1999.

A. Cucos and P. M. Cocoran, "Real Time ATM for Remote Access to Home Automation and Digital A/V networks", IEEE Transactions on Consumer Electronics, Vol. 44, No. 3, pp.482~488, Aug. 1998.

J. Desbonnet, P. M. Corcoran and K. Lusted, "CEBus Network Access via the World-Wide-Web", International Conference on Consumer Electronics, p.236, Aug. 1996.

http://www.itrancomm.com.

Lonmark 1.0, Lonwork forum, Feburary, 2000.

User's Guide of Nodebuilder, Neuron C, Revision 3, Echelon Co., 1995.

User's manual of CEbox, Domosys Co., 1998.

User's manual of X-10(power house), Active Home Co., 1999.

http://www.adaptivenetworks.com.

SSC 485 Hardware Design Reference, ST Microelectronics Co., 1998.

http://www.keyintelecom.com.

http://www.enikia.com.

P. M. Corcoran, "Mapping Home-Network Appliances to TCP/IP Sockets Using A Three-Tiered Home Gateway Architecture", IEEE Transactions on Consumer Electronics, vol. 44, no. 3, pp.729~736, Aug. 1998.

P. Warriner and K. Z. Karan, "NUDAN–a Multifunctional Home Automation Network", IEEE Transactions on Consumer Electronics, Vol. 44, No. 2, pp.360~369, May, 1998.

P. M. Cocoran and Desbonnet, "Browser Style Interface to a Home Automation Network", IEEE Transactions on Consumer Electronics, Vol. 43, No. 4, pp.1063~1069, Nov. 1997.

Gunter Leeb, Ratko Posta, Gerhard H. Schildt, "A configuration tool for homenet", IEEE Transaction on Consumer Electronics, Vol. 42, No. 3, pp.387~394, Aug. 1996.

EIA Home Automation System (CEBus) Standard IS-60, "Common Application Language Specifications", EIA, Part 8, Jun. 29th 1992.

The X10 Specification, X-10 (USA) Inc. 91 Ruckman Road Box 420, Closter, NJ 07624.

http://www3.edgenet.net/lingling/x10-mods.html.

http://www.geocities.com/ido_bartana.

http://www.x10.com.

UPnP Development Toolkit. Version 1.0, Microsoft Corporation, June, 2000.

"P1394 Standard for a High Performance Serial Bus", P1394 Draft 8.0v4, 1995년 11월.

D. Johas Teener, "IEEE 1394-1995 High Performance Serial Bus", 1996년.

"Universal Serial Bus Specification", USB Revision 1.0, 1996년 1월.

Kosar Jaff, "USB Architecture Overview."

"DAVIC Specification 1.3", Revision 6.3, 1997년.

"DAVIC Specification 1.4", DAVIC 1.4 Baseline Document 51 & 77 Revision 4.0.

"DAVIC Specification 1.4", (Not Announced).

"DAVIC Status Report", http://www.davic.org/status.htm, 1998년 8월.

"Residential Broadband Architecture Famework", STB-RBB-01.00, 1998년 4월.

"Residential Broadband Architecture Famework", AF-RBB-0099.00, 1998년 7월.

David J Greaves, Richard Bradbury, "Warren: A protocol for control of ATM hardware", 1998년 2월.

David J Greaves, "Networks for the Home."

Richard Bradbury, "Residential Broadband Networking and the ATM Warren", slide, 1996년 3월.

Richard Bradbury, "Control architecture for Home Area Networks", 1996년 8월.

황민태 · 전영애 · 김장경, "댁내 통신망 기술 동향", 주간기술 동향 864호, 1998년 9월.

황민태, "ATM Forun RBB WG 애너하임 회의 동향", 주간기술 동향 847호, 1998년 5월.

황민태, "홈 네트워킹 기술 표준화 동향", 주간기술 동향 867호, 1998년 10월.

"Home Phoneline Networking Alliance", A White Paper, 1998년 6월.

Intel, "Understanding Home Phoneline Networking", 1998년.

Intel, "Emerging Trends in Home Computing", 1998년 9월.

Tut System, "The System's Home Networking Technology Unanimously Chosen by Alliance of High Tech Industry Leaders", http://www.tutsys.com, 1998년 10월.

Tut System, "HomeRun Networking Product Overview", http://www.tutsys.com, 1998년 10월.

정혁준, "홈네트워킹, 미래 정보기술 '총아'", 전자신문, 1998년 10월.

Bill Pearson, "USB and 1394 – Living Together in Harmony", http://developer.intel.com/solutions/archive/issue6/stories/harmony.htm.

"통신사업자 간 '불꽃' 경쟁 막올라", tele.com 커버스토리, 1998년 10월.

일본 우정성 "멀티미디어 홈링크 연구개발 연구회의 보고", 1998년 5월, http://www.mpt.go.jp/pressrelease/japanese/new/980508.html.

이병기 · 강민호 · 이종희, "광대역 정보통신", 1997년 8월 3판.

한국전력공사, "CATV전송망을 이용한 멀티미디어 사업 적용연구", 1995년 12월.

LG종합기술원, "무선 비디오 전송 기술 연구", 1997년 9월.

한국정보통신기술협회, "케이블 모뎀 워크숍", 1998년 11월.

"광대역 무선가입자망 시스템의 구현방안 연구", 정보통신연구 제11호 3권, 1997년 9월.

G. David Forney Jr, "The V.34 High-Speed Modem Standard", 1996.

Vijay K. Garg, "Wireless Local Loop System", 1996.

Kim Maxwell, "ADSL: Interim Technology for the Next Forty Years", 1996.

George T. Hawley, "xDSL Technology for Data Access", 1997.

MURI project, "Qos adaptive and Multimedia Ad Hoc Wireless Network", supported by Office of Naval Research, Cornell university, http://csl.cornell.edu/async/MURI/sim.html.

스탠포드 대학교, 무선 시스템 연구실, http://systems.stanford.edu.

Z. J. Haas, Jing Deng, "Dual busy tone multiple access (DBTMA)-a multiple access control scheme for ad hoc networks", IEEE Transactions on Communications, Vol.50, No.6, June 2002, pp.975~985.

Hong Ye, Walsh, G. C. and Bushnell, L. G., "Real-time mixed-traffic wireless networks", IEEE Transactions on Industrial Electronics, Vol. 48, No.5, June 2002, pp.883~890.

Pal, A., Dogan, A. and Ozguner, F., "MAC layer protocols for real-time traffic in ad-hoc wireless networks", International Conference on Parallel Processing, 2002, pp.539~546.

Manoj, B. S. and Murthy, C. S. R., "Real-time traffic support for ad hoc wireless networks", n10th IEEE International Conference on Networks, 2002, pp.335~340.

Javidi, T., Teneketzis, D., "Sensitivity analysis for an optimal routing policy in an ad hoc wireless network", IEEE 55th Vehicular Technology Conference, Vol. 4, 2002, pp.1608~1612.

Cesar A. Santivanez, "On the Scalability of Ad Hoc Routing Protocols", IEEE conference, INFOCOM'02, New York, Jun. 2002.

Ad Hoc Mobile Wireless Networks, C.-K. Toh, Prentice Hall, 2002.

A Network virtual machine for real time coordination, Virginia 대학, http://www.cs.virginia.edu/nest/.

Secure Language-Based Adaptive Platform for Network Embedded Systems, DARPA Project, http://today.cs.berkeley.edu.

Distributed services for micro sensor network, Rockwell Center, http://www.rsc.rockwell.com/wireless_systems/sensorware/.

Active Sensor Network, Columbia university, http://www.cs.columbia.edu/dcc/asn/.

Dynamic Declarative Network, M.I.T Lincoln Lab. http://dss.ll.mit.edu/dss.web/SensIT.html.

http://www.embeddedworld.co.kr.

The ARM9 Family—High Performance Microprocessors for Embedded Applications Simon Segars, Manager CPU Development, ARM Ltd.

S3C2440A 32-비트 CMOS MICROCONTROLLER USER'S MANUAL SAMSUNG ELECTRONICS.

IEEE Std. 802.15.4-2003, IEEE Standard for Information Technology Telecommunications and Information Exchange between Systems Local and Metropolitan Area Networks Specific Requirements Part 15.4: Wireless Medium Access Control (MAC) and Physical Layer (PHY) Specifications for Low Rate Wireless Personal Area Networks (WPANs). New York: IEEE Press, 2003.

E. Callaway, P. Gorday and L. Hester, "Home Networking with IEEE 802.15.4: A Developing Standard for Low-Rate Wireless Personal Area Networks", IEEE Communications Magazine, August 2002.

IEEE 802.15 WPANTM Task Group 5(TG5), http://www.ieee802.org/15/pub/TG5.html.

Mesh Dynamics, http://www.meshdynamics.com/, 2004.

Ken Sakamura, Noboru Koshizuka, The eTRON Wide-Area Distributed-System Architecture for E-Commerce, IEEE MICRO, Vol. 21, No. 6, Dec. 2001, pp.7~12.

U.S. Dept. of Commerce, National Institute of Standards and Technology, Information Technology Laboratory, Specification for the Advanced Encryption Standard (AES). Federal Information Processing Standard Publication (FIPS PUB) 197. Springfield, VA: National Technical Information Service. 26 Nov. 2001.

ABI Research, http://www.abiresearch.com.

Mitsubishi Electronic Research Lab., "Enhancements to IEEE 802.15.4", IEEE 802.15-04-0313-01-004b, July 2004.

M. Lee, et al., "MESH-WPAN Application and Usage Scenarios", IEEE 802.15-04/328r1, July 2004.

Pat Kinney, "IEEE P802.15 SG5 PAR and 5C", IEEE 15-04-0042-01-0005-sg5-par-and-5c.doc, Jan 2004.

H.-R. Shao, "Analysis of responses to call for applications", IEEE 1504-0575-00-00050, 2004.

H.-R. Shao, TG5 Technical Requirements, IEEE 15-04-0655-00-0005-tg5-technical-requirements.doc, Nov. 2004.

J. Hong, et al., "Two-way CTA for TCP Application", 15-04-0320-00-003b-2-way-cta.ppt, July 2004.

R. Poor, et al., "Shared Time Base Distribution in 802.15.4", IEEE 15-04-0528-00-004b-merged-timing-and-synchronization.ppt, Sep. 2004.

M. Lee, et al., "Proposal for PostBeaconDelay in 802.15.4b", IEEE 15-04-0667-00-004b-proposal-postbeacon-delay-parameters.ppt, Nov. 2004.

R. Struik, et al., "Group Addressing Proposal for Draft IEEE 802.15.4bWPAN Standard", IEEE 15-05-0083-02-004b-multicast-support.ppt, Jan. 2005.

K. Finkenzeller, RFID Handbook, John Wiley & Sons, New York, 1999.

D. W. Engels, "The Reader Collision Problem", MIT-AUTOID-WH-007, Nov. 2001.

D. W. Engels and S. E. Sarma, "The Reader Collision Problem", IEEE SMC '02.

J. Waldrop, D. W. Engels, and S. E. Sarma, "Colorwave: An Anticollision for the Reader Collision Problem", IEEE ICC '03, pp.1206~1210, 2003.

J. Waldrop, D. W. Engels, and S. E. Sarma, "Colorwave: A MAC for RFID Reader Networks", IEEE WCNC '03, pp.1701~1704, 2003.

H. Vogt, "Multiple Object Identification with Passive RFID Tags", IEEE SMC '02.

C. Law, K. Lee, and K.-Y. Siu, "Efficient Memoryless Protocol for Tag Identification", ACM Discrete Algorithms and Methods for Mobile Computing and Communications, pp.75~84, August 2000.

K. O. Aslanidis, et al., "Method for repeating Interrogations until Failing to Receive Unintelligible Responses to Identify Plurality of Transponders by an Interrogator", U.S. Patent, US5929801, July 1999.

EM Microelectronic-Marin SA, P4022: Multi Frequency Contactless Identification Device.

F. Zhou, et al., "Evaluating and Optimizing Power Consumption of Anti-Collision Protocols for Applications in RFID Systems", ACM ISLPED '04, pp.357~362, August 2004.

Jason L. Hill and David E. Culler, Mica: A wireless platform for deeply embedded networks,. IEEE Micro, vol. 22, no. 6, pp.12~24, Nov/Dec 2002.

A. El-Hoiydi. Aloha with preamble sampling for sporadic traffic in ad hoc wireless sensor networks. In IEEE International Conference on Communications (ICC), New York, April 2002.

A. El-Hoiydi, J.-D. Decotignie, C. Enz, and E. Le Roux, Poster abstract: WiseMAC, an ultra low power MAC protocol for the WiseNET wireless sensor network. In 1st ACM Conf. on Embedded Networked Sensor

Systems (SenSys 2003), Los Angeles, CA, November 2003.

A. El-Hoiydi, J.-D. Decotignie, and J. Hernandez, Low power MAC protocols for infrastructure wireless sensor networks, in Proceedings of the Fifth European Wireless Conference, Barcelona, Spain, Feb. 2004.

W. Ye, J. Heidemann, and D. Estrin, An energy-efficient MAC protocol for wireless sensor networks, In 21st Conference of the IEEE Computer and Communications Societies (INFOCOM), volume 3, pp.1567~1576, June 2002.

T. van Dam and K. Langendoen, An adaptive energy-efficient MAC protocol for wireless sensor networks. In 1st ACM Conf. on Embedded Networked Sensor Systems (SenSys 2003), pp.171~180, Los Angeles, CA, November 2003.

G. Lu, B. Krishnamachari, and C. Raghavendra, An adaptive energy-efficient and low-latency MAC for data gathering in sensor networks, In Int. Workshop on Algorithms for Wireless,Mobile, Ad Hoc and Sensor Networks (WMAN), Santa Fe, NM, April 2004.

J. Polastre, et al., "Versatile Low Power Media Access for Wireless Sensor Networks", ACM SenSys '04, 2004.

V. Rajendran, K. Obraczka, and J. Garcia-Luna-Aceves, Energy-efficient, collision-free medium access control for wireless sensor networks, In 1st ACM Conf. on Embedded Networked Sensor Systems(SenSys 2003), pages 181192, Los Angeles, CA, November 2003.

L. van Hoesel and P. Havinga. A lightweight medium access protocol (LMAC) for wireless sensor networks, In 1st Int. Workshop on Networked Sensing Systems (INSS 2004), Tokyo, Japan, June 2004.

Curt Schurgers, Vlasios Tsiatsis, Saurabh Ganeriwal, and Mani Srivastava, .Optimizing sensor networks in the energy-latency-density space, IEEETransactions on Mobile Computing, vol. 1, no. 1, pp.70~80, 2002.

표철식 외, "RFID 기술 및 표준화 동향", TTA 저널, 95호, 2004.

Y. Li et al., "Energy and Latency Control in Low Duty Cycle MAC Protocols", IEEE WCNC '05, 2005.

G. Lu et al., "Delay Efficient Sleep Scheduling in Wireless Sensor Networks", IEEE INFOCOM '05, March 2005.

약어 목록

ACK	Acknowledgment
ACL	Asynchronous Connectionless
ADSL	Asymmetric Digital Subscriber Line
AGC	Automatic Gain Control
AP	Access Point
API	Application Program Interface
ARQ	Automatic Repeat Request
ASIC	Application Specific Integrated Circuit
ATM	Asynchronous Transfer Mode
ATS	Access Termination System
BER	비트 Error Rate
B-ISDN	Broadband Integrated Service Digital Network
bps	비트s Per Second
BSS	Basic Service Set
B-WLL	Broadband-Wireless Local Loop
CAP	Contention Access Period
CCA	Clear Channel Assessment
CCK	Complementary Code Keying
CCSK	Cyclic-Code Shift Keying
CDMA	Code-Division Multiple Access
CFP	Contention Free Period
CP	Connection Point
CRC	Cyclic Redundancy Check
CSMA	Carrier Sense Multiple Access
CSMA/CA	Carrier Sense Multiple Access/Collision Avoidance
CSMA/CD	Carrier Sense Multiple Access/Collision Detect
CSR	Command and Status Register
CTS	Clear_To_Send

DAB	Digital Audio Broadcasting
DAVIC	Digital Audio-Visual Council
DCE	Data Communication Equipment
DECT	Digital Enhanced Cordless Telecommunication
DS-CDMA	Direct sequence-CDMA
DSL	Digital Subscriber Line
DTE	Data Terminal Equipment
DVB	Digital Video Broadcasting
ENAFE	Enhanced Analog Front End
ENDP	Endpoint
ESS	Extended Service Set
ETS	End Termination System
ETSI	European Telecommunications Standards Institute
FCC	Federal Communications Commission
FDM	Frequency Division Multiplexing
FDMA	Frequency-division Multiple Access
FEC	Forward Error Correction
FEC	Forward error correction
FEXT	Far End Crosstalk
FH-CDMA	Frequency Hopping-CDMA
FHSS	Frequency Hopping Spread Spectrum
FIFO	First In First Out
FIP	Field Instrumentation Protocol
FSK	Frequency shift keying
FTAM	File Transfer Access and Management
FTTH	Fiber To The Home
GFSK	Gaussian Frequency Shift Keying
GMSK	Gaussian Minimum Shift Keying
HAN	Home Access Network 또는 Home ATM Network
HDLC	High-level Data Link Control Procedure
HDN	Home Distribution Network
HDSL	High-speed Digital Subscriber Line
HEC	Header Error Control
HFC	Hybrid Fiber/Coax
HFR	Hybrid Fiber Radio
HIPERLAN	High-Performance Radio LAN

HomePNA	Home Phoneline Networking Alliance
HomeRF	Home Radio Frequency
IEC	International Electrotechnical Communication
IETF	Internet Engineering Task Force
ION	Integrated On-Demand Network
ISDN	Integrated Services Digital Network
ISM	Industrial, Scientific, Medical
IWS	Interworking System
LAN	Local Area Network
LAPB	Link Access Procedure Balanced
LMCS	Local Multipoint Communication System
LMDS	Local Multi-point Distribution Service
MAC	Medium Access Control
MAP	Manufacturing Automation Protocol
MHL	Multimedia Home Link
MOK	M-ary Orthogonal Keying
MPEG	Moving Picture Expert Group
NACK	Negative Acknowledgment
NEXT	Near End Crosstalk
NIC	Network Interface Card
N-ISDN	Narrowband Integrated Service Digital Network
NIU	Network Interface Unit
NMS	Network Management System
NRZI	Non-Return to Zero Inversion
NT	Network Terminal
OCDM	Orthogonal Code Division Multiplexing
OEM	Original Equipment Manufacturing
OFDM	Orthogonal Frequency Division Multiplexing
OSI	Open Systems Interconnection
PID	Packet Identifier
PLC	Power Line Carrier
PMD	Physical Media Dependant Sublayer
PnP	Plug and Play
POF	Plastic Optical Fiber
Profibus	Process Fieldbus
QAM	Quadrature Amplitude Modulation

QoS	Quality of Service
QPSK	Quadrature Phase Shift Keying
RBB	Residential Broadband
RTS	Request_To_Sender
SCO	Synchronous Connection-Oritented
SCS	Service Customer System
SDSL	Symmetric Digital Subscriber Line
SNMP	Simple Network Management Protocol
SPS	Service Provider System
STB	Set Top Box
STU	Set Top Unit
SUPERNET	Shared Unlicensed Personal Radio Network
SWAP	Shared Wireless Access Protocol
TC	Transmission Convergence
TCP/IP	Transmission Control Protocol/Internet Protocol
TDD	Time-division Duplex
TDMA	Time Division Multiple Access
TE	Terminal Equipment
TII	Technical Independent Interface
TOP	Technical and Office Protocol
TP	Twisted Pair
UNI	User-Network Interface
U-NII	Unlicensed-National Information Infrastructure
UPI	User Premise Interface
UPnP	Universal Plug & Play
USB	Universal Serial Bus
USDSL	Universal Symmetric Digital Subscriber Line
UTP	Unshielded Twisted Pair
UWB	Ultra Wide Band
VCO	Voltage Controlled Oscillator
VDSL	Veri High-speed Digital Subscriber Line
VESA	Video Electronics Standards
VOD	Video On Demand
VoIP	Voice Over Internet Protocol
WLL	Wireless Local Loop
WPAN	Wireless Personal Area Network

김동성

한양대학교 전자공학부 학사(1992)
서울대학교 전기 및 컴퓨터 공학부 박사(2002)
미국 코넬(Cornell) 대학교 전기 및 컴퓨터 공학부 박사 후 연구원(2003)
미국 University of California(Davis) 전산학부 객원교수(2008)
현) 국립금오공과대학교 전자공학부 교수

연구실 홈페이지: http://nsl.kumoh.ac.kr (네트워크 기반 시스템 연구실)

네트워크 기반
임베디드 시스템의
기초 및 실습

초판인쇄 | 2012년 3월 30일
초판발행 | 2012년 3월 30일

지 은 이 | 김동성
펴 낸 이 | 채종준
펴 낸 곳 | 한국학술정보㈜
주　　소 | 경기도 파주시 문발동 파주출판문화정보산업단지 513-5
전　　화 | 031) 908-3181(대표)
팩　　스 | 031) 908-3189
홈페이지 | http://ebook.kstudy.com
E-mail | 출판사업부 publish@kstudy.com
등　　록 | 제일산-115호(2000. 6. 19)

ISBN　　978-89-268-3478-7 93560 (Paper Book)
　　　　978-89-268-3479-4 98560 (e-Book)